Digital Wave
Advanced Technology of
Industrial Internet

数字浪潮 工业互联网先进技术 丛书

编委会

国家出版基金项目
NATIONAL PUBLICATION FOUNDATION

“十四五”时期国家重点出版物
出版专项规划项目

Digital Wave
Advanced Technology of Industrial Internet

数字浪潮
工业互联网先进技术 丛书

Intelligent Control and Filtering of Networked Systems

网络化系统智能控制与滤波

严怀成 张皓 李郅辰 王孟 著

化学工业出版社
·北京·

内容简介

本书系统地介绍了网络化系统智能控制与滤波理论的最新成果和研究进展。内容包括网络化系统的概念、基本问题、国内外研究进展以及典型智能化控制与滤波算法；基于事件触发机制下的时变时延网络化系统 H_∞ 控制、L_2 量化控制、H_∞ 滤波、模糊控制、量化 H_∞ 控制问题的理论成果；多丢包时延网络化系统 H_∞ 量化控制；最后介绍了分布式时延非线性网络化系统 H_∞ 滤波及故障诊断问题。全书通过大量实例验证理论方法的有效性和优越性。

本书主要面向网络化控制、智能控制、多智能体系统、无人系统等领域的学者以及博士、硕士研究生等人员，也可供电力、航空、冶金等行业的控制工程师阅读。

图书在版编目（CIP）数据

网络化系统智能控制与滤波 / 严怀成等著. —北京：化学工业出版社，2023.6

（"数字浪潮：工业互联网先进技术"丛书）

ISBN 978-7-122-43101-1

Ⅰ.①网… Ⅱ.①严… Ⅲ.①智能控制 Ⅳ.① TP273

中国国家版本馆 CIP 数据核字（2023）第 042152 号

责任编辑：宋 辉 于成成

文字编辑：毛亚图

责任校对：王鹏飞

装帧设计：王晓宇

出版发行：化学工业出版社

（北京市东城区青年湖南街 13 号 邮政编码 100011）

印 装：中煤（北京）印务有限公司

710mm×1000mm 1/16 印张 $12^1/_4$ 字数 250 千字

2023 年 6 月北京第 1 版第 1 次印刷

购书咨询：010-64518888

售后服务：010-64518899

网 址：http：//www.cip.com.cn

凡购买本书，如有缺损质量问题，本社销售中心负责调换。

定 价：78.00 元

序言

FOREWORD

当前，人类社会来到第四次工业革命的十字路口。数字化、网络化、智能化是新一轮工业革命的核心特征与必然趋势。工业互联网是新一代信息通信技术与工业经济深度融合的新型基础设施、应用模式和工业生态，通过对人、机、物、系统等的全面连接，构建起覆盖全产业链、全价值链的全新制造和服务体系，为工业乃至产业数字化、网络化、智能化发展提供了实现途径，是第四次工业革命的重要基石。目前，我国经济社会发展处于新旧动能转换的关键时期，作为在国民经济中占据绝对主体地位的工业经济同样面临着全新的挑战与机遇。在此背景下，我国将工业互联网纳入新型基础设施建设范畴，相关部门相继出台《“十四五”规划和2035年远景目标纲要》《“十四五”智能制造发展规划》《“十四五”信息化和工业化深度融合发展规划》等一系列与工业互联网紧密相关的政策，希望把握住新一轮的科技革命和产业革命，推进工业领域实体经济数字化、网络化、智能化转型，赋能中国工业经济实现高质量发展，通过全面推进工业互联网的发展和应用来进一步促进我国工业经济规模的增长。

因此，我牵头组织了“数字浪潮：工业互联网先进技术”丛书的编写。本丛书是一套全面、系统、专门研究面向工业互联网新一代信息技术的丛书，是“十四五”时期国家重点出版物出版专项规划项目和国家出版基金项目。丛书从不同的视角出发，兼顾理论、技术与应用的各方面知识需求，构建了全面的、跨层次、跨学科的工业互联网技术知识体系。本套丛书着力创新、注重发展、体现特色，既有基础知识的介绍，更有应用和探索中的新概念、新方法与新技术，可以启迪人们的创新思维，为运用新一代信息技术推动我国工业互联网发展做出重要贡献。

为了确保"数字浪潮：工业互联网先进技术"丛书的前沿性，我邀请杜文莉、侍洪波、顾幸生、牛玉刚、唐漾、严怀成、杨文、和望利、王喆等20余位专家参与编写。丛书编写人员均为工业互联网、自动化、人工智能领域的领军人物，包含多名国家级高层次人才、国家杰出青年基金获得者、国家优秀青年基金获得者，以及各类省部级人才计划入选者。多年来，这些专家对工业互联网关键理论和技术进行了系统深入的研究，取得了丰硕的理论与技术成果，并积累了丰富的实践经验，由他们编写的这套丛书，系统全面、结构严谨、条理清晰、文字流畅，具有较高的理论水平和技术水平。

这套丛书内容非常丰富，涉及工业互联网系统的平台、控制、调度、安全等。丛书不仅面向实际工业场景，如《工业互联网关键技术》《面向工业网络系统的分布式协同控制》《工业互联网信息融合与安全》《工业混杂系统智能调度》《数据驱动的工业过程在线监测与故障诊断》，也介绍了工业互联网相关前沿技术和概念，如《信息物理系统安全控制设计与分析》《网络化系统智能控制与滤波》《自主智能系统控制》和《机器学习关键技术及应用》。通过本套丛书，读者可以了解到信息物理系统、网络化系统、多智能体系统、多刚体系统等常用和新型工业互联网系统的概念表述，也可掌握网络化控制、智能控制、分布式协同控制、信息物理安全控制、安全检测技术、在线监测技术、故障诊断技术、智能调度技术、信息融合技术、机器学习技术以及工业互联网边缘技术等最新方法与技术。丛书立足于国内技术现状，突出新理论、新技术和新应用，提供了国内外最新研究进展和重要研究成果，包含工业互联网相关落地应用，使丛书与同类书籍相比具有较高的学术水平和实际应用价值。本套丛书将工业互联网相关先进技术涉及到的方方面面进行引申和总结，可作为高等院校、科研院所电子信息领域相关专业的研究生教材，也可作为工业互联网相关企业研发人员的参考学习资料。

工业互联网的全面实现是一个长期的过程，当前仅仅是开篇。"数字浪潮：工业互联网先进技术"丛书的编写是一次勇敢的探索，系统论述国内外工业互联网发展现状、工业互联网应用特点、工业互联网基础理论和关键技术，希望本套丛书能够对读者全面了解工业互联网并全面提升科学技术水平起到推进作用，促进我国工业互联网相关理论和技术的发展。也希望有更多的有志之士和一线技术人员投身到工业互联网技术和应用的创新实践中，在工业互联网技术创新和落地应用中发挥重要作用。

钱锋

前言

PREFACE

“工业 4.0”和“中国制造 2025”等战略举措，对生产模式的转变产生了重大深远的影响，其指导思想旨在通过信息技术和网络空间虚拟系统的深度融合，实现制造业智能化转型和跨越式发展。近年来，在计算机科学、嵌入式系统、通信技术迅猛发展的驱动下，网络通信和控制系统的交叉融合获得了前所未有的发展契机。当前，以网络化系统为核心的相关技术作为我国信息化和工业快速发展的助推器，随着制造业和互联网融合的迅速发展，正在成为支撑和引领全球新一轮产业变革的技术核心体系。

网络化系统是通过实时网络在传感器、控制器和执行器等系统节点间传输信息，从而实现协同操作和资源共享的一种完全分布式的闭环反馈控制系统。相比于传统控制方式，网络化系统具有可靠性高、易于维护和扩展、易于实现信息交互以及远程控制等优势，使控制系统呈现出节点智能化、结构网络化、功能分散化的特点。然而，网络化系统对控制理论和技术提出了更高的要求，传统理论与方法无法满足网络化动态系统稳定、高效、低耗运行的重大需求，迫切需要发展面向网络化系统的新理论与新方法。

本书主要内容来源于笔者二十年来关于网络化系统智能控制与滤波等关键技术和重要问题的系统性研究成果。第 1 章介绍了网络化系统的概念、基本问题、国内外研究进展情况，同时阐述了智能化控制与滤波算法的基本工作原理；第 2 ～ 6 章面向带宽受限网络传输环境，以节省通信资源和保证控制性能为前提，详细介绍了事件触发机制下的时变时延网络化系统 H_∞控制、L_2 量化控制、H_∞滤波、模糊控制、量化 H_∞控制问题的研究成果，进一步探究了实际工业网络化系统性质；第 7 章重点介绍了多丢包时延网络化

系统 H_{∞} 量化控制问题；第 8、9 章分别介绍了分布式时延非线性网络化系统 H_{∞} 滤波及故障诊断问题。全书通过实例验证了理论方法的有效性和优越性。

本书主要面向从事网络化控制、智能控制、多智能体系统、无人系统等方向研究的学者博士、硕士研究生等人员，以及从事电力、航空、冶金等行业的控制工程师。

本书得到了国家自然科学基金优秀青年基金（61922063）、面上基金（62073143，62173146）、青年基金（62003139）、上海优秀学术带头人（19XD1421000）、上海港澳台国际科技合作项目（19510760200）、上海自然科学基金（22ZR1416200，20ZR1415200）、上海市教委科研创新重大项目（2021-01-07-00-02-E00107）等项目的资助。本书出版之时，笔者要特别感谢国家自然科学基金委和上海市科委、教委等长期以来的资助，同时也要感谢国内外学术界和工业界的同行们，正是与他们的有益交流，使笔者对网络化系统的理解不断深入，并获得启发。同时要特别感谢笔者所在团队的老师和研究生团队成员的大力支持和帮助。

由于笔者水平有限，书中疏漏之处在所难免，恳求广大读者批评指正。

著 者

目录

CONTENTS

Digital Wave
Advanced Technology of
Industrial Internet

Intelligent Control and Filtering of Networked Systems

网络化系统智能控制与滤波

第 1 章

概述

本章分别介绍了网络化系统的概念、发展历程、性能特性及应用情况；分别阐述了网络诱导时延、数据包丢失、信号量化、单包传输和多包传输、网络节点触发策略、传感器饱和与故障等网络化系统中存在的基本问题及其机理；同时介绍了模糊控制、神经网络控制、自适应控制、模型预测控制、鲁棒 H_∞ 控制等智能控制方法的基本工作原理；最后，回顾了近年来网络化系统相关研究进展。

1.1 网络化系统概念

1.1.1 网络化系统简介

“工业 4.0”和“中国制造 2025”等战略举措的实施，深刻地影响着全球工业生产模式的变革，旨在通过网络空间虚拟系统、现实生产环境与信息科学的交互作用 [1,2]，推动制造业信息化升级和智能化转型 [3]。近年来，随着通信技术、计算机科学的飞速发展和交叉渗透，控制系统和网络通信的深度融合获得了前所未有的发展契机 [4]。网络化控制系统（Networked Control Systems, NCSs）是以通信网络作为媒介，在测量变送机构、执行机构、控制器等系统部件之间进行信息传输和交换，从而实现资源共享、远程操作控制的分布式控制模式 [5,6]。相对于传统的集中式控制系统，网络化控制系统提供了信息全面感知、智能处理、深度应用的崭新方式 [7]，体现了未来控制系统结构网络化、节点智能化、功能分散化的主流趋势 [8]。因此，网络化系统获得了蓬勃发展，广泛应用于多域新能源互联电力系统、潜航器动力定位系统、车辆驾驶辅助规划、空间物理探测卫星等诸多领域。工业网络化系统如图 1-1 所示。

1999 年，马里兰大学 Gregory C. Walsh 等人 [9] 的文章中，首次出现“Networked Control Systems”这一名词，但文中没有给出确切的定义，只是用结构图说明了网络化系统的结构特征，指出在该系统中，控制器与传感器通过串行通信线路形成闭环。此外，有些学者在一些文章中也提

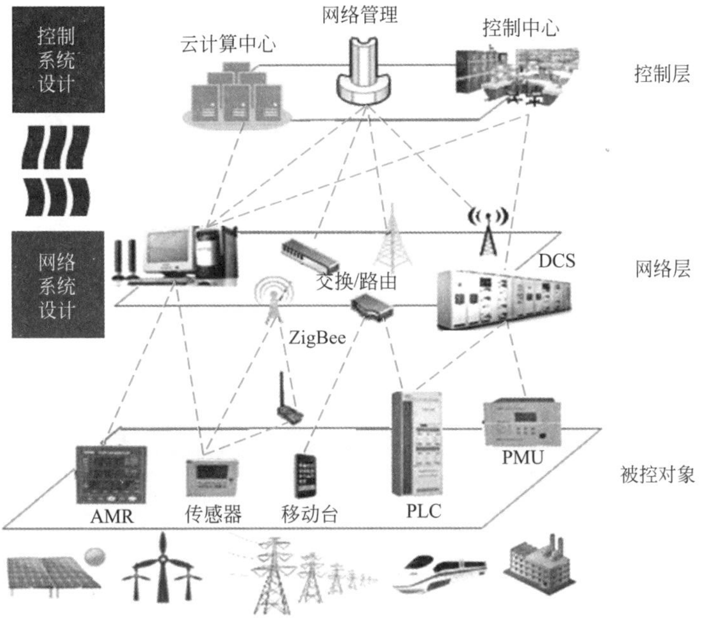

图 1-1 工业网络化系统

出一些相关概念，其中包括傅磊等人[10]提出的网络化控制系统的概念。傅磊认为利用数据网络连接一个控制系统中包括被控对象、传感器、控制器和执行器等在内的元件，将这些元件连接成具有闭环回路的反馈控制系统就可以称为网络化控制系统。此外，清华大学的顾红军给出如下定义[11]：网络化系统是在网络环境下进行控制和运行的控制系统，是在某个区域内使用一些包括检测控件、操作设备和通信线路在内的集合，来实现数据在各个设备之间的传输，以达到该区域内不同地点的用户和设备之间都可以共享资源和协调操作的目的。在广义的网络化系统中，还包括在 Internet 或企业信息网络下实现对车间、现场设备、生产线等不同对象的控制等。网络化系统结构图如图 1-2 所示。

随着第四次工业革命的展开以及物联网概念的提出，网络化系统也得到了迅速的发展与应用。一方面，网络化控制系统可以减少各系统部件间的连接线，从而降低在设计和执行控制系统时的复杂性和成本。另一方面，如果旧的网络系统中需要添加新的部件或者更换旧的部件，在网络化系统中可以方便地处理，因此网络化系统得到了包括工业领域在

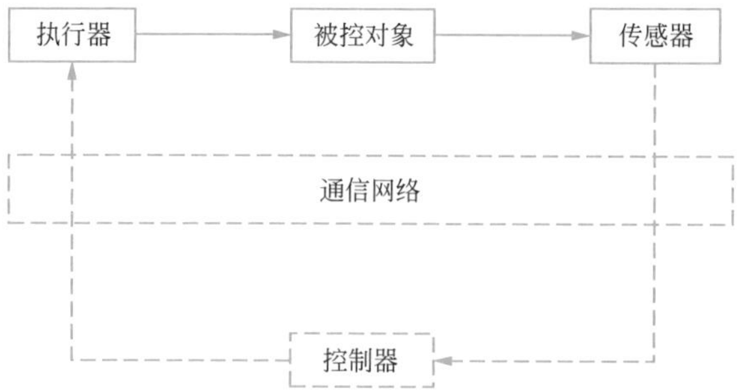

图 1-2　网络化系统结构图

内的广泛发展和应用。例如，在汽车工业中，通过引入网络拓扑，接线的数量大大减少[12]；在监控系统和过程控制中，网络化系统也得到大量应用[13,14]。

1.1.2　网络化系统背景意义

互联网的广泛应用已成为网络化系统研发的主要推动力之一。任何网络化系统的基本功能是信息获取（传感器 / 用户）、命令（控制器 / 用户）、通信网络以及控制（执行器 / 用户）。网络化控制领域成为控制界的新学科，大体上可分为两方面的研究[15]。

① 网络的控制（Control of Network）。研究通信网络的控制，使其适用于实时的网络化系统。这涉及了更广泛的信息技术领域，例如路由控制、拥塞控制、高效数据通信和网络协议等内容。

② 通过网络进行控制（Control over Network）。研究通过网络进行控制的策略，处理网络化系统的控制问题。这更多地涉及网络上的控制策略和控制系统设计，以及最小化不利网络参数对网络化系统性能的影响。

这类系统的集约化能够解决网络运行与整个系统运行质量之间关系的问题，是信息处理和控制领域的技术挑战。与传统的点对点布线系统相比，通信通道可以降低布线和电源的成本，简化整个系统的调试和维护，并提高系统的可靠性。网络化系统是一个实时反馈的闭环系统，被控对象、传感器、量化器、控制器、执行器等通过节点连接，节点之间的信号交换通过网络进行。网络的引入实现了资源的共享，降低了控制成本，最重要的是提高了系统的稳定性和可靠性。传统的控制系统设计，假定信号在节点与节点之间直接交换信息，即信号的传输交替是在理想的环境下完成的，信号在从上一个节点流入下一个节点时不发生通信时延、数据包丢失等情况。然而，在网络化系统的设计中，不能忽视这些问题，因为网络容易受到环境的影响。由于一些硬件限制，比如通信带宽、负载均衡与通信质量的限制，信号在网络中传输时，会受到干扰失真，我们将这些随机发生的不确定因素称为不完全信息。网络由于带宽限制，数据包在传输过程中可能会发生拥堵，当网络环境不理想时，数据包传输的时延问题也比较严重，数据包在排队等待时可能会发生乱序，甚至丢失。尽管很多网络在底层协议中定义了有效的重传机制，但是信号传输的中断，将毫无疑问地对控制系统造成影响。因为网络的带宽资源有限，为了有效地利用网络资源，信号在进入控制器之前先进行采样和量化。量化过程中不可避免地带来了量化误差，这些因素都有可能降低网络化控制系统的稳定性，甚至导致系统崩溃。

近年来，随着互联网技术的飞速发展，除了上面所述的网络化控制系统的传统发展方向之外，物联网（Internet of Things, IoT）的概念被一些专家学者提出，而网络化控制系统的研究在这一领域发挥了关键作用。简单来说，IoT 利用现有技术提供的功能来实现互动和响应性良好的网络环境的愿景。物联网是一种新颖的范例，它正在塑造未来互联网的发展。根据物联网的基本愿景，在使人们之间能够随时随地实现互相连接之后，下一步是研究如何连接无生命的物体，最终使得互联网无处不在。通过提供具有嵌入式通信功能的对象和通用的寻址方案，形成了高度分布且无处不在的无缝连接异构设备网络，可以完全集成到当前的互联网和移动网络中，从而实现在任何时间、任何地点，为任何人和任何事物开发出新的智能服务[16,17]。

同时，随着网络虚拟化技术的进步，云实用程序提供商提供的虚拟机服务变得越来越强大，从而巩固了云服务的生态系统。虚拟计算服务之所以具有吸引力，部分原因在于它们使客户能够自适应地获取和释放客户应用程序的计算资源，以响应负载激增和其他动态行为。云计算服务表现出来的强大的计算能力和虚拟化特性，促进了云控制系统的产生。云控制系统结合了云计算的优点、网络化控制系统的先进理论以及现有的其他相关研究成果，使得云控制系统将在工业和其他相关领域展现出令人难以置信的应用[18,19]。

网络的变幻莫测可能危及物理环境中单元的稳定性、安全性和性能。因此，对网络化运行的多样性、复杂性和实时性能具有规定的要求，由此给网络化控制系统带来了新的技术挑战。如今，关于网络化系统的稳定性、通信网络对控制系统性能的影响等许多基本问题仍然存在并且需要研究。与此同时，目前在网络化控制系统的新兴领域中存在许多新的、令人兴奋的、具有挑战性的想法、问题和概念亟待研究与解决。

1.2 网络化系统基本问题

与传统的“理想”传输介质相比，网络是一个具有许多限制因素的“不理想”媒介。网络控制理论的重点在于克服不理想的因素，而不是消灭不理想的因素。在工业系统设计过程中，一方面，可以通过提高硬件环境，合理配置网络资源，在硬件上将限制因素尽可能地降低；另一方面，从软件的角度考虑设计一个高效的控制策略，从而保证系统在网络不稳定的情况下依然能够稳定，并且满足设定的指标。信息不完全广泛地存在于网络通道中，为了保证控制性能，必须设计良好的控制策略，这将是一个具有挑战性的问题。

如今，网络传输引起了网络化系统的不完全信息现象，控制和滤波任务变得更为复杂，这种不完全信息的发生与系统的建模、物理硬件的限制、环境的突然改变和其他不确定发生的因素等有关。不完全信息是影响系统控制效果的重要因素之一。这种不完全信息包括测量数据丢失、网络诱导时延、信号量化、饱和问题、随机发生的非线性、干扰和不确定项等。

1.2.1 网络诱导时延

与传统的控制系统不同，网络化控制系统的各个组成部分是分布式部署的，而且信号从一个节点传输到另一个节点需要花费一定的时间，这些被称为传输时延。一般来说，传输时延由以下几种成分组成。

为了在网络中传输一个连续信号，信号首先要被采样，编码成数字形式，这些将产生时延。然后信号在网络中传递，这也有一些传输时延。最后信号还应该在接收端被解码来进行处理，这也会有一定的时延。此外，数据试图进入网络中进行传输时也会产生网络接入时延。

综上所述，在网络化控制系统中，传输时延由系统中每个组成部分的计算时延、网络访问时延以及网络媒介中的传输时延三部分组成。不同的网络化控制系统中的传输时延会由于诸如拥塞程度和信道品质这些不同的网络条件而相异。随着电子工业的飞速发展，低价、处理速度快的数字处理器已经被广泛使用，在数字控制器中的计算时延同其他两种网络诱导时延相比已经可以忽略不计了。在分析网络化系统中的传输时延问题之前，先回顾下较为成熟的对象时延的已有成果。在控制系统中，对象自身产生的时延被称为对象时延，这种时延是许多反馈系统以及许多流程自身的动力学中后效现象的一个特征，它是实践和理论分析中使得系统动态性能恶化以及系统潜在不稳定的主要原因之一。

同对象时延相似，网络化控制系统中的传输时延也成了近些年控制和滤波中的研究热点之一。网络化控制系统中的网络诱导时延可以用不同的方法来建模和分析，它们可以被建模成固定时延、独立的随机时延以及马尔可夫（Markov）链模型下概率已知的离散时延。

1.2.2 数据包丢失

网络控制系统中另一个极具研究价值的问题就是系统的数据在网络中传输时可能会丢失。网络可以被视作一个不可靠的通信路径，它会因为偶尔的网络拥塞而产生数据包冲突、网络节点无效或缓冲器溢出。有时，长时延也会因到达的数据过时而导致数据包丢失。在正常的通信网络中，有一些可靠的传输机制，例如传输控制协议（TCP）来保证旧数据的重新传输机制。然而，这样的机制不适用于有实时控制要求的控制系统。因此，研究保证控制系统的稳定性和要求的性能所允许的最大丢包率是非常重要的。

1.2.3 信号量化

在网络化控制系统中，信号都是通过通信网络从传感器传输到控制器，然后从控制器传输到执行器上。由于网络的传输能力有限，在数据被传输之前对它进行量化是不可避免的。对信号量化的过程可以视作将一个连续信号转化成一个有限集中取值的分段连续信号，然而在实践中，这种做法往往会产生所谓的“量化误差”，并且对所考虑的系统产生不利影响。相反，对于传统的控制系统而言，没有必要对传输信号进行这样的量化处理。

众所周知，一个数字信道在单位时间内可以传输有限数量的数据包，每个数据包可以携带确定比特数的信息。例如，固定长度的异步传输模式数据包由 40 比特的数据头和 384 比特的数据域组成，以太网 802.3 架构有一个 112 比特或 176 比特的数据头以及一个长度至少为 368 比特的数据域。另外，如果用更多的比特数来量化信号以减小误差，传输这些数据所需的时间就会变长，这样会产生额外的时延，并且会对考虑的系统产生不利影响。所以，为了使被控系统拥有更好的性能，必须考虑数据量化的作用。

1.2.4 单包传输和多包传输

网络化控制系统区别于传统控制系统的一个重要特点是以数据包的形式传输信息。根据所采用的数据包传输策略，可以将网络化控制系统的数据传输划分为单包传输和多包传输两种方式。单包传输是指网络化控制系统中各节点的等待发送数据被封装成一个数据包进行发送。多包传输是指网络化控制系统中各节点的等待发送数据被封装成几个数据包进行发送。由于数据包交换网络中的帧大小是有限制的，需要被传输的数据一旦超过了数据包的容量，大数据包必须分成多个小数据帧来传输。另外，如果在网络化控制系统中的各个传感器、控制器和执行器节点在物理空间范围的分布很大，也需要采用多包传输的数据方式来发送。

与单包传输的网络化控制系统相比，有多个数据包传输的通信网络化控制系统存在许多问题，例如可能会出现网络拥塞、连接中断、节点冲突等问题，进而会导致多个数据包不能同时到达接收端，会增加接收端处理数据的时间，间接导致网络诱导时延增大，从而给网络化控制系统的分析、建模以及设计带来新的问题。

1.2.5 网络节点触发策略

在网络化控制系统中，节点触发方式是指以何种方式使节点启动工作。在实时系统中，节点的触发方式分为两种：一种是时间驱动，另一种是事件驱动。时间驱动是指节点在事先设定的时间到达时开始动作，在网络化控制系统中，一般用系统的采样时刻作为时间驱动的触发点。事件驱动是指节点在某个特定事件发生时进行触发，其核心思想是设计特定的约束函数作为触发条件，即所谓的“事件”。当条件满足时，触发系统产生相关动作，如传感器节点采样并发送数据、控制器计算控制信号和执行器更新控制量等。在事件触发机制的作用下，传感器连续监测系统的状态并按事先设定好的触发条件进行计算，只有当采集到的信息满足给定的触发条件时，传感器才将此信息传送至下一个节点，否则不传送，在此过程中保证系统具有一定的性能。在基于事件触发机制的控制作用下，控制任务“按需”执行，即只有那些被认定为“必需”的信息才会被传送至控制器节点进行计算，以产生新的控制信号。因此，基于事件触发机制能有效减少网络冲突和节点能耗。事件触发控制在有效利用能量、计算及通信资源方面明显优于传统的时间触发控制，但是采用事件触发机制后，系统模型的改变使得分析处理变得复杂且控制系统的性能受到影响。因此，针对这些问题，如何设计合理的触发机制，使得网络化控制系统既能保证分析处理简单易行且具有较好的控制性能，又能兼顾减少网络通信负担和能耗，具有重要的研究价值和实际意义。

至于一个系统是采用哪种触发方式启动工作，完全取决于相应的控制策略，并且不同的触发方式对网络化控制系统的性能影响也是不同的。目前，大多数的网络控制系统研究中，传感器采用时间驱动方式，而控制器和执行器则采用事件驱动方式。

1.2.6 传感器饱和与故障

与此同时，由于系统组件（如传感器、执行器等）本身是物理器件，具有饱和的特性，即随着施加的磁场强度增加，磁阻元件的电阻增加，直到施加的磁场强度大于饱和磁场强度，电阻值达到某个值并维持不变。这种现象不仅会降低控制系统的性能，还会引起意外的振荡，甚至导致系统不稳定。因此，研究带有系统组件饱和特性的控制具有实际的物理意义。

网络的复杂性决定了传感器故障发生的频率与严重程度，在不完全信息下，发生的故障也往往更为复杂。随着对于网络化系统研究的不断深入，故障诊断问题的研究显示出在控制领域的重要性，通过故障诊断方法来实时监测网络中的各个通信节点，及时找出故障信号和发生故障的时间点，并设计一个容错控制器，根据故障信号来抵消其对系统的不利影响。

1.3 智能控制与滤波方法

建立于 20 世纪 50 年代的人工智能（Artificial Intelligence, AI）学科，已发展为一门广泛交叉的前沿学科。近 20 年来，现代计算机的发展使人工智能获得了进一步发展。人工智能的产生与发展，促进自动控制向着它当今最高层次——智能控制发展。智能控制代表了自动控制的最新发展阶段，也是计算机模拟人类智能，实现人类脑力劳动和体力劳动自动化的一个重要领域。

智能控制是一个具有强大生命力和广阔应用前景的新型自动控制技术，它采用各类智能化技术实现复杂系统和其他系统的控制目标。从智能控制的发展过程和已取得的成果来看，智能控制的产生和发展反映了当代自动控制的发展趋势。智能控制已发展成自动控制的一个新的里程碑，正发展为一种日趋成熟和日臻完善的控制手段。

1.3.1 模糊控制

扎德（L. A. Zadeh）于 1965 年提出的模糊集合理论是当时处理现实世界各类物体的方法。此后，对模糊集合和模糊控制（Fuzzy Control）的理论研究和实际应用获得了广泛的开展。

模糊控制是一类应用模糊集合理论的控制方法。模糊控制的有效性可以从两方面来考虑：一方面，模糊控制提供了一种实现基于知识（基于规则）的甚至语言描述的控制规律的新机理；另一方面，模糊控制提供了一种改进非线性控制器的替代方法，这些非线性控制器一般用于控制含有不确定性和难以用传统非线性控制理论处理的装置。模糊控制器由模糊化、规则库、模糊推理和模糊判决 4 个功能模块组成。

1.3.2 神经网络控制

基于人工神经网络（Artificial Neural Network）的控制，简称为神经网络控制（Neural Network-based Control），是 20 世纪末期出现的智能控制中一个新的研究方向，曾作为智能控制的后起之秀而红极一时。随着 20 世纪 80 年代后期人工神经网络研究的复苏和发展，20 世纪 90 年代对神经网络控制的研究也十分活跃。

神经网络控制是很有希望的研究方向，这不但是由于神经网络技术和计算机技术的发展为神经网络控制提供了技术基础，还由于神经网络具有一些适合控制的特性和能力，如并行处理能力、非线性处理能力、通过训练获得学习的能力以及自适应能力等。因此，神经网络控制特别适用于复杂系统、大系统、多变量系统、非线性系统的控制。特别是 2016 年 AlphaGo 战胜围棋世界冠军，其主要工作原理是“深度学习”，就是指多层的人工神经网络和训练它的方法，从而掀起了神经网络控制研究的热潮。

1.3.3 自适应控制

自适应控制（Adaptive Control）的涵盖范围，在学术界并没有一个标准化定义。但是，从自适应控制的工作机理与作用来看，可将其表述为：①不断监测被控对象，测量被控量的变化，实时掌握变化信息，及时发现不确定性可能带来的风险；②根据发现的问题及时调节控制器，使控制量的变化自动适应对象的变化或减小误差；③维持控制性能最优或满足预设要求。

虽然自适应控制也是一类反馈控制，但是自适应控制所具有的上述三个特征，使得它的性能比一般反馈控制有很大的提高，甚至说是一种跃升。它在实践中产生的实际效果，引起了控制界理论学者和工程技术人员的高度关注和重视。随着计算机技术的发展，实现自适应控制变得越来越容易，自适应控制的应用范围也在日益扩大。

1.3.4 模型预测控制

由于实际工业生产过程的非线性、耦合性、对象参数甚至结构的时变性和不确定性，传统比例 - 积分 - 微分（Proportional-Integral-Derivative, PID）控制难以满足控制要求，如果使用现代控制理论，由于模型的近似性和控制方法的不变性，其控制效果并不能如愿。因此，人们开始探索面向工业生产过程特征，对模型要求低、在线计算方便、控制效果好的控制形式和算法。随着计算机技术的进步，微型计算机呈现体积小、速度快、容量大和成本低的发展趋势，这为产生先进的控制系统提供了重要的物质基础。正是在这种背景下，模型预测控制（Model Predictive Control）应运而生。

模型预测控制是 20 世纪 70 年代后期产生的一种充满活力的控制形式。经过多年的发展，现在已经形成了比较成熟的控制模式和算法，目前，在不易建立精确数学模型且较为复杂的工业生产过程控制中发挥了积极作用，并向其他工业领域延伸。模型预测控制是一类先进的计算机控制算法，它利用过程模型预估系统在一定的控制作用下未来的动态行为，并根据约束条件，不断滚动向前求取最优控制，实施当前的控制，通过测量实时信息，修正对未来动态行为的预估，提高控制的准确性和系统鲁棒性。

1.3.5 鲁棒 H_∞ 控制

在对物理系统进行仿真或控制系统设计时，物理系统的数学模型是必不可少的。然而，用数学模型不可能完美地描述实际物理系统的物理现象。即使能够完美地描述，也只会使模型更加复杂，从而难以抓住主要矛盾。工程实践尤其如此。因为大多数工程系统不是与外界隔绝的，不断受到来自周围环境影响，因此，实际系统与其数学模型之间存在着差距，即模型不确定性。

进入 20 世纪 80 年代，Zames、Doyle 首次在真正意义上正面挑战模型不确定性问题，讨论如何将模型不确定性特性引入反馈控制系统设计。他们的共同观点是，模型不确定性应该用其频率响应的增益范围来表述。并且，Zames 强调干扰应该考虑成集合，干扰的控制性能应该使用闭环传递函数的 H_∞ 范数来衡量，Doyle 提出了小增益原理。鲁棒控制（Robust Control）的目的就是，提炼出模型不确定性的特征性质，并将有关的模型不确定性信息充分运用到控制系统的设计中，以求最大限度地提高实际控制系统的性能。

1.4 网络化系统研究发展概述

1.4.1 时延网络化系统研究进展

在通信系统和生物工程系统中，由于外界不确定因素的影响，系统状态往往会比预定状态晚一点到达传输节点，系统的这种特性称为时延。

特别是在网络化系统中，时延是导致网络化系统性能下降甚至不稳定的一个重要因素。

由于时变时延以及随机时延是不确定的，系统分析与设计相对复杂，以及在稳定性理论中，对系统不确定性的处理方法相对比较保守，学者们主要利用将不确定时延转化为定常时延的方法进行研究。2001 年，Zhang 等人 [20] 基于采样控制系统理论，对于定常时延小于一个采样周期以及大于一个采样周期的情况进行分析，首先通过评估器对系统的整体状态以及时延进行评估，然后通过设计有效的补偿策略，补偿系统时延。2000 年，于之训等人 [21] 针对网络化系统的随机时延以及系统中存在的噪声问题，利用在控制器和执行器接收端设置接收缓冲区的方法，将随机时延转化为固定时延，然后对系统进行分析。2004 年，姜培刚等人 [22] 将时延的不确定性转化为系统状态方程系统矩阵的不确定性，将网络化系统的系统状态向量用增广状态向量来描述，利用所提出的基于线性矩阵不等式（LMI）的 H_∞ 鲁棒控制方法，通过设计反馈控制器，使系统在外部扰动为零的情况下，实现闭环系统二次稳定；在系统存在外界未知扰动影响下，设计的控制策略使系统具有较好的干扰抑制作用。2005 年，胡晓娅等人 [23] 在文献 [20] 的基础上，设计了一种可以对随机时延进行补偿的状态观测器，同时实现了对噪声的滤波处理，研究了闭环系统的稳定性。

由于网络环境的不稳定性，网络化控制系统中的时延通常是时变的。在实际系统中，时延一般都是有界的，不会出现零时延以及无穷时延，为此独立于时延大小的时延无关理论具有较强的保守性。近年来，通过在 Lyapunov-Krasovskii 泛函中增加一个二次型积分项，利用 Lyapunov-Krasovskii 稳定性理论，围绕着如何处理二次型积分项，学者们对时延相关稳定问题进行了大量的研究。为了处理对二次型积分项求导后出现的积分项，Fridman 等人 [24] 总结了几种经典的通过确定性模型变化来处理积分项的方法。

由于模型变换，不可避免地会在李雅普诺夫（Lyapunov）函数导数中引入交叉项。通过放缩以及引入新变量的方法，交叉项可以和求导后出现的积分项相互抵消。围绕着如何最小地减小放缩的大小，学者们进行了大量的研究。1999 年，Park 等人在其他放缩方法的基础上提出了 Park 不等式，有效地降低了系统保守性，得到了新的时延相关稳定判据[25]。2001 年，Moon 等人[26]在 Park 不等式的基础上，进一步推广了 Park 不等式，得到了 Moon 不等式，通过锥补线性化算法设计控制器，保证了不确定时延系统的稳定性。模型变化会在系统中引入额外的特征值，从而导致变换后的系统与原系统不一致，吴敏、何勇教授先后在文献 [27]、[28] 中通过引入自由权矩阵，即利用牛顿 - 莱布尼茨公式，引入新的合适维数的矩阵，获得了保守性更小的时延相关稳定判据。

由于新的未知矩阵的引入会使系统的仿真计算更加复杂，为此，学者们通过建立更加合适的 Lyapunov 函数来减小获得稳定判据的保守性。2007 年，Gao 等人[29]通过建立新的 Lyapunov 函数以及新的积分项分解方法，获得了不确定时延系统时延相关鲁棒稳定的条件。2008 年，Zhang 等人[30]通过建立新的 Lyapunov 函数，同时考虑二次型积分项的时延上下限对系统的影响，获得了保守性更小的条件，同时设计了更加合理的时延控制器，保证了存在区间时变时延的离散线性系统时延相关的稳定性。但是以上文献还是通过牛顿 - 莱布尼茨公式引入了自由权矩阵。2011 年，Shao 等人[31]通过不同于以往 Lyapunov 函数建立的方法，利用新的放缩，同时获得了通过引入自由权矩阵和未引入自由权矩阵两种新的稳定判据，最后通过实例证明所设计的方法计算量更少，保守性更小。

大部分的网络时延通常是随机的、时变的，为此，不少学者研究了随机时延系统。学者们主要是通过满足 Markov 分布和伯努利（Bernoulli）分布两种方法来描述系统中随机时延的随机特性。2005 年，Zhang 等人[32]研究了一类存在随机时延的离散域网络化系统的稳定问题，通过两个 Markov 链来描述传感器 - 控制器及控制器 - 执行器时延，得到了存在两个模型的跳跃线性系统，建立了存在镇定控制器使得系统稳定的充要条件。2008 年，Huang 等人[33]研究了一类同时存在传感器 - 控制器、控制器 - 执行器不确定随机时延网络化系统的稳定性分析以及控制器设计方法，利用 Markov 过程来描述系统中的随机时延，基于 Lyapunov-Razumilhin 理论，通过算法求解双边线性矩阵不等式，获得了确保系统稳定的模型依赖的状态反馈控制器。2006 年，Yang 等人[34]针对存在随机通信时延的网络化系统的 H_∞ 控制策略进行研究，通过利用满足 Bernoulli 分布白序列的随机变量，对同时存在传感器 - 控制器时延、控制器 - 执行器时延的系统进行研究，获得了使系统均方意义下指数稳定并满足一定性能指标的基于观测器的控制器设计方法。2007 年，王武等 [35] 研究了具有一步随机通信时延的离散网络化系统的 H_∞ 滤波器设计，采用 Bernoulli 分布的随机变量来描述系统测量数据的一步随机通信时延，利用 LMI 方法给出了全阶滤波器存在的充分条件，所设计的滤波器使得滤波误差系统均方意义下指数稳定且满足给定的 H_∞ 性能。2009 年，Lin 等人 [36] 研究了具有随机测量传感时延的连续系统基于观测器的网络化控制问题，提出了使得闭环网络化系统均方意义下指数稳定并满足一定 H_∞ 性能指标的基于观测器的输出反馈控制器设计方法。

2008 年，Gao 等人 [37] 研究了存在多面体参数不确定时变时延线性连续系统的鲁棒 H_∞ 滤波器设计，利用多项式参数依赖方法，得到了参数相关以及时延相关稳定判据，减小了设计策略的保守性。2008 年，Zhou 等人 [38] 就存在随机时变传感时延的离散系统的 H_∞ 滤波问题进行研究，通过设计滤波器，能够使得时延滤波误差系统渐近均方稳定，并能够保证闭环系统具有一定的 H_∞ 滤波性能指标。

近年来，也有学者对分布式时延进行研究。2002 年，Zheng 等人 [39] 研究了应用于使得火箭发动机燃烧室稳定的不确定性分布式时延系统的鲁棒控制问题，得到了使得分布式时延系统鲁棒稳定的条件并给出了使得不确定系统鲁棒渐近稳定的控制策略设计方法。2005 年，Xu 等人 [40] 研究了不确定分布式时延系统的时延相关鲁棒 H_∞ 滤波器设计问题，指出当系统方程被加数的数量增加，临近参数值之间的差异减少时，就会产生分布式时延，而且提出分布式时延是液体单元推进剂火箭发动机传送系统以及燃烧室压力供给系统的建模必不可少的因素。设计的滤波器能够使得同时存在离散和分布式时延的系统渐近稳定并满足一定的性能指标。2010 年，Wang 等人 [41] 研究了一类具有部分非线性和混合时延的离散随机系统的状态反馈控制问题，同时考虑了离散时延和分布式时延，得到了使得非线性随机系统均方意义下随机稳定的充分条件，通过线性矩阵不等式方法给出了状态反馈控制器的设计方法。

1.4.2 丢包网络化系统研究进展

在低可靠性的通信网络中，数据包可能在传输期间被丢弃，随即产生了数据包丢失问题。通常而言，考虑以下两种类型的包丢失现象。

（1）网络引起的数据包丢失（被动丢包）

当网络处于某些恶劣的条件下时，例如网络流量过载以及通信网络中传输超时和传输错误的发生，即使网络协议配备了传输重试机制，也可能发生数据包丢失现象。因为在这种情况下，数据包丢失是由通信网络本身引起的，称这种数据包丢失为“网络引起的数据包丢失”。

（2）主动数据包丢失（主动丢包）

在某些情况下，如果发送的数据包比预期到达目的地的时刻迟了一些，那么会出现数据包错序现象。尽管最终在一些可靠的传输协议（例如 TCP）下可以传送错序的数据包，但它们对于网络化系统的分析和设计并不十分有用，因为错序的数据包中携带的信号已经过时了。因此，应该积极地丢弃那些“混乱”的数据包。将这种数据包丢失称为“主动数据包丢失”。一些有效的方法，如逻辑 ZOH 机制 [42] 和消息拒绝 [43]，被用于执行主动数据包丢失。

当发生数据丢包现象时，关键是如何处理系统组件的输入信号问题。通常而言，有两种解决方式，一种是保持上一次输入的信号不变，另一种是零输入信号。因为网络通信环境通常以随机方式进行改变，所以数据包丢失表现出随机的特征。因此，数据包丢失最常用的处理方法被视作马尔可夫数据包丢失过程或者伯努利随机过程，从而将此丢包过程考虑到网络化控制系统中，进而推导出关于描述丢包过程的随机变量的网络化闭环系统，即随机系统。然后，借助于随机系统相关理论和处理方法，导出闭环网络化控制系统的稳定性条件以及待设计的控制器 / 估计器的具体表达形式。注意到，利用随机方法研究网络化控制系统的丢包问题不仅直观方便，而且可借助其丰富的随机系统理论与方法导出有效的研究结果。因此，许多人都热衷于采用 Markov 过程或者 Bernoulli 随机过程对数据包丢失现象进行建模，从而解决实际的网络化控制系统的稳定性、控制器 / 估计器的应用问题。

过去几十年中，基于 Markov 过程的数据包丢失模型，已经产生了大量的研究成果和文献。例如，Wang 等人提出了一种新模型来表示满足马尔可夫过程和迟到数据包的数据包丢失，设计了一种具有有界数据包丢失的网络系统的 H_∞ 控制器 [44]。Wu 等人提出了具有数据包丢失的网络系统的稳定性分析和控制器设计方法，不仅考虑单包和多包传输，而且考虑了传感器到控制器（S/C）和控制器到执行器（C/A）同时具有数据包丢失的情况，其丢包过程由两个不同的独立马尔可夫链描述，从而提供了新的网络化系统模型 [45]。Qiu 等人研究了一类具有不确定参数和外部扰动的离散时间网络化控制系统的鲁棒输出反馈 H_2/H_∞ 控制问题，根据丢包和时延的随机特性，提出了一种基于马尔可夫跳跃系统框架的模型 [46]。Wu 等人更进一步地将其考虑到先进的控制理论中，如非线性网络化控制系统的容错控制 [47]、网络化控制系统的输出反馈保成本控制 [48]、离散时间系统的滑模控制 [49] 等。

此外，还有研究将丢包建模为 Bernoulli 随机过程，并结合到网络化控制系统的应用中。例如，Tan 等人研究了离散时间网络系统的均方稳定问题。假设控制信号通过有损通信信道发送到对象，在该有损通信信道上同时发生数据包丢失和传输时延问题，并将丢包建模为 i.i.d. Bernoulli 过程 [50]。Xue 等人设计了在传感器到控制器和控制器到执行器通道中存在多个数据包丢失时网络化控制系统的滚动时域状态估计器。这两种情况由两个满足伯努利二元分布的相互独立的变量进行建模 [51]。Wu 等人重点介绍了一种基于 Lyapunov 的特殊事件触发控制（ETC）设计，并考虑数据包丢失。具有 ETC 和数据包丢失的闭环系统可以建模为切换系统，其在正常传输和通信丢失之间切换 [52]。Wang 等人针对一类具有数据包丢失的离散时间动态网络，通过基于编码解码的方法研究同步控制问题。数据通过数字通信信道传输，只有有限编码信号序列被发送到控制器。利用一系列相互独立的伯努利分布随机变量来模拟编码信号传输中发生的数据包丢失现象 [53]。Jiang 等人提出了一种求解网络系统最优跟踪控制问题的新方法，其中考虑了网络引起的数据包丢失问题，并利用 Bernoulli 过程描述丢包现象。与此同时，系统动态被认为是未知的 [54]。

1.4.3 量化网络化系统研究进展

在现代控制系统中，由于数字计算机具有安装成本低、可靠性高、维护方便等优势，常常作为数字控制器来控制连续时间系统，从而实现数字控制系统。值得注意的是，一方面，通信网络和闭环系统中某些设备（如 A/D、D/A 转换器）的传输容量是有限的；另一方面，直接传输信号数据可能消耗很多能量。因此，信号数据必须在被发送到下一个网络节点之前进行量化处理，减小数据包的大小，节省传输功率。在这样的系统中，连续时间的测量信号由数字控制器进行采样和量化处理，来产生离散时间的控制输入信号。

量化器可以被视为一类非线性映射，其将 ℝ（实数集）的不同段映射到不同的级别。量化级别的数量与物理对象和滤波器之间的信息流密切相关。由于字长有限，对信号数据进行舍入或截断而频繁地发生量化误差，这是不可避免的。量化器的使用将导致两种现象，即在原始点周围的饱和及性能恶化，这可能对网络控制系统性能有重大的负面影响，甚至使系统不稳定[55]。因此，在网络化控制系统的分析和综合中对量化器进行分析，并且评估量化一旦实施后对整个网络化控制系统性能的影响程度是很重要的。许多学者已经提出了各种方法来研究量化控制问题，特别是在网络化系统的演化中。其中，对于量化器的分析主要分为两方面，即量化器是静态的还是动态的。如今，文献中通常采用两种流行的量化现象建模方法，即均匀量化和对数量化。一般来说，对数量化器是一种静态量化器，均匀量化器基本上是动态量化器。到目前为止，具有量化效应的网络化系统的控制和滤波问题引起了持续的研究兴趣，并产生了大量的研究成果及文献。

迄今为止，关于对数量化器的研究，文献中已经有了一些很好的研究结果。一般而言，若量化器用 $f(\cdot)=[f_1(\cdot)\quad f_2(\cdot)\quad \cdots\quad f_m(\cdot)]^{\mathrm{T}}$ 表示，且它是对称的、静态的和时不变的。那么，量化级别的集合表示为：

$$\mathcal{R}=\left\{\pm u_i, u_i=\rho_i u_0, i=0,\pm 1,\pm 2,\cdots\right\}\cup\left\{\pm u_0\right\}\cup\left\{0\right\} \tag{1-1}$$

式中，$u_0>0$ 为量化器的初始状态；$0<\rho_i<1$ 为一个和量化密度有关的参数。在此基础上，相应的对数量化器 $f(\cdot)$ 定义如下：

$$f(v)=\begin{cases} u_i, & \frac{1}{1+\sigma}u_i < v \leqslant \frac{1}{1-\sigma}u_i, v>0 \\ 0, & v=0 \\ -f(-v), & v<0 \end{cases} \tag{1-2}$$

式中，$\sigma=(1-\rho)/(1+\rho)$。

基于上述的对数量化器的量化建模方法，将其应用到具有数据量化效应的网络化控制系统的实际问题中。Wang 等人研究了基于状态量化的采样数据神经网络系统的稳定性问题。考虑对数量化器，并量化从传感器到控制器的采样状态测量值，通过线性矩阵不等式方法设计了基于量化采样数据三层全连接前馈神经网络的控制器 [56]。Han 等人进一步提出了利用对数量化器处理基于最优通信网络的具有分布时延的离散时间神经网络的 H_∞ 量化控制，量化和通信网络引起的数据包丢失同时被考虑 [57]。Li 等人将对数量化器用于具有信号量化和随机数据包丢失的网络化控制系统的故障检测问题 [58]。除了稳定性和控制问题的研究之外，Liu 等人设计了一个估计器处理具有有限通信的线性离散时间系统的滚动时域估计（MHE）问题，使得对于所有可能的量化误差和数据包丢失，状态估计误差序列是收敛的 [59]。Zhang 等人提出了传感器网络中离散时间切换线性系统在数据包丢失和量化情况下的分布式 H_∞ 滤波器设计方法 [60]。更进一步地，Duan 等人提出了一种新型的有限级动态对数量化器，并针对具有量化效应和执行器故障的事件触发网络化系统设计了均方反馈控制器 [61]。

除了用于处理量化效应的对数量化器（图 1-3），均匀量化器（图 1-4）由于其自身的一些优势同样受到很大关注。均匀量化和对数量化分别属于定点量化和浮点量化，由于在硬件和软件实现中广泛使用定点数方案，因此，均匀量化方案在网络化系统中被广泛地使用。

一个典型的均匀量化器 $q: \mathbb{R} \rightarrow \mathbb{R}$ 定义如下：

$$q(x)=\theta\left\lfloor \frac{x}{\theta}+\frac{1}{2} \right\rfloor \tag{1-3}$$

式中，$\theta>0$ 为均匀量化器的增益。定义 Δ 为量化误差并且 Δ 满足下

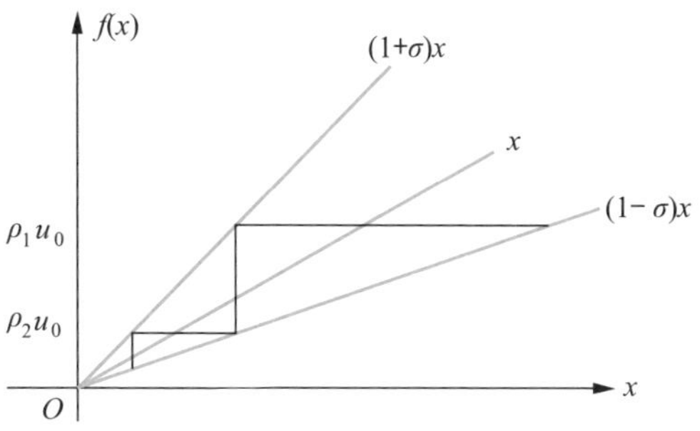

图 1-3　对数量化器

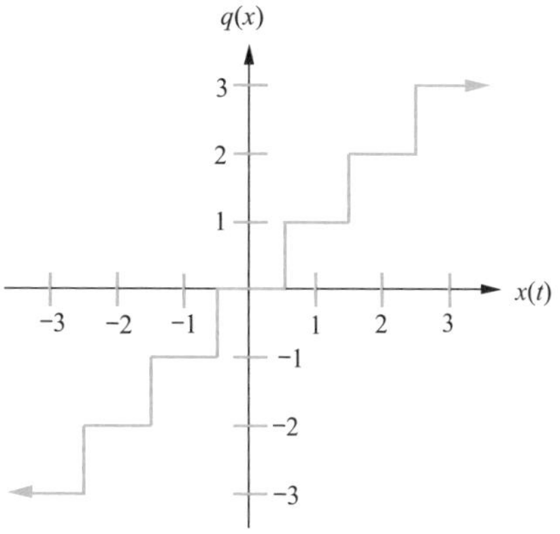

图 1-4　均匀量化器

列方程：$q(x)-x=\varDelta$。同时，量化误差 $\varDelta\in\left(-[\theta/2],[\theta/2]\right)$ 直接反映量化器的准确性且满足下列条件：对于所有的 $x\in\mathbb{R}$，$\|q(x)-x\|\leqslant(\theta/2)$ 成立。根据均匀量化器的定义，上述内容同样适用于向量的情形。例如，对于任意的向量 $\boldsymbol{x}=[x_1 \quad x_2 \quad \cdots \quad x_n]^{\mathrm{T}}$，定义向量均匀量化器 $q_v(\cdot):\mathbb{R}^n\to\mathbb{R}^n$，输出信号表示为 $q_v(\boldsymbol{x})\equiv[q_v(x_1) \quad q_v(x_2) \quad \cdots \quad q_v(x_n)]^{\mathrm{T}}$，随后，可以得到下列不等式成立：$\|q_v(\boldsymbol{x})-\boldsymbol{x}\|\leqslant n(\theta/2)$。

于是，采用上述均匀量化器进行网络化控制理论与方法的研究被广泛展开。Ishido 等人研究了涉及有限多级的信号量化和有界的连续数据包丢失的网络化控制系统的稳定性问题[62]。Brockett 等人讨论了具有饱和量化的测量输出信号的线性时不变控制系统的反馈镇定问题，而且提出了一种依赖于在系统发展过程中改变量化器灵敏度的可能性的新的控制设计方法[63]。Pan 等人提出了一个状态反馈控制器的设计方法，状态首先在更新时间被采样，接着通过均匀量化器被量化处理，在这种情况下，通过网络状态反馈使得基于模型的闭环网络化控制系统是稳定的[64]。当然，在稳定性问题之外，控制等问题同样被广泛讨论和研究。例如，Wu 等人研究了基于有向图量化通信的多智能体系统（Multi-agent Systems, MASs）一致性的事件触发牵引控制问题，讨论了具有均匀量化器的 MASs 一致性的牵引控制[65]。Zou 等人采用均匀量化器着重研究了一类具有一次丢弃（Try-once-discard, TOD）协议调度和均匀量化效应的网络非线性系统的最终有界性控制问题。所述问题的目的在于为网络化非线性系统设计基于观测器的控制器，使得在存在 TOD 协议和均匀量化效应的情况下，闭环网络化控制系统是最终有界的，并且被控输出是局部最小化的[66]。Jiang 等人提出了一类频域的控制器设计方法，使得具有量化和丢包的网络化控制系统的跟踪性能能够达到最佳[67]。

从以上的工作中可以看出，对于采用量化器进行数据量化而造成的量化误差可以用扇形有界不确定性或非线性方法来处理，从而分析和减轻量化效应对网络化控制系统性能的影响。通过将量化误差视作不确定性或非线性进行处理，从该过程中，可以看出量化问题转化为了鲁棒性分析问题。因此，鲁棒分析工具可以被用来研究量化效应，优化控制参数来最小化量化的效果[68]。

1.4.4 事件触发网络化系统研究进展

在传统的网络化控制系统的控制设计理论中，对于分布在共享通信网络上的系统组件（如传感器、控制器和执行器等），无损的数据通信标准假设不再成立。造成这种情况的主要原因是通信网络的引入造成了网络诱导缺陷，如数据包丢失、噪声损坏、时延等引起的不确定性。如今使用的这些通信网络主要是局域网、城域网和广域网等。通常来说，网络系统的通信过程可以分为两类：时间驱动通信和事件驱动（或基于事件）通信。时间驱动通信是一种被广泛使用的通信策略，可以注意到的是，时间触发的采样机制易于实现和分析，但从资源利用的角度来看，它不太可取。基于时间触发采样机制的通信策略下，采样周期是基于最坏的情况设计的，而且所有采样信号都需通过网络进行传输。在这种情况下，没有考虑系统与网络特征，占用了大量有限网络资源，降低了网络使用效率，增加了计算负担。正是在这样的环境下，基于事件驱动通信方案的网络系统的分析和综合问题获得了广大研究学者极大的关注。与时间触发的通信方案相比，事件触发的通信方案可以节省计算资源、基于电池设备的能量资源以及有限的网络资源，从而提高通信资源利用效率并延长网络组件的寿命。

基于事件触发机制（Event-triggered Scheme, ETS）的控制问题的主要思想是：传输与控制任务“按需执行”，同时保证闭环网络化控制系统具有规定的性能（如稳定性等）。ETS 提供了一种执行控制任务的自然方式，在该方式下，控制任务是否执行取决于预定义的事件触发条件，而不是某个时间段的流逝[69]。如果在某个时刻违反了事件触发条件，意味着触发了事件，则应该立即执行当前的控制任务。可以注意到，不同的事件触发条件将产生不同的控制/滤波性能。最初的基于事件触发机制的网络化控制系统的结构框图如图 1-5 所示。

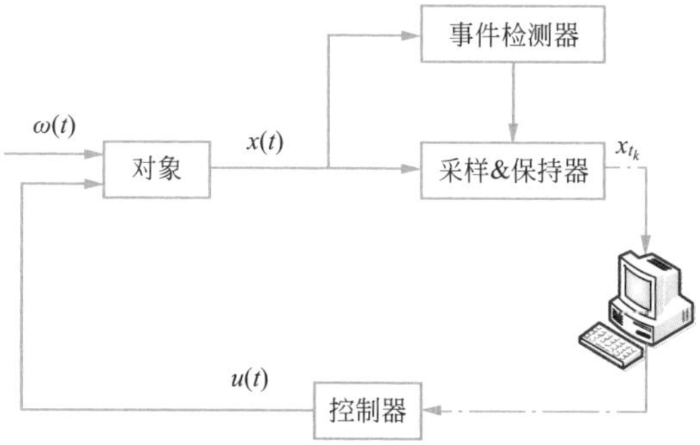

图 1-5 基于事件触发机制的网络化控制系统结构框图

基于相对误差形式的事件触发条件：

$$\|x(t)-x(t_k)\|\leqslant\sigma\|x(t)\| \tag{1-4}$$

式中，$t\in[t_k, t_{k+1})$，t_k、t_{k+1} 分别为当前触发时刻和下一个触发时刻；$\sigma\in(0, 1)$ 为阈值参数。

很明显，上述事件触发机制具有三方面的缺陷。首先，为了检测事件是否发生，需要对系统状态进行连续检测，因此需要某种硬件检测装置来产生一个硬件中断以释放控制信号；其次，在系统的分析与设计过程中，必须提前给定控制器的具体表达形式；最后，事件驱动参数的设计与控制器增益的设计缺乏协同。

针对上面所说的缺陷，研究学者又相继提出了自触发机制和基于采样数据的事件触发机制，从而解决了上述问题。其中，基于采样数据的 ETS 的主要思想在于三个方面[70]：第一，系统测量周期性采样；第二，是否应该发送采样数据包是由预定义的事件触发条件确定的，该条件仅与采样时刻的信号有关；第三，得到的闭环网络化控制系统可以建模为时延系统。基于采样数据的 ETS 的网络化控制系统的结构见图 1-6。

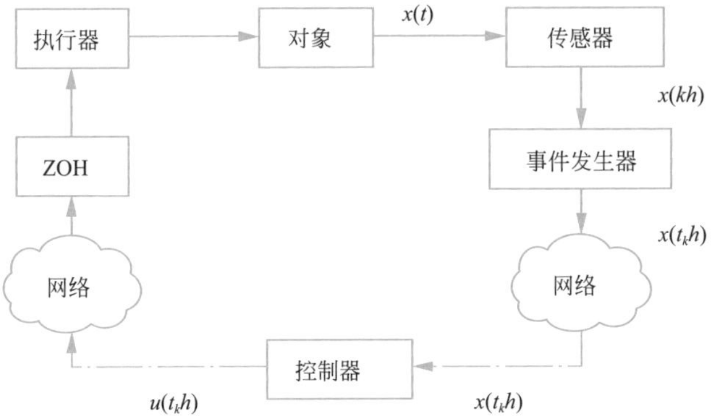

图 1-6　基于采样数据的 ETS 的网络化控制系统结构

基于采样数据的 ETS 的网络化控制系统具有如下优点：①不需要额外的硬件来监控系统的瞬时状态；②事件触发间隔等于或大于一个采样周期，从而有效地避免了 Zeno 现象（Zeno 现象是指有限时间内产生无限次触发的现象）；③可以根据一组线性矩阵不等式完成触发机制参数、网络参数与控制参数的联合设计。

由于上述优点，基于采样数据的 ETS 在事件触发控制领域中脱颖而出，并且已被广泛应用于处理网络化系统的若干控制和滤波问题。如状态反馈控制 [71]、动态输出反馈控制 [72,73]、跟踪控制 [74,75] 以及最优状态估计 [76,77] 和 H_∞ 滤波 [78,79] 等。因此，在过去的几年中，ETS 已经成为控制和信号处理领域的热门研究课题。

对于基于事件触发通信机制的网络化系统，系统的动态分析将不可避免地变得复杂。传统方法无法处理基于事件触发通信机制的网络化系统的分析和综合问题，这主要是由于事件触发传输方案的非周期性将极大地影响系统的性能，如闭环系统的稳定性和 H_∞ 性能等。为了处理这样的系统，应该同时考虑系统本身的动态和基于事件触发通信机制的网络动态对整个闭环网络化控制系统造成的影响。更具体地说，相应的理论框架应该对系统的动力学和事件触发条件对闭环系统引起的影响进行定性及定量的分析和验证。迄今为止，三个可论证的代表性理论框架——基于 Lyapunov 稳定性的方法、基于混合系统的方法和基于输入到状态稳定性（ISS）的方法已经被提出并广泛应用于处理基于事件触发通信机制的网络化控制系统的分析和综合问题中 [20]。其中，借助于 Lyapunov 稳定性的方法，事件触发条件可以被视为非线性约束，继而可以将这种非线性约束嵌入 Lyapunov 函数或函数的计算中，以此来分析系统的性能，以及设计系统的控制器 / 滤波器。

此外，基于事件触发通信机制的控制 / 滤波问题应该考虑通信网络的动态特性。在基于事件触发的通信策略中，事件是否被触发不应该仅仅通过系统状态或测量值的改变来确定，应该同时考虑通信网络的实时动态 [39]。显然，如果当前网络流量繁忙，此时触发事件既不利于系统的性能，也不利于网络服务质量（Quality of Service, QoS）的保证。相反，如果当前网络流量空闲，则可以在确保良好的网络 QoS 的情况下尽可能多地触发事件来提高系统的性能。因此，在基于事件触发通信机制的网络化控制 / 滤波问题中，如何将系统的状态或测量信息与通信网络的动态相结合，来确定合适的事件触发条件，在理论上和实际应用中都是重要的并具有一定的挑战性。

1.4.5 传感器饱和与故障网络化系统研究进展

在实际应用中，网络中的部件由于硬件条件的限制，在采样频率过高、信号量过多、信号振幅过大时，可能会发生饱和现象。饱和在传感器端和执行器端最为常见，饱和带来的非线性将会对系统造成不良影响。现在，关于执行器饱和方面的研究已经日趋完善 [80-88]，而关于传感器饱和的网络化系统分析相对较少，综合传感器和执行器饱和的研究更为少见。Kreisselmeier[89] 研究了具有传感器饱和的线性系统的稳定性。Cao 等人 [90] 研究了具有传感器饱和的一类线性连续时间系统的输出反馈控制问题。Xiao 等人 [91] 研究了一类具有传感器饱和的线性离散时间系统，并将研究结果应用到数字传输系统中。Yang 等人 [92] 研究了一类具有传感器饱和的离散时间系统的集元滤波问题。在包含测量信息饱和、未知有界过程和测量噪声的情况下，提供了区域状态估计。然后提出了一个凸最优方法来确定系统的状态估计，这个状态估计是受测量信息饱和、未知有界过程和测量噪声影响的。

值得注意的是，在大多数已发表的文献中，饱和现象被认为是确定发生的。然而，在实际的工程网络环境中，传感器饱和经常受到随机扰动的影响。例如，随机发生的传感器信号拥塞问题导致间歇性的饱和现象。饱和等级的变化、传感器部件维修、子系统节点之间的互动、环境的突然改变，都将会加速传感器的老化。换种方式来讲，传感器饱和现象的发生遵循一定的概率，并且根据具体的网络情况和节点的密度而发生随机变化。这种不确定发生的饱和，我们称为随机发生的传感器饱和（ROSS）。Wang 等人 [93] 研究了一类具有随机发生的不完全信息的非线性系统，分析了其 H_∞滤波问题。其中的不完全信息包括传感器饱和与测量丢失问题，并且设计了一个 H_∞滤波器，使得系统能够保持均方意义下的渐近稳定。这里，区域增益滤波特质是专门为随机饱和非线性提出的。通过凸优化方法和 LMI 可以得到滤波器的参数。Yang 等人 [94] 考虑了在实际网络环境中非线性随机系统的 H_∞滤波问题，同时还考虑了传感器饱和、量化、网络诱导时延和丢包等问题，提出了在实际网络环境中传感器饱和，比其他的工作成果更具有一般性。传感器饱和通过分解项式的办法处理，设计开发一个具有鲁棒性的滤波器，系统状态的渐近估计是通过不完整的输出测量得到的。

为了估计网络的状态，测量输出由传感器进行采集，传感器在进行采集的过程中将不可避免地遭受噪声和不完全信息的影响。在采集的过程中，传感器带来了非线性，非线性对系统的性能有极大的影响，它不仅会降低系统的估计性能，还可能导致系统发散。Ding 等人 [95] 提出了 ROSSs 和 RVSDs 的概念，ROSSs 即随机发生的传感器饱和。RVSDs 为随机变化的传感器时延。当传感器通过网络连接时，传感器的测量时延产生的概率是随机的。传感器时延可由许多原因引起，例如异步时分网络环境变化、间歇性的传感器故障和随机发生的数据包拥塞。分布式的传感器网络叠加起来的 RVSDs 将会相当可观，会严重影响系统的稳定性。描述 RVSDs 的一种非常常见的方法是满足 Bernoulli 分布的二进制白噪声。

Ding 等人在文献 [95] 中综合考虑 ROSSs 和 RVSDs 带来的影响，并将它们整合到一个框架中，采用了一个能够描述复杂网络固有非线性的似界函数，通过 Lyapunov 理论和 Kronecker 结论设计出了一个有效的控制策略。

网络化系统关于一般通道受限的故障诊断已经取得了较多的成果 [96-100]，但是对于随机发生的噪声、随机发生的非线性和不完全信息的故障诊断问题还有待研究。Bread 教授首先提出了动态网络故障诊断这一概念，而后随着自动控制技术的发展，故障诊断也成为一个重点研究内容。

定性分析是指通过对故障的“质”进行分析，具体就是通过抽象的方法和一些系统信息对系统进行判断和分析。定性分析有三个步骤，第一步对系统进行综合分析，第二步通过比较来确定问题，第三步将问题抽象，概括问题。故障诊断定性分析比较经典的方法是图论法。

定量分析是用数学公式来描述。当故障诊断采用定量分析时，可以不用知道系统完整的数学模型，此时系统是一个黑盒。不用关注系统内部发生的过程，只需要对输入信号和输出信号进行检测，即可知道是否发生故障。

近几年的研究表明，网络化系统需要越来越高的稳定性、安全性和可靠性，网络化系统的故障诊断问题已经取得了许多成果 [101-107]。一般来说，故障诊断过程包括构造残差信号、计算残差估计值和将计算得到的残差估计值与预先设定的阈值做比较。当残差函数值超过一定的阈值函数值时，系统能够诊断到故障信号并发出警告。众所周知，为了及时地监测到故障，残差信号应该对故障敏感，并且对模型的误差和扰动具有鲁棒性（为了避免误报警）。最近，网络化控制系统的故障诊断问题引起学者的广泛关注，通过引入性能指标，例如：能体现故障敏感程度的 H_- 指标，体现对扰动抑制的 H_∞ 指标等，进而将网络化控制系统的故障诊断问题转化为性能指标的优化问题。纵观网络化系统的故障诊断成果，关于非线性网络化系统的故障诊断问题研究还较少，Dong 等人 [108] 研究了一类具有不确定性项的离散 - 时间 T-S 模糊系统，此系统具有混合时延和连续的丢包，并设计了一个鲁棒故障诊断滤波器。通过放大系统的原始状态和故障诊断滤波器，这个故障检测问题就转换成了 H_∞ 滤波问题。此研究提出了一个模型，用来描述随机发生的时变通信时延、随机发生的有限分布式时延和连续的数据包丢失，这三个数学模型都服从一定的 Bernoulli 分布。

在已有的文献中，关于网络化系统故障诊断的研究通常只探究时变时延、时不变时延、数据包丢失、传感器饱和、量化误差中的一种或几种。在不完全信息发生的情况下，故障诊断问题还有待进一步探讨。实际工业系统中，往往会存在多种方面的问题，还会受到各种干扰。这些不完全信息的影响以及噪声的干扰严重地影响了系统的稳定性和故障诊断器的准确性。因此，如果单方面考虑一个或者两个因素的故障诊断问题，将很难模拟工业网络的复杂度，难以满足研究的需求。所以在进行网络化系统故障诊断研究时，我们必须综合考虑各个因素的影响。Wan 等人 [109] 研究了一类具有数据包丢失以及有限分布式时延的离散时间系统，传感器到控制器和控制器到执行器的丢包分别被描述为两个不同的满足 Bernoulli 分布的白噪声序列；并设计了一个基于观测器的故障诊断滤波器，使得故障信号和残差信号之间的误差尽量降低到最小。与传统研究的丢包不一样的是，这里的丢包在控制器上传控制信号到执行器的通道里也发生。Zhang 等人 [110] 讨论了复杂网络的故障诊断问题，通过引入传递矩阵，建立了具有非线性和部分信息缺失的时延 Markovian 跳跃系统。

传统的故障诊断滤波器一般采用静态滤波器 [111,112]。通常解决增益矩阵的方法不是唯一的，这给设计最优滤波器带来了方便。然而，静态滤波器只能改变系统极点，而不能改变系统的零点，因为系统的性能不止依赖极点，存在扰动干扰时，静态滤波器无法改变系统零点的特性，大大限制了其作用。因此，引入额外的功能来改变系统零点的想法值得关注，为了与经典的滤波器区分开来，称满足此特性的滤波器为动态滤波器。在网络化系统中应用动态滤波器，可以动态反馈系统的残差信号。与传统的滤波器相比，动态滤波器不只有一个增益矩阵，因此它可以为设计问题提供更多的自由度和可靠度。

在实际工程中，系统经常受到各种扰动的影响，当噪声的分布特性和故障的分布特性比较接近时，故障诊断会变得相当困难。这时，如果

采用的是 H_∞ 滤波器，将有可能无法检测到故障信号。Dai 等人[113] 展示了一个动态滤波器，此滤波器增益矩阵可以改变系统的零点，这样，系统的零点和极点都是可以控制的。为了减弱系统噪声的影响，应用了零点转移方法（Zero Assignment Technical）。通过在噪声的频率响应中设置零点和优化系统极点，设计出了一个优化的动态故障诊断滤波器。

1.4.6 综合问题的网络化系统研究进展

近年来，学者们在分析网络化系统的设计时，已经不单单考虑一种因素对系统的影响，而是综合考虑时延、丢包以及量化等因素的影响。同时在对系统模型进行分析时，存在非线性扰动等更加复杂的模型也引入了网络化系统的分析中。

2005 年，Yue 等人[114] 研究了同时存在时延与丢包的不确定网络化系统的鲁棒 H_∞ 控制器设计，通过引入松弛变量以及考虑时延下界，得到了更有效的稳定判据，研究者同时考虑了传感器 - 控制器时延、控制器 - 执行器时延以及计算时延。2006 年，Yue 等人[115] 研究了基于网络的不确定线性系统的鲁棒 H_∞ 滤波器设计方法。首先研究了基于网络的滤波器模型，指出滤波误差系统可以转化为含有快变区间时延的系统，然后通过引入松弛变量以及建立合理的 Lyapunov 函数，得到了使滤波误差系统鲁棒渐近稳定并满足一定 H_∞ 性能指标的条件，同时基于上述条件，给出了滤波器设计方法。2007 年，张喜民等人[116] 研究单数据包传输情况下，将同时具有网络通信时延和数据包丢失的网络化系统建模为具有事件约束的异步动态系统，给出了网络化系统指数稳定的网络诱导时延条件和数据包丢失条件。2008 年，张冬梅等人[117] 利用 Lyapunov 方法讨论了一类基于具有数据丢包及区间时变时延的网络化系统的控制器设计问题，允许时延在给定范围内快速变化，通过线性矩阵不等式的求解得到时延相关的闭环系统稳定准则，而且准则中设计变量的个数少，不需要限定矩阵变量结构或者使用迭代算法。

2006 年，Wang 等人[118] 研究了存在测量丢失的随机不确定离散时延系统的 H_∞ 滤波器设计，通过设计滤波器，使得对于所有的观测丢失以及参数不确定性，滤波误差系统渐近均方稳定，并满足给定的 H_∞性能指标，而且研究中提出的方法也可以扩展到鲁棒 H_∞控制问题。2008 年，He 等人[119]研究了存在随机通信时延与数据包丢失的离散网络化系统的网络故障诊断，通过合适地增加原系统状态以及故障诊断滤波器，故障诊断滤波器设计问题可以转化为 H_∞滤波器设计问题；通过设计滤波器，使得对于所有的未知输入以及不完全测量状态，残留和加权故障之间的误差尽可能小；通过利用线性矩阵不等式，获得了存在故障诊断滤波器的条件，并给出了设计方法。

2010 年，Sun 等人[120]研究了存在采样时延以及多包丢失的离散随机线性系统的估计问题。通过建立新的数学模型，将系统中存在不确定网络的模型转化为利用随机参数来描述时延与丢包的模型。通过 Riccati 微分方程以及 Lyapunov 微分方程，获得了全阶最优滤波器。同时指出，当不存在随机时延与多包丢失时，研究中的滤波器设计方法就转化为经典的 Kalman 滤波器的设计方法。另外，作者还研究了稳定状态滤波器。2010 年，Yang 等人[121]研究了存在连续数据包时延与丢失的基于观测器网络化控制系统的 H_∞控制器设计。不可靠数据传输同时存在于控制通道与测量通道。首先基于所有的数据包时延与丢包，建立了新的模型，然后设计了使得系统均方稳定并满足一定性能指标的基于观测器的控制器。

实际的控制系统普遍存在着非线性，因此，非线性网络化系统的分析与控制也是研究的热点之一。2009 年，Wang 等人[122]研究了存在测量丢失的一类不确定离散时延非线性随机系统的鲁棒 H_∞控制问题。同时考虑系统的不确定性、时延、随机以及非线性对系统的影响，其中时变时延具有上下界，非线性满足有界条件，通过满足一定概率分布的双边切换序列来描述测量丢失。通过设计输出反馈控制器，使闭环系统在零扰动输入的条件下，均方意义下渐近稳定并满足一定的 H_∞性能指标。2010 年，Dong 等人[123]研究了同时存在多随机通信时延以及数据丢包的不确定非线性网络化系统的鲁棒 H_∞滤波器设计方法。通过引入一系列相互独立且满足 Bernoulli 的随机变量来描述随机通信时延，通过满足一定概率的 [0,1] 分布来描述多丢包现象。同时考虑的系统中还包含参数不确定性、状态相关随机扰动以及有界非线性。通过设计全阶滤波器，使滤波误差系统渐近均方稳定并满足一定的性能指标。

2011 年，Wen 等人[124]研究了网络化系统中同时存在量化与时延的动态输出反馈 H_∞控制，同时考虑了传感器 - 控制器以及控制器 - 执行器随机传感时延，通过建立新的时延系统模型，利用动态量化器，提出了使系统渐近均方稳定并满足一定性能指标的 H_∞量化控制策略。

2009 年，Niu 等人[125]研究了网络化系统中同时存在量化与丢包的网络化系统的输出反馈控制问题。通过利用扇区部分有界方法，量化误差看作部分有界不确定，分别研究了基于量化的状态反馈控制以及输出反馈控制。2011 年，Zhang 等人[126]研究了同时存在测量量化与数据丢包的非线性离散系统的 H_∞滤波器设计方法。假设每一个测量输出信号在传送到滤波器前，为了节省网络带宽，先对信号进行量化处理，然后因为通过网络传输的信号可能丢失，利用满足 Markov 链的变量来描述丢包现象，基于分段 Lyapunov 函数，提出了 H_∞分段滤波器设计方法，能够保证滤波误差系统满足一定的性能指标。为了处理滤波器设计过程中 Lyapunov 矩阵与系统矩阵出现的耦合现象，引入了松弛变量。

2011 年，Zhang 等人[127]研究了通过网络控制的具有脉冲效应的连续 T-S 模糊系统，同时考虑了网络信号传输时延及信号量化效应，建立了描述受通信能力限制的脉冲网络系统的量化输出反馈网络化系统模型，并基于 Lyapunov 稳定性理论和平行分布补偿策略，给出了使闭环系统渐近稳定的时延依赖稳定条件。2012 年，Zhang 等人[128]研究了具有定长传输时延和不确定数据包丢失的非线性网络化系统的 H_∞控制问题，得到了基于 LMI 的时延相关条件，而且提出了可以降低保守性的 HPPDM 方法，通过仿真实例证明了文中所提方法是可行的。

2016 年，Yan 等人[129]研究了具有考虑时延、扰动、丢包等不完全信息的网络化系统的 H_∞滤波故障诊断问题，提出了新的故障诊断滤波器，保证系统的鲁棒 H_∞性能，并通过仿真和实例证明方法的优越性和可行性。2018 年，Yan 等人[130]研究了基于分布式滤波网络的时变时延、时变拓扑结构和丢包等网络化系统的 H_∞分布式问题，提出了新的完全分布式 H_∞滤波器。2019 年，考虑到传输机制的影响，Yan 等人[131]研究了自适应事件触发机制下的具有时延、扰动等特点的网络化系统的

H_∞输出跟踪问题，设计了新的 H_∞跟踪控制器及事件触发控制器，保证了系统的 H_∞性能。2020 年，考虑到网络攻击对系统的影响，文献 [132] 研究了具有 DoS 攻击的随机扰动干扰下的网络化系统的 H_∞安全控制问题，设计了新的事件触发机制和 H_∞控制器。最近，Chen 和 Yan 等人[133] 针对非线性的网络控制系统，研究了基于 T-S 模糊模型的同时具有时变时延、扰动等特点的网络化系统的动态事件触发异步控制问题，设计了新的模态依赖的 H_∞控制器及动态事件触发控制器，并证明了该方法比现有方法的保守性更小，同时通过仿真和实例验证了该方法的优越性和可行性。

Digital Wave
Advanced Technology of
Industrial Internet

Intelligent Control and
Filtering of Networked Systems

网络化系统智能控制与滤波

第 2 章

事件触发时变时延网络化系统 H_∞ 控制

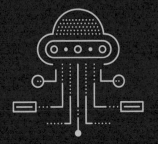

本章将针对具有时延时变的网络化系统中的 H_∞ 控制问题，设计一种事件触发机制，利用此事件触发机制控制采样器采样信号的传输。运用李雅普诺夫稳定性理论以及线性矩阵不等式（LMI）方法，首先研究了基于事件触发的网络化系统的渐近稳定性问题，然后在此基础上根据 H_∞ 增益性能的分析结果，运用锥补线性化算法（CCL）给出了 H_∞ 控制器的设计方法。

2.1 问题描述

信号在网络化系统中被处理和传播时，需要在通信网络中完成传输。然而，由于网络化系统的各个组成部分是分布式部署的，信号从一个节点传输到另一个节点需要花费一定的时间，这样就会产生传输时延。又因为通信网络外部的环境存在一定的不确定性，所以这种传输时延通常又是具有时变特性的。因此，国内外的学者们针对如何用更加精确的数学模型来描述网络化系统的这种特性，使得在对被控物理对象进行稳定性分析时得到切合实际的时延稳定性判据这个问题进行了大量的相关研究。在网络化系统中，各个节点共享的通信网络带宽是有限的。在对网络化系统进行分析时，一个常见的问题就是有没有足够的带宽来将系统中的信息反馈到控制器上，并将控制信息发送给执行器和被控对象。传统上，控制任务是周期性执行的，这使得系统分析和控制器设计变得相对简单。然而，基于这种触发机制的控制策略使用了比保证系统给定性能更多的信息，所以在一定程度上浪费了一些带宽资源。为了克服这个缺陷，节省有限的资源和通信带宽，不可避免地要在网络化系统中引入事件触发机制来控制采样信号是否在通信信道中被传输。事件触发机制的引入改变了网络化系统的结构，因此，对引入事件触发机制的网络化系统建立一个新的数学模型，然后在此基础上完成基于事件触发的网络化系统的稳定性分析和控制器设计也具有重要的意义。

基于事件触发机制的时变时延网络化控制系统结构图如图 2-1 所示。

考虑如下形式的物理对象：

$$\begin{cases} \dot{\boldsymbol{x}}(t) = \boldsymbol{A}\boldsymbol{x}(t) + \boldsymbol{B}\boldsymbol{u}(t) + \boldsymbol{B}_{\omega}\boldsymbol{\omega}(t) \\ \boldsymbol{z}(t) = \boldsymbol{C}\boldsymbol{x}(t) + \boldsymbol{D}\boldsymbol{u}(t) \end{cases} \tag{2-1}$$

式中，$\boldsymbol{x}(t)\in\mathbb{R}^n$ 为状态向量；$\boldsymbol{u}(t)\in\mathbb{R}^m$ 为控制输入向量；$\boldsymbol{\omega}(t)\in L_2[0,\infty)$ 为外部输入扰动；$\boldsymbol{z}(t)\in\mathbb{R}^p$ 为控制输出向量；$\boldsymbol{A}$、$\boldsymbol{B}$、$\boldsymbol{B}_{\omega}$、$\boldsymbol{C}$ 和 $\boldsymbol{D}$ 为具有合适维数的矩阵。图 2-1 中，$\tau_{\text{sc}}(i_k)$ 是事件触发器 - 控制器时延，$\tau_{\text{ca}}(i_k)$ 是控制器 - 执行器时延。定义 $\tau_{i_k}=\tau_{\text{sc}}(i_k)+\tau_{\text{ca}}(i_k)$ 为事件触发器释放采样信号时刻 i_k 到执行器将信号传输到被控对象上的时刻之间的网络诱导时延。系统［式 (2-1)］的初始化条件为 $\boldsymbol{x}(t_0)=\boldsymbol{x}_0$。在本章中假设被控系统［式 (2-1)］通过一个带有网络状态反馈控制器的通信网络来完成控制任务，控制器直接通过一个零阶保持器（ZOH）连接到执行器上。本章的目标是设计一个线性状态控制器 $\boldsymbol{u}(t)=\boldsymbol{K}\boldsymbol{x}(t)$，其中 $\boldsymbol{K}$ 是后面待求控制器增益，控制器的控制任务是使闭环系统满足给定的 H_∞ 性能。

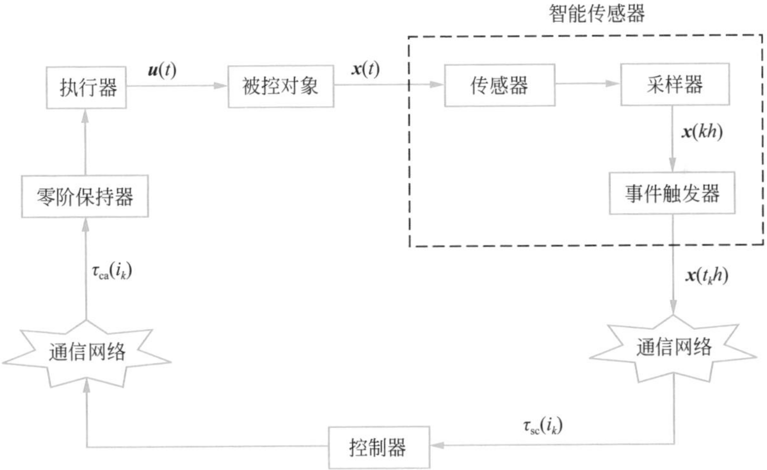

图 2-1　基于事件触发机制的时变时延网络化控制系统结构图

为了简化理论分析，做出以下网络化系统研究中常见的一些假设：

假设 2-1

通信网络中的传感器都是以固定采样周期 h 时间触发的，控制器和执行器是事件触发的。

假设 2-2

本章中，网络化控制系统通信信道中的信号都是以单包形式传输的，并且控制器的计算时延可以忽略不计，同时传输过程中没有数据包丢失现象。

假设 2-3

系统总的网络诱导时延 τ_k（$k\in\mathbb{Z}^+$）是有界的。$0<\tau_m\leqslant\tau_k\leqslant\tau_M$，其中 τ_m 和 τ_M 分别代表时延的下界和上界。

如系统［式 (2-1)］中描述的那样，考虑通信信道的容量有限，同时为了降低网络中的数据传输率，为网络化控制系统（NCSs）被控对象设计了一个事件触发通信机制。它可以被描述为：

$$\boldsymbol{\varrho}_{\gamma_{k+j}h}^{\mathrm{T}}\boldsymbol{V}\boldsymbol{\varrho}_{\gamma_{k+j}h}\geqslant\sigma\boldsymbol{x}^{\mathrm{T}}(i_{k+j}h)\boldsymbol{V}\boldsymbol{x}(i_{k+j}h) \tag{2-2}$$

式中，$\boldsymbol{\varrho}_{\gamma_{k+j}h}=\boldsymbol{x}(i_{k+j}h)-\boldsymbol{x}(i_kh)$ 为当前采样数据 $\boldsymbol{x}(i_{k+j}h)$ 和最近一次被成功传递出去的采样信号 $\boldsymbol{x}(i_kh)$ 之间的误差；$\boldsymbol{V}$ 为正定矩阵；$j\in\mathbb{Z}^+,\sigma\in[0,1]$。

注 2-1

事件触发机制［式 (2-2)］以参数 σ、$\boldsymbol{V}$ 和 h 作为特征。只有满足二次平方式的采样状态数据 $\boldsymbol{x}(i_{k+j}h)$ 才会被传输到控制器端。很显然，这种事件触发机制将降低网络中的通信负载。在特殊情况下，如果取不等式 (2-2) 中的 $\sigma=0$，则不等式 (2-2) 对于所有的采样状态数据 $\boldsymbol{x}(i_{k+j}h)$ 都成立。此时，事件触发通信机制［式 (2-2)］将退化成为时间触发通信机制。

在事件触发机制［式 (2-2)］下，假设采样状态释放时刻为 t_0h，t_1h，t_2h，…。t_0h 是初始释放时刻，$\gamma_kh=t_{k+1}h-t_kh$ 定义为事件触发器的传输周期。考虑到网络信道中的时变时延 τ_{i_k}，这些释放信号将分别在 $t_0h+\tau_0$，$t_1h+\tau_1$，$t_2h+\tau_2$，…时刻达到控制器端。

基于以上分析，考虑通信网络中的时变时延和事件触发机制［式 (2-2)］，对于 $t\in[t_kh+\tau_{i_k},t_{k+1}h+\tau_{i_{k+1}})$，在状态反馈控制器 $\boldsymbol{u}(t)=\boldsymbol{K}\boldsymbol{x}(t)$ 作用下，系统［式 (2-1)］可以被转化为：

$$\begin{cases}\dot{\boldsymbol{x}}(t)=\boldsymbol{Ax}(t)+\boldsymbol{Bu}(t_k h)+\boldsymbol{B}_{\omega}\boldsymbol{\omega}(t)\\ \boldsymbol{z}(t)=\boldsymbol{Cx}(t)+\boldsymbol{Du}(t_k h)\\ \boldsymbol{u}(t_k h)=\boldsymbol{Kx}(t_k h), t\in[t_k h+\tau_{i_k}, t_{k+1}h+\tau_{i_{k+1}})\end{cases} \tag{2-3}$$

在上述分析的基础上，考虑下列区间：

$$[t_k h+\tau_{i_k}, t_{k+1}h+\tau_{i_{k+1}}) \tag{2-4}$$

通过分析不难得到 $\gamma_k h \geqslant h$。下面对 $\gamma_k h$ 分两种情况进行讨论。

第一种情况，若 $\gamma_k h \leqslant h+\tau_{\mathrm{M}}-\tau_{i_{k+1}}$，定义一个函数：

$$\tau(t)=t-t_k h, t\in[t_k h+\tau_{i_k}, t_{k+1}h+\tau_{i_{k+1}}) \tag{2-5}$$

相应地，定义一个误差向量：

$$\boldsymbol{\varrho}_k(t)=0 \tag{2-6}$$

第二种情况，若 $\gamma_k h > h+\tau_{\mathrm{M}}-\tau_{i_{k+1}}$，不难得到存在 $l \geqslant 1$ 满足：

$$lh+\tau_{\mathrm{M}}-\tau_{i_{k+1}} < \gamma_k h \leqslant (l+1)h+\tau_{\mathrm{M}}-\tau_{i_{k+1}} \tag{2-7}$$

此时，区间 $[t_k h+\tau_{i_k}, t_{k+1}h+\tau_{i_{k+1}})$ 可以被划分为以下 l+1 个子区间：

$$\begin{aligned}[t_k h+\tau_{i_k}, t_{k+1}h+\tau_{i_{k+1}}) &= [t_k h+\tau_{i_k}, t_k h+h+\tau_{\mathrm{M}})\\ &\cup\{\bigcup_{n=1}^{l-1}[t_k h+nh+\tau_{\mathrm{M}}, t_k h+(n+1)h+\tau_{\mathrm{M}})\}\\ &\cup[t_k h+lh+\tau_{\mathrm{M}}, t_{k+1}h+\tau_{i_{k+1}})\end{aligned} \tag{2-8}$$

定义一个函数：

$$\tau(t)=\begin{cases}t-t_k h, & t\in[t_k h+\tau_{i_k}, t_{k+1}h+\tau_{\mathrm{M}})\\ t-t_k h-nh, & t\in\bigcup_{n=1}^{l-1}(t_k h+nh+\tau_{\mathrm{M}}, t_k h+(n+1)h+\tau_{\mathrm{M}})\\ t-t_k h-lh, & t\in[t_k h+lh+\tau_{\mathrm{M}}, t_{k+1}h+\tau_{i_{k+1}})\end{cases} \tag{2-9}$$

从式 (2-9) 中容易看出：

$$\tau_{\mathrm{m}} \leqslant \tau(t) \leqslant h+\tau_{\mathrm{M}} \tag{2-10}$$

此时定义误差向量为：

$$\varrho_k(t)=\begin{cases}0, & t\in[t_kh+\tau_{i_k},t_{k+1}h+\tau_{\mathrm{M}})\\ \boldsymbol{x}(t_kh+nh)-\boldsymbol{x}(t_kh), & t\in\bigcup_{n=1}^{l-1}(t_kh+nh+\tau_{\mathrm{M}},t_kh+(n+1)h+\tau_{\mathrm{M}})\\ \boldsymbol{x}(t_kh+lh)-\boldsymbol{x}(t_kh), & t\in[t_kh+lh+\tau_{\mathrm{M}},t_{k+1}h+\tau_{i_{k+1}})\end{cases} \tag{2-11}$$

结合式 (2-6) 和式 (2-11)，可以得出：

$$\varrho_k^{\mathrm{T}}(t)\boldsymbol{V}\varrho_k(t)<\sigma\boldsymbol{x}^{\mathrm{T}}(t-\tau(t))\boldsymbol{V}\boldsymbol{x}(t-\tau(t)),\ t\in[t_kh+\tau_{i_k},t_{k+1}h+\tau_{i_{k+1}}) \tag{2-12}$$

将式 (2-5)、式 (2-6)、式 (2-10)、式 (2-11) 和式 (2-2) 结合在一起，同时定义 $h_1=\tau_{\mathrm{m}}$，$h_2=\tau_{\mathrm{M}}+h$。可以得到如下所示的基于事件触发机制的 NCSs 的系统模型：

$$\begin{cases}\dot{\boldsymbol{x}}(t)=\boldsymbol{A}\boldsymbol{x}(t)+\boldsymbol{B}\boldsymbol{K}\boldsymbol{x}(t-\tau(t))-\boldsymbol{B}\boldsymbol{K}\varrho_k(t)+\boldsymbol{B}_{\omega}\boldsymbol{\omega}(t)\\ t\in[t_kh+\tau_{i_k},t_{k+1}h+\tau_{i_{k+1}})\\ \boldsymbol{z}(t)=\boldsymbol{C}\boldsymbol{x}(t)+\boldsymbol{D}\boldsymbol{K}\boldsymbol{x}(t-\tau(t))-\boldsymbol{D}\boldsymbol{K}\varrho_k(t)\\ \boldsymbol{x}(t)=\boldsymbol{\phi}(t),\ t\in[t_0-h_2,t_0-h_1)\end{cases} \tag{2-13}$$

式中，$\boldsymbol{\phi}(t)$ 为 $\boldsymbol{x}(t)$ 的初始化函数。

为了便于后续的理论分析，给出以下的定义。

定义 2-1

如果下列两个条件同时满足，则称闭环系统［式 (2-13)］是渐近稳定的且 H_∞ 扰动抑制水平为 γ。

① 系统［式 (2-13)］在 $\boldsymbol{\omega}(t)\equiv 0$ 时是渐近稳定的。

② 在零初始条件下，对任何非零的 $\boldsymbol{\omega}(t)\in\boldsymbol{L}_2[0,\infty)$ 和一个给定的 $\gamma>0$，有 $\|\boldsymbol{z}(t)\|_2<\gamma\|\boldsymbol{\omega}(t)\|_2$。

本章的目的就是为闭环系统［式 (2-13)］设计一个 H_∞ 反馈控制器和事件触发器，使得系统［式 (2-13)］渐近稳定并且 H_∞ 扰动抑制水平为 γ。

2.2
稳定性及 H∞性能分析

定理 2-1

对于一些给定的参数 h_1、h_2、γ、σ 和反馈增益 K，在事件触发机制［式 (2-2)］下，如果存在合适维数的实矩阵 $\boldsymbol{P}>0$，$\boldsymbol{Q}_i>0$，$\boldsymbol{L}_i>0(i=1,2)$，$\boldsymbol{V}>0$ 和 $\boldsymbol{G}$ 满足下列的线性矩阵不等式：

$$\begin{bmatrix} \boldsymbol{\Sigma}_{11} & * \\ \boldsymbol{\Sigma}_{21} & \boldsymbol{\Sigma}_{22} \end{bmatrix} < 0 \tag{2-14}$$

$$\begin{bmatrix} \boldsymbol{L}_2 & * \\ \boldsymbol{G} & \boldsymbol{L}_2 \end{bmatrix} > 0 \tag{2-15}$$

则称系统［式 (2-13)］是渐近稳定的且 H∞扰动抑制水平为 γ。

式中：

$$\boldsymbol{\Sigma}_{11} = \begin{bmatrix} \boldsymbol{\Phi}_{11} & * & * & * & * & * \\ \boldsymbol{L}_1 & \boldsymbol{\Phi}_{22} & * & * & * & * \\ \boldsymbol{K}^{\mathrm{T}}\boldsymbol{B}^{\mathrm{T}}\boldsymbol{P} & -\boldsymbol{G}+\boldsymbol{L}_2 & \boldsymbol{\Phi}_{33} & * & * & * \\ 0 & \boldsymbol{G} & -\boldsymbol{G}+\boldsymbol{L}_2 & -\boldsymbol{Q}_2-\boldsymbol{L}_2 & * & * \\ -\boldsymbol{K}^{\mathrm{T}}\boldsymbol{B}^{\mathrm{T}}\boldsymbol{P} & 0 & 0 & 0 & -\boldsymbol{V} & * \\ \boldsymbol{B}_{\omega}^{\mathrm{T}}\boldsymbol{P} & 0 & 0 & 0 & 0 & -\gamma^2\boldsymbol{I} \end{bmatrix}$$

$$\boldsymbol{\Sigma}_{21} = [h_1\varsigma_1^{\mathrm{T}}\boldsymbol{L}_1^{\mathrm{T}} \quad h\varsigma_1^{\mathrm{T}}\boldsymbol{L}_2^{\mathrm{T}} \quad \varsigma_2^{\mathrm{T}}]^{\mathrm{T}}, \quad \boldsymbol{\Sigma}_{22} = \mathrm{diag}\{-\boldsymbol{L}_1, -\boldsymbol{L}_2, -\boldsymbol{I}\}$$

$$\boldsymbol{\Phi}_{11} = \boldsymbol{PA} + \boldsymbol{A}^{\mathrm{T}}\boldsymbol{P} + \boldsymbol{Q}_1 + \boldsymbol{Q}_2 - \boldsymbol{L}_1, \quad \boldsymbol{\Phi}_{22} = -\boldsymbol{Q}_1 - \boldsymbol{L}_2 - \boldsymbol{L}_1$$

$$\boldsymbol{\Phi}_{33} = \sigma\boldsymbol{V} - 2\boldsymbol{L}_2 + \boldsymbol{G} + \boldsymbol{G}^{\mathrm{T}}, \quad \varsigma_1 = [\boldsymbol{A} \quad 0 \quad \boldsymbol{BK} \quad 0 \quad -\boldsymbol{BK} \quad \boldsymbol{B}_{\omega}]$$

$$\varsigma_2 = [\boldsymbol{C} \quad 0 \quad \boldsymbol{DK} \quad 0 \quad -\boldsymbol{DK} \quad 0], \quad h = h_2 - h_1$$

证明

构建一个如下形式的 Lyapunov-Krasovskii 泛函：

$$\begin{aligned} V(t) &= \boldsymbol{x}^{\mathrm{T}}(t)\boldsymbol{Px}(t) + \int_{t-h_1}^{t} \boldsymbol{x}^{\mathrm{T}}(s)\boldsymbol{Q}_1\boldsymbol{x}(s)\mathrm{d}s + \int_{t-h_2}^{t} \boldsymbol{x}^{\mathrm{T}}(s)\boldsymbol{Q}_2\boldsymbol{x}(s)\mathrm{d}s \\ &\quad + h_1\int_{-h_1}^{0}\int_{t+s}^{t} \dot{\boldsymbol{x}}^{\mathrm{T}}(v)\boldsymbol{L}_1\dot{\boldsymbol{x}}(v)\mathrm{d}v\mathrm{d}s + h\int_{-h_2}^{-h_1}\int_{t+s}^{t} \dot{\boldsymbol{x}}^{\mathrm{T}}(v)\boldsymbol{L}_2\dot{\boldsymbol{x}}(v)\mathrm{d}v\mathrm{d}s \end{aligned} \tag{2-16}$$

式中，$\boldsymbol{P}>0$，$\boldsymbol{V}>0$，$\boldsymbol{Q}_j>0$ 同时 $\boldsymbol{L}_j>0(j=1,2)$。在 $t\in[t_k h+\tau_k, t_{k+1}h+\tau_{k+1})$ 范围内，对 $\boldsymbol{V}(t)$ 求导，同时加上和减去 $\boldsymbol{\varrho}_k^{\mathrm{T}}(t)\boldsymbol{V}\boldsymbol{\varrho}_k(t)$ 这一项，可以得到：

$$\begin{aligned}\dot{V}(t)&=2\boldsymbol{x}^{\mathrm{T}}(t)\boldsymbol{P}\dot{\boldsymbol{x}}(t)+\boldsymbol{x}^{\mathrm{T}}(t)\boldsymbol{Q}_1\boldsymbol{x}(t)-\boldsymbol{x}^{\mathrm{T}}(t-h_1)\boldsymbol{Q}_1\boldsymbol{x}(t-h_1)\\&\quad+\boldsymbol{x}^{\mathrm{T}}(t)\boldsymbol{Q}_2\boldsymbol{x}(t)-\boldsymbol{x}^{\mathrm{T}}(t-h_2)\boldsymbol{Q}_2\boldsymbol{x}(t-h_2)+h_1^2\dot{\boldsymbol{x}}^{\mathrm{T}}(t)\boldsymbol{L}_1\dot{\boldsymbol{x}}(t)\\&\quad-h_1\int_{t-h_1}^{t}\dot{\boldsymbol{x}}^{\mathrm{T}}(v)\boldsymbol{L}_1\dot{\boldsymbol{x}}(v)\mathrm{d}v+h^2\dot{\boldsymbol{x}}^{\mathrm{T}}(t)\boldsymbol{L}_2\dot{\boldsymbol{x}}(t)+\boldsymbol{z}^{\mathrm{T}}(t)\boldsymbol{z}(t)\\&\quad-h\int_{t-h_2}^{t-h_1}\dot{\boldsymbol{x}}^{\mathrm{T}}(v)\boldsymbol{L}_2\dot{\boldsymbol{x}}(v)\mathrm{d}v+\boldsymbol{\varrho}_k^{\mathrm{T}}(t)\boldsymbol{V}\boldsymbol{\varrho}_k(t)-\boldsymbol{\varrho}_k^{\mathrm{T}}(t)\boldsymbol{V}\boldsymbol{\varrho}_k(t)-\boldsymbol{z}^{\mathrm{T}}(t)\boldsymbol{z}(t)\end{aligned}\tag{2-17}$$

运用 Jensen 不等式处理式 (2-17) 中的积分项，同时结合条件式 (2-15)，不难得出：

$$-h_1\int_{t-h_1}^{t}\dot{\boldsymbol{x}}^{\mathrm{T}}(v)\boldsymbol{L}_1\dot{\boldsymbol{x}}(v)\mathrm{d}v\leqslant-\boldsymbol{\eta}^{\mathrm{T}}(t)\boldsymbol{\Pi}_1\boldsymbol{\eta}(t)\tag{2-18}$$

$$\begin{aligned}-h\int_{t-h_2}^{t-h_1}\dot{\boldsymbol{x}}^{\mathrm{T}}(v)\boldsymbol{L}_2\dot{\boldsymbol{x}}(v)\mathrm{d}v&=-h[\int_{t-\tau(t)}^{t-h_1}\dot{\boldsymbol{x}}^{\mathrm{T}}(v)\boldsymbol{L}_2\dot{\boldsymbol{x}}(v)\mathrm{d}v+\int_{t-h_2}^{t-\tau(t)}\dot{\boldsymbol{x}}^{\mathrm{T}}(v)\boldsymbol{L}_2\dot{\boldsymbol{x}}(v)\mathrm{d}v]\\&\leqslant-\frac{h}{\tau(t)-h_1}[\boldsymbol{x}^{\mathrm{T}}(t-h_1)\boldsymbol{L}_2\boldsymbol{x}(t-h_1)-\boldsymbol{x}^{\mathrm{T}}(t-\tau(t))\boldsymbol{L}_2\boldsymbol{x}(t-\tau(t))]\\&\quad-\frac{h}{h_2-\tau(t)}[\boldsymbol{x}^{\mathrm{T}}(t-\tau(t))\boldsymbol{L}_2\boldsymbol{x}(t-\tau(t))-\boldsymbol{x}^{\mathrm{T}}(t-h_2)\boldsymbol{L}_2\boldsymbol{x}(t-h_2)]\\&\leqslant-\boldsymbol{\eta}^{\mathrm{T}}(t)\boldsymbol{\Pi}_2\boldsymbol{\eta}(t)\end{aligned}\tag{2-19}$$

式中：

$$\boldsymbol{\eta}^{\mathrm{T}}(t)=[\boldsymbol{x}^{\mathrm{T}}(t)\quad\boldsymbol{x}^{\mathrm{T}}(t-h_1)\quad\boldsymbol{x}^{\mathrm{T}}(t-\tau(t))\quad\boldsymbol{x}^{\mathrm{T}}(t-h_2)\quad\boldsymbol{\varrho}_k^{\mathrm{T}}(t)\quad\boldsymbol{\omega}^{\mathrm{T}}(t)]$$

$$\boldsymbol{\Pi}_1=\begin{bmatrix}\boldsymbol{L}_1 & * & * & * & * & *\\-\boldsymbol{L}_1 & \boldsymbol{L}_1 & * & * & * & *\\0 & 0 & 0 & * & * & *\\0 & 0 & 0 & 0 & * & *\\0 & 0 & 0 & 0 & 0 & *\\0 & 0 & 0 & 0 & 0 & 0\end{bmatrix}$$

$$
\boldsymbol{\Pi}_2=\begin{bmatrix}0 & * & * & * & * & * \\ 0 & \boldsymbol{L}_2 & * & * & * & * \\ 0 & \boldsymbol{G}-\boldsymbol{L}_2 & 2\boldsymbol{L}_2-\boldsymbol{G}-\boldsymbol{G}^{\mathrm{T}} & * & * & * \\ 0 & -\boldsymbol{G} & \boldsymbol{G}-\boldsymbol{L}_2 & \boldsymbol{L}_2 & * & * \\ 0 & 0 & 0 & 0 & 0 & * \\ 0 & 0 & 0 & 0 & 0 & 0\end{bmatrix}
$$

注意到：$\boldsymbol{\Sigma}_{21}^{\mathrm{T}}\boldsymbol{\Sigma}_{22}^{-1}\boldsymbol{\Sigma}_{21}=-[h_1^2\varsigma_1^{\mathrm{T}}\boldsymbol{L}_1\xi_1+h^2\varsigma_1^{\mathrm{T}}\boldsymbol{L}_2\xi_1+\varsigma_2^{\mathrm{T}}\varsigma_2]$，$\dot{\boldsymbol{x}}(t)=\varsigma_1\boldsymbol{\eta}(t)$，$\boldsymbol{z}(t)=\varsigma_2\boldsymbol{\eta}(t)$。

$$
\begin{aligned}\boldsymbol{\eta}^{\mathrm{T}}(t)[\boldsymbol{\Sigma}_{21}^{\mathrm{T}}\boldsymbol{\Sigma}_{22}^{-1}\boldsymbol{\Sigma}_{21}]\boldsymbol{\eta}(t)&=-\boldsymbol{\eta}^{\mathrm{T}}(t)[h_1^2\varsigma_1^{\mathrm{T}}\boldsymbol{L}_1\varsigma_1+h^2\varsigma_1^{\mathrm{T}}\boldsymbol{L}_2\varsigma_1+\varsigma_2^{\mathrm{T}}\varsigma_2]\boldsymbol{\eta}^{\mathrm{T}}(t)\\&=-h_1^2\dot{\boldsymbol{x}}^{\mathrm{T}}(t)\boldsymbol{L}_1\dot{\boldsymbol{x}}(t)-h^2\dot{\boldsymbol{x}}^{\mathrm{T}}(t)\boldsymbol{L}_2\dot{\boldsymbol{x}}(t)-\boldsymbol{z}^{\mathrm{T}}(t)\boldsymbol{z}(t)\end{aligned}\tag{2-20}
$$

结合式 (2-12)、式 (2-16)、式 (2-18) ～式 (2-20) 可以得到：

$$
\dot{V}(t)\leqslant\boldsymbol{\eta}^{\mathrm{T}}(t)(\boldsymbol{\Sigma}_{11}-\boldsymbol{\Sigma}_{21}^{\mathrm{T}}\boldsymbol{\Sigma}_{22}^{-1}\boldsymbol{\Sigma}_{21})\boldsymbol{\eta}(t)-\boldsymbol{z}^{\mathrm{T}}(t)\boldsymbol{z}(t)+\gamma^2\boldsymbol{\omega}^{\mathrm{T}}(t)\boldsymbol{\omega}(t)\tag{2-21}
$$

式中，$\boldsymbol{\Sigma}_{11}$、$\boldsymbol{\Sigma}_{21}$、$\boldsymbol{\Sigma}_{22}$ 在式 (2-14) 中已定义。

由 Schur 补引理可知，式 (2-16) 中的 Lyapunov-Krasovskii 泛函保证了式 (2-17) 中的 $\dot{V}(t)<0$；同时很容易证明在 $\boldsymbol{\omega}(t)\equiv 0$ 时闭环系统［式 (2-13)］是渐近稳定的，而且在零初始条件下 $\|\boldsymbol{z}(t)\|_2<\gamma\|\boldsymbol{\omega}(t)\|_2$。证毕。

2.3 H∞控制器设计

定理 2-2

对于一些给定的参数 h_1、h_2、γ、σ，在事件触发机制［式 (2-2)］下，如果存在合适维数的实矩阵 $\boldsymbol{X}>0$，$\tilde{\boldsymbol{Q}}_i>0$，$\tilde{\boldsymbol{L}}_i>0(i=1,2)$，$\tilde{\boldsymbol{V}}>0$ 和 $\tilde{\boldsymbol{G}}$ 满足下列的矩阵不等式：

$$
\begin{bmatrix}\boldsymbol{\Sigma}_{11}' & * \\ \boldsymbol{\Sigma}_{21}' & \boldsymbol{\Sigma}_{22}'\end{bmatrix}<0\tag{2-22}
$$

$$\begin{bmatrix} \tilde{\boldsymbol{L}}_2 & * \\ \tilde{\boldsymbol{G}} & \tilde{\boldsymbol{L}}_2 \end{bmatrix} > 0 \tag{2-23}$$

则称系统［式 (2-1)］是渐近稳定的且 H_∞ 扰动抑制水平为 γ，反馈增益 $\boldsymbol{K} = \boldsymbol{Y}\boldsymbol{X}^{-1}$ 。其中：

$$\boldsymbol{\Sigma}'_{11} = \begin{bmatrix} \tilde{\boldsymbol{\Phi}}_{11} & * & * & * & * & * \\ \tilde{\boldsymbol{L}}_1 & \tilde{\boldsymbol{\Phi}}_{22} & * & * & * & * \\ \boldsymbol{Y}^{\mathrm{T}}\boldsymbol{B}^{\mathrm{T}} & -\tilde{\boldsymbol{G}} + \tilde{\boldsymbol{L}}_2 & \tilde{\boldsymbol{\Phi}}_{33} & * & * & * \\ 0 & \tilde{\boldsymbol{G}} & -\tilde{\boldsymbol{G}} + \tilde{\boldsymbol{L}}_2 & -\tilde{\boldsymbol{Q}}_2 - \tilde{\boldsymbol{L}}_2 & * & * \\ -\boldsymbol{Y}^{\mathrm{T}}\boldsymbol{B}^{\mathrm{T}} & 0 & 0 & 0 & -\tilde{\boldsymbol{V}} & * \\ \boldsymbol{B}_\omega^{\mathrm{T}} & 0 & 0 & 0 & 0 & -\gamma^2\boldsymbol{I} \end{bmatrix}$$

$$\boldsymbol{\Sigma}_{21} = [h_1\tilde{\varsigma}_1^{\mathrm{T}}\tilde{\boldsymbol{L}}_1^{\mathrm{T}} \quad h\tilde{\varsigma}_1^{\mathrm{T}}\tilde{\boldsymbol{L}}_2^{\mathrm{T}} \quad \tilde{\varsigma}_2^{\mathrm{T}}]^{\mathrm{T}}，\ \boldsymbol{\Sigma}_{22} = \mathrm{diag}\{-\tilde{\boldsymbol{L}}_1, -\tilde{\boldsymbol{L}}_2, -\boldsymbol{I}\}$$

$$\tilde{\boldsymbol{\Phi}}_{11} = \boldsymbol{X}\boldsymbol{A} + \boldsymbol{A}^{\mathrm{T}}\boldsymbol{X} + \tilde{\boldsymbol{Q}}_1 + \tilde{\boldsymbol{Q}}_2 - \tilde{\boldsymbol{L}}_1, \quad \tilde{\boldsymbol{\Phi}}_{22} = -\tilde{\boldsymbol{Q}}_1 - \tilde{\boldsymbol{L}}_2 - \tilde{\boldsymbol{L}}_1$$

$$\tilde{\boldsymbol{\Phi}}_{33} = \sigma\tilde{\boldsymbol{V}} - 2\tilde{\boldsymbol{L}}_2 + \tilde{\boldsymbol{G}} + \tilde{\boldsymbol{G}}^{\mathrm{T}}, \quad \tilde{\varsigma}_1 = [\boldsymbol{A}\boldsymbol{X} \quad 0 \quad \boldsymbol{B}\boldsymbol{Y} \quad 0 \quad -\boldsymbol{B}\boldsymbol{Y} \quad \boldsymbol{B}_\omega]$$

$$\tilde{\varsigma}_2 = [\boldsymbol{C}\boldsymbol{X} \quad 0 \quad \boldsymbol{D}\boldsymbol{Y} \quad 0 \quad -\boldsymbol{D}\boldsymbol{Y} \quad 0], \quad h = h_2 - h_1$$

证明

定义 $\boldsymbol{X} = \boldsymbol{P}^{-1}$，$\boldsymbol{X}\boldsymbol{Q}_i\boldsymbol{X} = \tilde{\boldsymbol{Q}}_i$，$\boldsymbol{X}\boldsymbol{L}_i\boldsymbol{X} = \tilde{\boldsymbol{L}}_i (i=1,2)$，$\boldsymbol{X}\boldsymbol{V}\boldsymbol{X} = \tilde{\boldsymbol{V}}$，$\boldsymbol{X}\boldsymbol{G}\boldsymbol{X} = \tilde{\boldsymbol{G}}$ 和 $\boldsymbol{Y} = \boldsymbol{K}\boldsymbol{X}$ ，同时在式 (2-14) 和式 (2-15) 左右两边分别相应地左乘、右乘矩阵 $\mathrm{diag}\{\boldsymbol{X},\boldsymbol{X},\boldsymbol{X},\boldsymbol{X},\boldsymbol{X},\boldsymbol{I},\boldsymbol{L}_1^{-1},\boldsymbol{L}_2^{-1},\boldsymbol{I}\}$ 、 $\mathrm{diag}\{\boldsymbol{X},\boldsymbol{X}\}$ 及其转置矩阵。通过 Schur 补引理，很容易由式 (2-14) 和式 (2-15) 得到式 (2-22) 和式 (2-23)。因此，可以由定理 2-1、式 (2-22) 和式 (2-23) 得到系统［式 (2-1)］是渐近稳定的且 H_∞ 扰动抑制水平为 γ。

注 2-2　通过解式 (2-22) 中的一系列不等式，定理 2-2 提供了一个 H_∞ 状态反馈控制器和事件触发器参数联合设计的有效方法。然而，推导出来的矩阵不等式中含有诸如 $\boldsymbol{X}\boldsymbol{V}\boldsymbol{X}$ 这样的非线性项，因此不能直接用 Matlab LMI 工具箱求解式 (2-21) 中的不等式。为了减小基于式 (2-22) 推导出来的 LMI 可能导致的保守性，这里可以使用锥补线性化算法来求解式(2-22)中的不等式。式(2-22)也包含了时变传输时延的信息，所以提出的设计方法适用于包含时变时延的网络化系统。通过对式(2-22)进行求解，可以使用基于时变时延的给定条件来求得状态反馈控制器增益矩阵 $\boldsymbol{K}$ 和事件触发器参数 $\boldsymbol{V}$，以保证给定的 H_∞ 性能。

为了减小网络化系统中通信信道的网络负载，节约网络带宽和资源，本章提出了一个新的事件触发条件来控制采样信号是否在通信网络中被传输到控制器端，为具有时变时延的网络化系统设计了一个 H_∞ 控制器。首先，建立了一个新的时延数学模型来描述同时包含传输时延和事件触发机制的网络化系统；然后，基于此模型，提出了 H_∞ 稳定性准则约束条件和 H_∞ 控制器设计方法。分析、设计过程中建立了网络诱导时延、事件触发器参数和状态反馈控制器增益之间的关系，基于此可以通过调整设计方法中的一个或多个参数来调度网络化控制系统中的资源，从而取得控制性能和网络资源之间更好的折中。

下面通过一个仿真实例验证本章提出的设计方法的有效性。

2.4 仿真实例

考虑倒立摆模型，其物理对象的状态空间表达式如下：

$$\dot{\boldsymbol{x}}(t)=\begin{bmatrix}0 & 1 & 0 & 0\\ 0 & 0 & -\dfrac{mg}{M} & 0\\ 0 & 0 & 0 & 1\\ 0 & 0 & \dfrac{g}{l} & 0\end{bmatrix}\boldsymbol{x}(t)+\begin{bmatrix}0\\ \dfrac{1}{M}\\ 0\\ -\dfrac{1}{Ml}\end{bmatrix}\boldsymbol{u}(t) \tag{2-24}$$

其余的参数选为：

$$\boldsymbol{C}=[1\quad 1\quad 1\quad 1]^{\mathrm{T}},\boldsymbol{D}=0.1,\boldsymbol{B}_{\omega}=\boldsymbol{C}^{\mathrm{T}}$$
$$\boldsymbol{\omega}(t)=\begin{cases}\operatorname{sgn}(\sin t), & t\in[0,30]\\ 0, & \text{其他}\end{cases} \tag{2-25}$$

式中，小车质量为 M=10；摆锤质量为 m=1；摆臂长度为 l=3；重力加速度为 g=10。系统的初始化状态为 $\boldsymbol{x}_0=[0.98\quad 0\quad 0.2\quad 0]^{\mathrm{T}}$。通过计算，不难得出倒立摆系统的特征根为 0、0，1.8257 和 −1.8257。所以系统在没有控制器的作用下是不稳定的。应用定理 2-2，选取参数 σ=0.1、γ=200、h_1=0.01 和 h_2=0.11，通过 Matlab 求解可以得到如下相应的状态反馈增益和事件触发矩阵：

$$\boldsymbol{K}=[-1.9739\quad -9.7238\quad 53.0167\quad 34.9453] \tag{2-26}$$

$$\boldsymbol{V}=\begin{bmatrix}70.8218 & 58.5581 & 23.0154 & 32.7182\\ 58.5581 & 88.5920 & 8.3766 & 28.5856\\ 23.0154 & 8.3766 & 171.6515 & 103.9430\\ 32.7182 & 28.5856 & 103.9430 & 91.7903\end{bmatrix} \tag{2-27}$$

取系统的采样周期为 h=0.1s，则系统［式 (2-24)］在式 (2-26) 以及式 (2-27) 中的反馈控制器和事件触发器作用下的采样信号释放时刻和系统状态响应分别如图 2-2 和图 2-3 所示。从仿真结果中可以得出所设计方法的有效性。

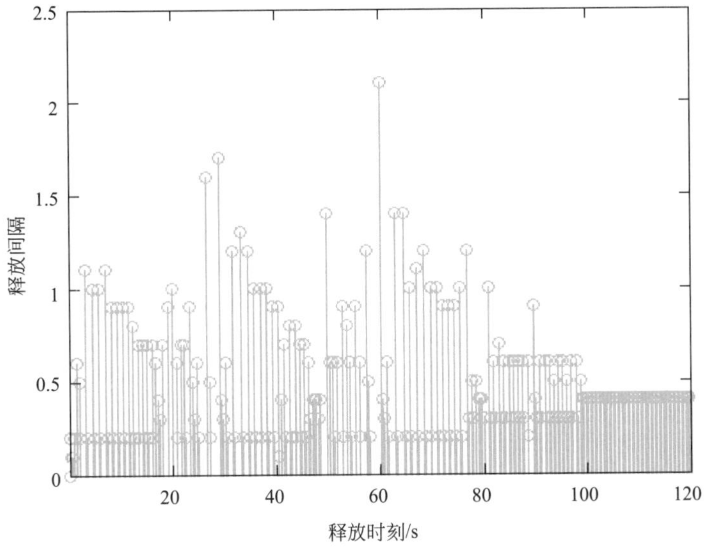

图 2-2 采样信号释放时刻图

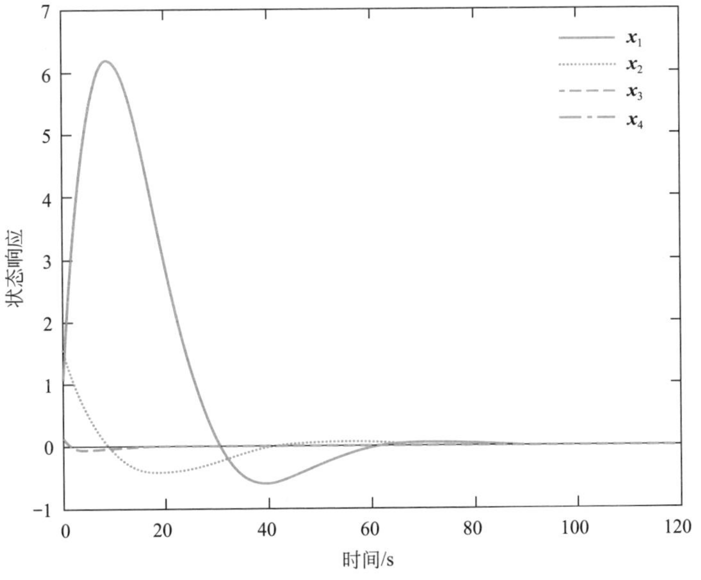

图 2-3 系统状态响应图

Digital Wave
Advanced Technology of Industrial Internet

Intelligent Control and Filtering of Networked Systems

网络化系统智能控制与滤波

第 3 章

事件触发时变时延网络化系统 L_2 量化控制

本章综合考虑事件触发机制、量化和时变传输时延对网络化系统的影响，利用对数量化器来对控制输入和测量输出进行量化处理。首先，提出了一种事件触发机制，并建立了新的时延网络化控制系统量化控制模型，该模型同时包含了时变传输时延、事件触发器相关参数和量化的特征。然后基于该模型，讨论了基于事件触发网络化系统的量化控制稳定性问题，其中在稳定性判据的推导过程中，结合了线性矩阵不等式方法和李雅普诺夫函数方法。再次，基于得到的稳定性判据，利用锥补线性化算法给出了 L_2 量化控制器及事件触发器参数的联合设计方法。最后，用一个仿真实例验证了算法的有效性。

3.1
问题描述

在网络化系统中，信号都是在数字信道中进行传输的，从传感器传输到控制器，然后从控制器传输到执行器和被控对象，同时，由于通信网络的带宽资源有限，需要对信号进行量化处理来减小信号的损耗对被控系统的影响。基于上述两个原因，网络化系统中，在数据被传输之前对它进行量化是不可避免的。因为网络化系统中存在非理想的通信网络状况以及通信带宽和资源有限，所以为基于事件触发的网络化控制系统进行量化控制设计比对一般的网络化控制系统进行量化控制设计更有意义。对信号进行量化的过程可以视作将一个连续信号转化成一个有限集中取值的分段连续信号，但这种做法会产生所谓的“量化误差”，并且对所考虑的系统产生不利影响。鉴于此，在对被控系统进行设计分析时，必须要将量化误差对系统性能的影响考虑在内。

考虑事件触发机制、时变时延、控制输入和测量输出信号量化的网络化控制系统结构图如图 3-1 所示。其物理对象表示如下：

$$\begin{cases} \dot{\boldsymbol{x}}(t) = \boldsymbol{A}\boldsymbol{x}(t) + \boldsymbol{B}\boldsymbol{u}(t) + \boldsymbol{B}_{\omega}\boldsymbol{\omega}(t) \\ t \geqslant t_0 \end{cases} \tag{3-1}$$

式中，$\dot{\boldsymbol{x}}(t)\in\mathbb{R}^n$为状态向量；$\boldsymbol{u}(t)\in\mathbb{R}^m$为控制输入向量；$\boldsymbol{\omega}(t)\in L_2[0,\infty)$为外部输入扰动；$\boldsymbol{A}$、$\boldsymbol{B}$、$\boldsymbol{B}_\omega$为具有合适维数的矩阵。系统［式(3-1)］的初始化条件为$\boldsymbol{x}(t_0)=\boldsymbol{x}_0$。在本章中，假设被控系统［式(3-1)］通过一个带有网络状态反馈控制器的通信网络来完成控制任务，控制器直接通过一个零阶保持器（ZOH）连接到执行器上。本章的目标是设计一个线性状态反馈控制器$\boldsymbol{u}(t)=\boldsymbol{K}\boldsymbol{x}(t)$，其中$\boldsymbol{K}$是待求的控制增益矩阵，控制器的控制任务是使闭环系统满足给定的L_2性能。

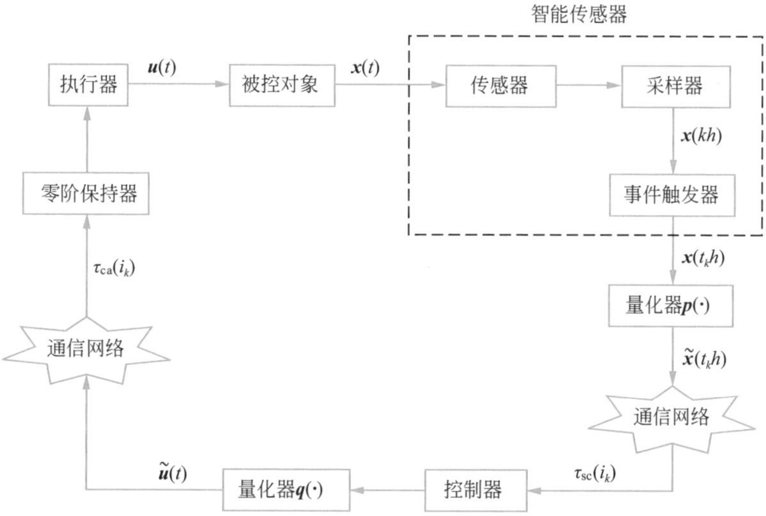

图 3-1　基于事件触发机制的时变时延和量化的网络化控制系统结构图

如图 3-1 所示，$\tau_{sc}(i_k)$是事件触发器 - 控制器时延，$\tau_{ca}(i_k)$是控制器 - 执行器时延。定义$\tau_{i_k}=\tau_{sc}(i_k)+\tau_{ca}(i_k)$为事件触发器释放采样信号时刻$i_k$与执行器将信号传输到被控对象上的时刻之间的网络诱导时延。假设采样周期为h，采样时刻为kh，$k=0,1,2,\cdots$。采样数据$\boldsymbol{x}(t_kh)$被直接传输到事件触发器上。$\tilde{\boldsymbol{x}}(t_kh)$是$\boldsymbol{x}(t_kh)$的量化测量信号，$\tilde{\boldsymbol{u}}(t)$是控制信号，$\boldsymbol{u}(t)$是控制输入信号。考虑到通信信道上的通信能力有限，同时为了降低网络中的数据传输率，状态信号和控制信号在被传输到网络中时分别会被采样端的量化器$\boldsymbol{p}(\cdot)$和控制端的量化器$\boldsymbol{q}(\cdot)$量化处理。

采样端的量化器$\boldsymbol{p}(\cdot)$定义为$\boldsymbol{p}(x)=\begin{bmatrix}p_1(x_1) & p_2(x_2) & \cdots & p_n(x_n)\end{bmatrix}^{\mathrm{T}}$，对数量化器$p_j(x_j)(j=1,2,\cdots,n)$的量化水平定义为：

$$\mu_j = \{\pm u_i^{(j)}, u_i^{(j)} = \rho_j^i u_0^{(j)}, i = 0, \pm 1, \pm 2, \cdots\} \cup \{0\}, 0 < \rho_{p_j} < 1, u_0^{(j)} > 0$$

其中 $p_s(x_s)(s=1,2,\cdots,n)$ 选为对数量化器，定义为：

$$p_s(x_s) = \begin{cases} u_1^{(s)}, & \dfrac{1}{1+\sigma_{p_j}} u_1^{(s)} < x_s \leqslant \dfrac{1}{1-\sigma_{p_j}} u_1^{(s)}, x_s > 0 \\ 0, & x_s = 0 \\ -p_s(-x_s), & x_s < 0 \end{cases} \tag{3-2}$$

式中，$\sigma_{p_j} = (1-\rho_{p_j})/(1+\rho_{p_j})(0<\rho_{p_j}<1)$，$\rho_{p_j}$ 被定义为量化密度。定义 $\boldsymbol{\Lambda}_p = \mathrm{diag}\{\Lambda_{p_1}, \Lambda_{p_2}, \cdots, \Lambda_{p_n}\}$，其中 $\Lambda_{p_j} \in [-\sigma_{p_j}, \sigma_{p_j}]$。因此 $\boldsymbol{p}(x)$ 可以用扇形界方法表示为：

$$\boldsymbol{p}(x) = (\boldsymbol{I} + \boldsymbol{\Lambda}_p)\boldsymbol{x} \tag{3-3}$$

控制端的量化器 $\boldsymbol{q}(\cdot)$ 定义为 $\boldsymbol{q}(x) = \begin{bmatrix} q_1(x_1) & q_2(x_2) & \cdots & q_n(x_n) \end{bmatrix}^{\mathrm{T}}$。与 $p_j(x_j)$ 类似，其中每个量化器 $\boldsymbol{q}_j(x_j)(j=1,2,\cdots,n)$ 都使用对数量化器。同时，定义 $\boldsymbol{\Lambda}_q = \mathrm{diag}\{\Lambda_{q_1}, \Lambda_{q_2}, \cdots, \Lambda_{q_n}\}$，则与 $\boldsymbol{p}(x)$ 类似，$\boldsymbol{q}(x)$ 可以定义为：

$$\boldsymbol{q}(x) = (\boldsymbol{I} + \boldsymbol{\Lambda}_q)\boldsymbol{x} \tag{3-4}$$

式中，$\Lambda_{q_j} \in [-\sigma_{q_j}, \sigma_{q_j}]$，$\sigma_{q_j} = (1-\rho_{q_j})/(1+\rho_{q_j})(0<\rho_{q_j}<1)$，$\rho_{q_j}$ 为量化密度。为简化计算，在本章中，假设 $\rho_{p_j} = \rho_p$ 和 $\rho_{q_j} = \rho_q$，其中 ρ_p 和 ρ_q 是两个常数。相应地，$\sigma_p=(1-\rho_p)/(1+\rho_p)$，$\sigma_q=(1-\rho_q)/(1+\rho_q)$。

如系统模型［式 (3-1)］中描述的那样，考虑到通信信道的容量是有限的，同时为了降低网络中的数据传输率，如图 3-1 所示，为时变时延和信号量化的网络化系统被控对象设计了一个事件触发通信机制，它被用来筛选有用的采样信号。另外，由于网络化系统中网络带宽和资源是有限的，量化器的量化精度不能太高，否则网络的通信质量会因数据包过大而受到影响，所以网络化系统中量化器量化作用的影响比传统控制系统的影响大。但是量化精度也不能过低，否则采样信号的信息会损失过多。基于上述分析，本章设计中引入了两个量化器 $\boldsymbol{p}(\cdot)$ 和 $\boldsymbol{q}(\cdot)$，分别对采样信号和控制信号进行量化处理。本章中假定传感器、采样器和事件触发器都是时间驱动的，而控制器、量化器、零阶保持器则是事件驱动的。同时，假定最新由事件触发器传送给量化器 $\boldsymbol{p}(\cdot)$ 的采样状态信号为 $\boldsymbol{x}(t_k h)$，当前采样状态信号 $\boldsymbol{x}(t_{k+j}h)$ 是否被传给量化器由下述的二次条件来判断：

$$\boldsymbol{f}\left(\boldsymbol{x}(t_{k+j}h), \boldsymbol{x}(t_k h)\right) = \boldsymbol{\varrho}_{\gamma_{k+j}h}^{\mathrm{T}} \boldsymbol{\Omega} \boldsymbol{\varrho}_{\gamma_{k+j}h} - \sigma \boldsymbol{x}^{\mathrm{T}}(t_{k+j}h) \boldsymbol{\Omega} \boldsymbol{x}(t_{k+j}h) \geqslant 0 \tag{3-5}$$

式中，$\boldsymbol{\varrho}_{\gamma_{k+j}h} = \boldsymbol{x}(t_{k+j}h) - \boldsymbol{x}(t_k h)$ 为当前采样数据 $\boldsymbol{x}(t_{k+j}h)$ 和最近一次被成功传递出去的采样信号 $\boldsymbol{x}(t_k h)$ 之间的误差；$\boldsymbol{\Omega}$ 为正定矩阵；$j \in \mathbb{Z}^+$，$\sigma \in [0, 1]$。

注 3-1 事件触发机制［式 (3-5)］以参数 σ、$\boldsymbol{\Omega}$ 和 h 作为特征。只有满足二次平方式的采样状态数据 $\boldsymbol{x}(t_{k+j}h)$ 才会被传输到控制器端。很显然，这个事件触发机制将降低网络中的通信负载。在特殊的情况下，如果取式 (3-5) 中的 $\sigma=0$，则不等式 (3-5) 对于所有的采样状态数据 $\boldsymbol{x}(t_{k+j}h)$ 都成立。此时，事件触发通信机制［式 (3-5)］将退化成时间触发通信机制。

在事件触发机制［式 (3-5)］下，假设采样状态释放时刻为 t_0h，t_1h，t_2h，…。t_0h 是初始释放时刻，$\gamma_k h = t_{k+1}h - t_k h$ 定义为事件触发器的传输周期。考虑到网络信道中的时变时延 τ_{i_k}，这些释放信号将分别在 $t_0h+\tau_0$，$t_1h+\tau_1$，$t_2h+\tau_2$，…时刻达到控制器端。

从图 3-1 中可以看出：

$$\begin{cases} \tilde{\boldsymbol{u}}(t) = \boldsymbol{K}\boldsymbol{p}(\boldsymbol{x}(t_k h)) \\ \boldsymbol{u}(t_k h) = \boldsymbol{q}(\tilde{\boldsymbol{u}}(t)) \end{cases} \tag{3-6}$$

结合式 (3-3)、式 (3-4) 和式 (3-6) 可以推导出：

$$\begin{aligned} \boldsymbol{u}(t_k h) &= (\boldsymbol{I} + \boldsymbol{\Lambda}_q)\boldsymbol{K}(\boldsymbol{I} + \boldsymbol{\Lambda}_p)\boldsymbol{x}(t_k h) \\ &= (\boldsymbol{K} + \boldsymbol{\Lambda}_q\boldsymbol{K} + \boldsymbol{K}\boldsymbol{\Lambda}_p + \boldsymbol{\Lambda}_q\boldsymbol{K}\boldsymbol{\Lambda}_p)\boldsymbol{x}(t_k h) \end{aligned} \tag{3-7}$$

定义 $\boldsymbol{\Lambda}_{\boldsymbol{K}} = \boldsymbol{\Lambda}_q\boldsymbol{K} + \boldsymbol{K}\boldsymbol{\Lambda}_p + \boldsymbol{\Lambda}_q\boldsymbol{K}\boldsymbol{\Lambda}_p$，则控制器输入信号可以表示为：

$$\boldsymbol{u}(t) = (\boldsymbol{K} + \boldsymbol{\Lambda}_{\boldsymbol{K}})\boldsymbol{x}(t_k h) \tag{3-8}$$

基于上述分析，考虑通信网络中的时变时延、信号量化和事件触发机制［式 (3-4)］，对 $t \in [t_k h + \tau_{i_k}, t_{k+1}h + \tau_{i_{k+1}})$，在状态反馈控制器

$\boldsymbol{u}(t)=\boldsymbol{K}\boldsymbol{x}(t)$ 作用下，系统［式 (3-1)］可以改写为：

$$\begin{cases}\dot{\boldsymbol{x}}(t)=\boldsymbol{A}\boldsymbol{x}(t)+\boldsymbol{B}(\boldsymbol{K}+\boldsymbol{\varLambda_K})\boldsymbol{x}(t_kh)+\boldsymbol{B}_\omega\boldsymbol{\omega}(t)\\ \boldsymbol{u}(t_kh)=(\boldsymbol{K}+\boldsymbol{\varLambda_K})\boldsymbol{x}(t_kh)\\ t\in[t_kh+\tau_{i_k},t_{k+1}h+\tau_{i_{k+1}}]\end{cases} \tag{3-9}$$

在上述分析的基础上，考虑如下时间区间：

$$[t_kh+\tau_{i_k},t_{k+1}h+\tau_{i_{k+1}}) \tag{3-10}$$

通过分析不难得到 $t_{k+1}h-t_kh\geqslant h$。下面对 γ_kh 的大小区间分两种情况进行讨论。

第一种情况，若 $t_{k+1}h-t_kh>h+\tau_{\mathrm{M}}-\tau_{i_{k+1}}$，不难得到存在 $d\geqslant 1$ 满足：

$$dh+\tau_{\mathrm{M}}-\tau_{i_{k+1}}<t_{k+1}h-t_kh\leqslant(d+1)h+\tau_{\mathrm{M}}-\tau_{i_{k+1}} \tag{3-11}$$

此时，区间 $[t_kh+\tau_{i_k},t_{k+1}h+\tau_{i_{k+1}})$ 可以被划分为以下 $d+1$ 个子区间：

$$[t_kh+\tau_{i_k},t_{k+1}h+\tau_{i_{k+1}})=I_1\cup I_2\cup I_3 \tag{3-12}$$

其中：

$$I_1=[t_kh+\tau_{i_k},t_kh+h+\tau_{\mathrm{M}})$$

$$I_2=\left\{\bigcup_{n=1}^{d-1}[t_kh+nh+\tau_{\mathrm{M}},t_kh+(n+1)h+\tau_{\mathrm{M}})\right\}$$

$$I_3=[t_kh+dh+\tau_{\mathrm{M}},t_{k+1}h+\tau_{i_{k+1}})$$

定义一个函数 $\tau(t)$：

$$\tau(t)=\begin{cases}t-t_kh, & t\in I_1\\ t-t_kh-nh, & t\in I_2,\ n=1,2,\cdots,d\\ t-t_kh-dh, & t\in I_3\end{cases} \tag{3-13}$$

从式 (3-13) 中不难推导出：

$$\tau_{\mathrm{m}}\leqslant\tau(t)\leqslant h+\tau_{\mathrm{M}} \tag{3-14}$$

定义一个误差向量：

$$\boldsymbol{\varrho}_k(t)=\begin{cases}0, & t\in I_1\\ \boldsymbol{x}(t_kh+nh)-\boldsymbol{x}(t_kh), & t\in I_2,n=1,2,\cdots,d\\ \boldsymbol{x}(t_kh+dh)-\boldsymbol{x}(t_kh), & t\in I_3\end{cases} \tag{3-15}$$

第二种情况，若 $t_{k+1}h-t_kh \leqslant h+\tau_{\mathrm{M}}-\tau_{i_{k+1}}$ ，定义一个函数：

$$\tau(t)=t-t_kh, t\in[t_kh+\tau_{i_k}, t_{k+1}h+\tau_{i_{k+1}}) \tag{3-16}$$

此时相应地，定义误差向量：

$$\boldsymbol{\varrho}_k(t)=0 \tag{3-17}$$

结合式 (3-14) 和式 (3-16)，可以得出：

$$\begin{aligned}\boldsymbol{f}\left(\boldsymbol{x}(t_{k+j}h), \boldsymbol{x}(t_kh)\right)=\boldsymbol{\varrho}_k^{\mathrm{T}}(t)\boldsymbol{\Omega}\boldsymbol{\varrho}_k(t)-\sigma\boldsymbol{x}^{\mathrm{T}}(t-\tau(t))\boldsymbol{\Omega}\boldsymbol{x}(t-\tau(t))<0,\\ t\in[t_kh+\tau_{i_k}, t_{k+1}h+\tau_{i_{k+1}})\end{aligned} \tag{3-18}$$

将式 (3-13)、式 (3-15)、式 (3-16)、式 (3-17) 和式 (3-9) 结合在一起，同时定义 $\tau_1=\tau_{\mathrm{m}}$ ，$\tau_2=\tau_{\mathrm{M}}+h$ 。可以得到如下所示的包含时变时延和信号量化的基于事件触发机制的网络化系统模型：

$$\begin{cases}\dot{\boldsymbol{x}}(t)=\boldsymbol{A}\boldsymbol{x}(t)+\boldsymbol{B}(\boldsymbol{K}+\boldsymbol{\Lambda_K})\boldsymbol{x}(t-\tau(t))-\boldsymbol{B}(\boldsymbol{K}+\boldsymbol{\Lambda_K})\boldsymbol{\varrho}_k(t)+\boldsymbol{B}_{\omega}\boldsymbol{\omega}(t)\\ t\in[t_kh+\tau_k, t_{k+1}h+\tau_{k+1})\\ \boldsymbol{x}(t)=\boldsymbol{\phi}(t), t\in\lfloor t_0-\tau_2, t_0-\tau_1)\end{cases} \tag{3-19}$$

式中，$\boldsymbol{\phi}(t)$ 为 $\boldsymbol{x}(t)$ 的初始化函数。

为了便于后续的理论分析，给出以下的定义。

定义 3-1

如果下列两个条件同时满足，则称闭环系统［式 (3-19)］是渐近稳定的且 L_2 扰动抑制水平为 γ。

（1）系统［式 (3-19)］在 $\boldsymbol{\omega}(t)\equiv 0$ 时是渐近稳定的。

（2）在零初始条件下，对于任何非零的 $\boldsymbol{\omega}(t)\in L_2[0,\infty)$ 和一个给定的 $\gamma>0$，有 $\|\boldsymbol{x}(t)\|_2<\gamma\|\boldsymbol{\omega}(t)\|_2$ 。

本章的目的就是为同时包含时变时延及信号量化的闭环系统［式 (3-19)］设计一个 L_2 反馈控制器和事件触发器，使得系统［式 (3-19)］渐近稳定且 L_2 扰动抑制水平为 γ。

3.2
L_2 稳定性分析

定理 3-1

对于一些给定的参数 τ_1、τ_2、γ、σ 和反馈增益 $\boldsymbol{K}$，在事件触发机制［式 (3-5)］下，如果存在合适维数的正定实矩阵 $\boldsymbol{P}>0$、$\boldsymbol{Q}_i>0$、$\boldsymbol{Z}_i>0$ $(i=1,2)$、$\boldsymbol{\Omega}>0$ 和 $\boldsymbol{U}$ 满足下列的线性矩阵不等式：

$$\begin{bmatrix} \boldsymbol{\Pi}_{11} & * \\ \boldsymbol{\Pi}_{21} & \boldsymbol{\Pi}_{22} \end{bmatrix} < 0 \tag{3-20}$$

$$\begin{bmatrix} \boldsymbol{Z}_2 & * \\ \boldsymbol{U} & \boldsymbol{Z}_2 \end{bmatrix} > 0 \tag{3-21}$$

则称系统［式 (3-19)］是渐近稳定的且 L_2 扰动抑制水平为 γ。其中：

$$\boldsymbol{\Pi}_{11}=\begin{bmatrix} \boldsymbol{\Phi}_{11} & * & * & * & * & * \\ \boldsymbol{Z}_1 & \boldsymbol{\Phi}_{22} & * & * & * & * \\ (\boldsymbol{K}+\boldsymbol{\Lambda}_{\boldsymbol{K}})^{\mathrm{T}}\boldsymbol{B}^{\mathrm{T}}\boldsymbol{P} & -\boldsymbol{U}+\boldsymbol{Z}_2 & \boldsymbol{\Phi}_{33} & * & * & * \\ 0 & \boldsymbol{G} & -\boldsymbol{U}+\boldsymbol{Z}_2 & -\boldsymbol{Q}_2-\boldsymbol{Z}_2 & * & * \\ -(\boldsymbol{K}+\boldsymbol{\Lambda}_{\boldsymbol{K}})^{\mathrm{T}}\boldsymbol{B}^{\mathrm{T}}\boldsymbol{P} & 0 & 0 & 0 & -\boldsymbol{\Omega} & * \\ \boldsymbol{B}_{\omega}^{\mathrm{T}}\boldsymbol{P} & 0 & 0 & 0 & 0 & -\gamma^2\boldsymbol{I} \end{bmatrix}$$

$$\boldsymbol{\Pi}_{21}=[\tau_1\boldsymbol{\zeta}^{\mathrm{T}}\boldsymbol{Z}_1^{\mathrm{T}}\tilde{\tau}\boldsymbol{\zeta}^{\mathrm{T}}\boldsymbol{Z}_2^{\mathrm{T}}]^{\mathrm{T}},\boldsymbol{\Pi}_{22}=\mathrm{diag}\{-\boldsymbol{Z}_1,-\boldsymbol{Z}_2\}$$

$$\boldsymbol{\Phi}_{11}=\boldsymbol{P}\boldsymbol{A}+\boldsymbol{A}^{\mathrm{T}}\boldsymbol{P}+\boldsymbol{Q}_1+\boldsymbol{Q}_2+\boldsymbol{I}-\boldsymbol{Z}_1,\boldsymbol{\Phi}_{22}=-\boldsymbol{Q}_1-\boldsymbol{Z}_2-\boldsymbol{Z}_1$$

$$\boldsymbol{\Phi}_{33}=\sigma\boldsymbol{\Omega}-2\boldsymbol{Z}_2+\boldsymbol{U}+\boldsymbol{U}^{\mathrm{T}},\boldsymbol{\zeta}=\begin{bmatrix}\boldsymbol{A} & 0 & \boldsymbol{B}(\boldsymbol{K}+\boldsymbol{\Lambda}_{\boldsymbol{K}}) & 0 & -\boldsymbol{B}(\boldsymbol{K}+\boldsymbol{\Lambda}_{\boldsymbol{K}}) & \boldsymbol{B}_{\omega}\end{bmatrix}$$

$$\tilde{\tau}=\tau_2-\tau_1$$

证明

构建一个如下形式的 Lyapunov-Krasovskii 泛函：

$$\begin{aligned} V(t)=&\boldsymbol{x}^{\mathrm{T}}(t)\boldsymbol{P}\boldsymbol{x}(t)+\int_{t-\tau_1}^{t}\boldsymbol{x}^{\mathrm{T}}(s)\boldsymbol{Q}_1\boldsymbol{x}(s)\mathrm{d}s+\int_{t-\tau_2}^{t}\boldsymbol{x}^{\mathrm{T}}(s)\boldsymbol{Q}_2\boldsymbol{x}(s)\mathrm{d}s \\ &+\tau_1\int_{-\tau_1}^{0}\int_{t+s}^{t}\dot{\boldsymbol{x}}^{\mathrm{T}}(v)\boldsymbol{Z}_1\dot{\boldsymbol{x}}(v)\mathrm{d}v\mathrm{d}s+\tilde{\tau}\int_{-\tau_2}^{-\tau_1}\int_{t+s}^{t}\dot{\boldsymbol{x}}^{\mathrm{T}}(v)\boldsymbol{Z}_2\dot{\boldsymbol{x}}(v)\mathrm{d}v\mathrm{d}s \end{aligned} \tag{3-22}$$

式中，$\boldsymbol{P}>0$，$\boldsymbol{Q}_j>0$，同时 $\boldsymbol{Z}_j>0(j=1,2)$。在 $t\in[t_kh+\tau_k,t_{k+1}h+\tau_{k+1})$ 范围内，对 $\boldsymbol{V}(t)$ 求导，同时加上和减去 $\boldsymbol{\varrho}_k^{\mathrm{T}}(t)\boldsymbol{V}\boldsymbol{\varrho}_k(t)$ 这一项，可以得到：

$$\begin{aligned}\dot{V}(t)&=2\boldsymbol{x}^{\mathrm{T}}(t)\boldsymbol{P}\dot{\boldsymbol{x}}(t)+\boldsymbol{x}^{\mathrm{T}}(t)\boldsymbol{Q}_1\boldsymbol{x}(t)-\boldsymbol{x}^{\mathrm{T}}(t-\tau_1)\boldsymbol{Q}_1\boldsymbol{x}(t-\tau_1)\\&\quad+\boldsymbol{x}^{\mathrm{T}}(t)\boldsymbol{Q}_2\boldsymbol{x}(t)-\boldsymbol{x}^{\mathrm{T}}(t-\tau_2)\boldsymbol{Q}_2\boldsymbol{x}(t-\tau_2)\\&\quad+\tau_1^2\dot{\boldsymbol{x}}^{\mathrm{T}}(t)\boldsymbol{Z}_1\dot{\boldsymbol{x}}(t)-\boldsymbol{x}^{\mathrm{T}}(t)\boldsymbol{x}(t)+\tilde{\tau}^2\dot{\boldsymbol{x}}^{\mathrm{T}}(t)\boldsymbol{Z}_2\dot{\boldsymbol{x}}(t)\\&\quad-\tilde{\tau}\int_{t-\tau_2}^{t-\tau_1}\dot{\boldsymbol{x}}^{\mathrm{T}}(v)\boldsymbol{Z}_2\dot{\boldsymbol{x}}(v)\mathrm{d}v+\boldsymbol{\varrho}_k^{\mathrm{T}}(t)\boldsymbol{V}\boldsymbol{\varrho}_k(t)-\boldsymbol{\varrho}_k^{\mathrm{T}}(t)\boldsymbol{\Omega}\boldsymbol{\varrho}_k(t)\\&\quad+\boldsymbol{x}^{\mathrm{T}}(t)\boldsymbol{x}(t)-\tau_1\int_{t-\tau_1}^{t}\dot{\boldsymbol{x}}^{\mathrm{T}}(v)\boldsymbol{Z}_1\dot{\boldsymbol{x}}(v)\mathrm{d}v\end{aligned}\tag{3-23}$$

运用 Jensen 不等式，不难得出：

$$-\tau_1\int_{t-\tau_1}^{t}\boldsymbol{x}^{\mathrm{T}}(s)\boldsymbol{Z}_1x(s)\mathrm{d}s\leqslant-\boldsymbol{\psi}_1^{\mathrm{T}}(t)\boldsymbol{\Pi}_1\boldsymbol{\psi}_1(t)\tag{3-24}$$

$$\begin{aligned}-\tilde{\tau}\int_{t-\tau_2}^{t-\tau_1}\dot{\boldsymbol{x}}^{\mathrm{T}}(v)\boldsymbol{Z}_2\dot{\boldsymbol{x}}(v)\mathrm{d}v&=-\tilde{\tau}\Big[\int_{t-\tau(t)}^{t-\tau_1}\dot{\boldsymbol{x}}^{\mathrm{T}}(v)\boldsymbol{Z}_2\dot{\boldsymbol{x}}(v)\mathrm{d}v+\int_{t-\tau_2}^{t-\tau(t)}\dot{\boldsymbol{x}}^{\mathrm{T}}(v)\boldsymbol{Z}_2\dot{\boldsymbol{x}}(v)\mathrm{d}v\Big]\\&\leqslant-\frac{\tilde{\tau}}{\tau(t)-\tau_1}[\boldsymbol{x}^{\mathrm{T}}(t-\tau_1)\boldsymbol{Z}_2\boldsymbol{x}(t-\tau_1)\\&\quad-\boldsymbol{x}^{\mathrm{T}}(t-\tau(t))\boldsymbol{Z}_2\boldsymbol{x}(t-\tau(t))]-\frac{\tilde{\tau}}{\tau_2-\tau(t)}\\&\quad[\boldsymbol{x}^{\mathrm{T}}(t-\tau(t))\boldsymbol{Z}_2\boldsymbol{x}(t-\tau(t))-\boldsymbol{x}^{\mathrm{T}}(t-\tau_2)\boldsymbol{Z}_2\boldsymbol{x}(t-\tau_2)]\\&\leqslant\boldsymbol{\psi}_2^{\mathrm{T}}(t)\boldsymbol{\Pi}_2\boldsymbol{\psi}_2(t)\end{aligned}\tag{3-25}$$

式中：

$$\boldsymbol{\psi}_1(t)=[\boldsymbol{x}^{\mathrm{T}}(t)\boldsymbol{x}^{\mathrm{T}}(t-\tau_1)]^{\mathrm{T}}$$

$$\boldsymbol{\psi}_2(t)=[\boldsymbol{x}^{\mathrm{T}}(t-\tau_1)\boldsymbol{x}^{\mathrm{T}}(t-\tau(t))\boldsymbol{x}^{\mathrm{T}}(t-\tau_2)]^{\mathrm{T}}$$

$$\boldsymbol{\Pi}_1=\begin{bmatrix}\boldsymbol{Z}_1 & *\\-\boldsymbol{Z}_1 & \boldsymbol{Z}_1\end{bmatrix}$$

$$\boldsymbol{\Pi}_2=\begin{bmatrix}\boldsymbol{Z}_2 & * & *\\\boldsymbol{U}-\boldsymbol{Z}_2 & 2\boldsymbol{Z}_2-\boldsymbol{U}-\boldsymbol{U}^{\mathrm{T}} & *\\-\boldsymbol{U} & \boldsymbol{U}-\boldsymbol{Z}_2 & \boldsymbol{Z}_2\end{bmatrix}$$

定义 $\boldsymbol{\eta}^{\mathrm{T}}(t)=[\boldsymbol{x}^{\mathrm{T}}(t)\quad \boldsymbol{x}^{\mathrm{T}}(t-\tau_1)\quad \boldsymbol{x}^{\mathrm{T}}(t-\tau(t))\quad \boldsymbol{x}^{\mathrm{T}}(t-\tau_2)\quad \boldsymbol{\varrho}^{\mathrm{T}}(t)\quad \boldsymbol{\omega}^{\mathrm{T}}(t)]$，经过简单分析可知：$\boldsymbol{\Pi}_{21}^{\mathrm{T}}\boldsymbol{\Pi}_{22}^{-1}\boldsymbol{\Pi}_{21}=-[\tau_1^2\boldsymbol{\zeta}^{\mathrm{T}}\boldsymbol{Z}_1\boldsymbol{\zeta}+\tilde{\tau}^2\boldsymbol{\zeta}^{\mathrm{T}}\boldsymbol{Z}_2\boldsymbol{\zeta}]$，$\dot{\boldsymbol{x}}(t)=\boldsymbol{\zeta}\boldsymbol{\eta}(t)$

$$\begin{aligned}\boldsymbol{\eta}^{\mathrm{T}}(t)[\boldsymbol{\Pi}_{21}^{\mathrm{T}}\boldsymbol{\Pi}_{22}^{-1}\boldsymbol{\Pi}_{21}]\boldsymbol{\eta}(t)&=-\boldsymbol{\eta}^{\mathrm{T}}(t)[\tau_1^2\boldsymbol{\zeta}^{\mathrm{T}}\boldsymbol{Z}_1\boldsymbol{\zeta}+\tilde{\tau}^2\boldsymbol{\zeta}^{\mathrm{T}}\boldsymbol{Z}_2\boldsymbol{\zeta}]\boldsymbol{\eta}^{\mathrm{T}}(t)\\&=-\tau_1^2\dot{\boldsymbol{x}}^{\mathrm{T}}(t)\boldsymbol{Z}_1\dot{\boldsymbol{x}}(t)-\tilde{\tau}^2\dot{\boldsymbol{x}}^{\mathrm{T}}(t)\boldsymbol{Z}_2\dot{\boldsymbol{x}}(t)\end{aligned}\tag{3-26}$$

结合式 (3-18)、式 (3-22)、式 (3-24) ～式 (3-26) 可以得到：

$$\dot{V}(t)\leqslant\boldsymbol{\eta}^{\mathrm{T}}(t)(\boldsymbol{\Pi}_{11}-\boldsymbol{\Pi}_{21}^{\mathrm{T}}\boldsymbol{\Pi}_{22}^{-1}\boldsymbol{\Pi}_{21})\boldsymbol{\eta}(t)-\boldsymbol{x}^{\mathrm{T}}(t)\boldsymbol{x}(t)+\gamma^2\boldsymbol{\omega}^{\mathrm{T}}(t)\boldsymbol{\omega}(t)\tag{3-27}$$

式中，$\boldsymbol{\Pi}_{11}$、$\boldsymbol{\Pi}_{21}$、$\boldsymbol{\Pi}_{22}$ 在式 (3-20) 中已定义。

由 Schur 补引理可知，式 (3-22) 中的 Lyapunov-Krasovskii 泛函保证了式 (3-23) 中的 $\dot{V}(t)<0$；同时很容易证明在 $\boldsymbol{\omega}(t)\equiv 0$ 时闭环系统［式 (3-19)］是渐近稳定的，而且在零初始条件下 $\|\boldsymbol{x}(t)\|_2<\gamma\|\boldsymbol{\omega}(t)\|_2$。证毕。

3.3
L_2 量化控制器设计

定理 3-2

对于一些给定的参数 τ_1、τ_2、γ、σ，在事件触发机制［式 (3-5)］下，如果存在合适维数的实矩阵 $\boldsymbol{W}$、$\boldsymbol{Y}$、$\boldsymbol{X}>0$、$\tilde{\boldsymbol{Q}}_i>0$、$\tilde{\boldsymbol{Z}}_i>0\ (i=1,2)$、$\tilde{\boldsymbol{\Omega}}>0$、$\tilde{\boldsymbol{U}}$ 和常量 $\lambda_j>0\ (j=1,2,3)$ 满足下列的矩阵不等式：

$$\begin{bmatrix}\gamma_1\boldsymbol{W} & *\\ \boldsymbol{Y} & \boldsymbol{I}_n\end{bmatrix}\geqslant 0\tag{3-28}$$

$$2\rho\boldsymbol{X}-\rho^2\boldsymbol{I}_n\geqslant\boldsymbol{W}\tag{3-29}$$

$$\begin{bmatrix}\boldsymbol{\Pi}'_{11} & *\\ \boldsymbol{\Pi}'_{21} & \boldsymbol{\Pi}'_{22}\end{bmatrix}<0\tag{3-30}$$

$$\begin{bmatrix}\tilde{\boldsymbol{Z}}_2 & *\\ \tilde{\boldsymbol{U}} & \tilde{\boldsymbol{Z}}_2\end{bmatrix}>0\tag{3-31}$$

则称系统［式 (3-1)］是渐近稳定的且 L_2 扰动抑制水平为 γ，同时反馈增益 $\boldsymbol{K}=\boldsymbol{Y}\boldsymbol{X}^{-1}$。其中：

$$\boldsymbol{\Pi}'_{11}=\begin{bmatrix}\tilde{\boldsymbol{\Phi}}_{11} & * & * & * & * & * \\ \tilde{\boldsymbol{Z}}_1 & \tilde{\boldsymbol{\Phi}}_{22} & * & * & * & * \\ \boldsymbol{Y}^{\mathrm{T}}\boldsymbol{B}^{\mathrm{T}} & -\tilde{\boldsymbol{U}}+\tilde{\boldsymbol{Z}}_2 & \tilde{\boldsymbol{\Phi}}_{33} & * & * & * \\ 0 & \tilde{\boldsymbol{U}} & -\tilde{\boldsymbol{U}}+\tilde{\boldsymbol{Z}}_2 & -\tilde{\boldsymbol{Q}}_2-\tilde{\boldsymbol{Z}}_2 & * & * \\ -\boldsymbol{Y}^{\mathrm{T}}\boldsymbol{B}^{\mathrm{T}} & 0 & 0 & 0 & -\tilde{\boldsymbol{\Omega}} & * \\ \boldsymbol{B}_{\omega}^{\mathrm{T}} & 0 & 0 & 0 & 0 & -\gamma^2\boldsymbol{I}\end{bmatrix}$$

$$\boldsymbol{\Pi}'_{21}=\begin{bmatrix}\tau_1\boldsymbol{AX} & 0 & \tau_1\boldsymbol{BY} & 0 & -\tau_1\boldsymbol{BY} & \tau_1\boldsymbol{B}_{\omega} \\ \tilde{\tau}\boldsymbol{AX} & 0 & \tilde{\tau}\boldsymbol{BY} & 0 & -\tilde{\tau}\boldsymbol{BY} & \tilde{\tau}\boldsymbol{B}_{\omega} \\ \vartheta_1\boldsymbol{B}^{\mathrm{T}} & 0 & 0 & 0 & 0 & 0 \\ 0 & 0 & \boldsymbol{Y} & 0 & -\boldsymbol{Y} & 0 \\ 0 & 0 & \gamma_1\sigma_P\boldsymbol{X} & 0 & -\gamma_1\sigma_P\boldsymbol{X} & 0 \\ 0 & 0 & \gamma_1\sigma_P\boldsymbol{X} & 0 & -\gamma_1\sigma_P\boldsymbol{X} & 0 \\ 0 & 0 & 0 & 0 & 0 & 0\end{bmatrix}$$

$$\boldsymbol{\Pi}'_{22}=\begin{bmatrix}-\boldsymbol{X}\tilde{\boldsymbol{Z}}_1^{-1}\boldsymbol{X} & * & * & * & * & * & * \\ 0 & -\boldsymbol{X}\tilde{\boldsymbol{Z}}_1^{-1}\boldsymbol{X} & * & * & * & * & * \\ \vartheta_1\tau_1\boldsymbol{B}^{\mathrm{T}} & \vartheta_1\tilde{\tau}\boldsymbol{B}^{\mathrm{T}} & -\vartheta_1\boldsymbol{I}_n & * & * & * & * \\ 0 & 0 & 0 & -\lambda_1\boldsymbol{I}_n & * & * & * \\ 0 & 0 & 0 & 0 & -\lambda_2\boldsymbol{I}_n & * & * \\ 0 & 0 & 0 & 0 & 0 & -\lambda_3\boldsymbol{I}_n & * \\ 0 & 0 & 0 & 0 & 0 & 0 & -\boldsymbol{I}_n\end{bmatrix}$$

$$\tilde{\boldsymbol{\Phi}}_{11}=\boldsymbol{XA}+\boldsymbol{A}^{\mathrm{T}}\boldsymbol{X}+\tilde{\boldsymbol{Q}}_1+\tilde{\boldsymbol{Q}}_2-\tilde{\boldsymbol{Z}}_1,\tilde{\boldsymbol{\Phi}}_{22}=-\tilde{\boldsymbol{Q}}_1-\tilde{\boldsymbol{Z}}_2-\tilde{\boldsymbol{Z}}_1$$

$$\tilde{\boldsymbol{\Phi}}_{33}=\sigma\tilde{\boldsymbol{\Omega}}-2\tilde{\boldsymbol{Z}}_2+\tilde{\boldsymbol{U}}+\tilde{\boldsymbol{U}}^{\mathrm{T}},\tilde{\tau}=\tau_2-\tau_1$$

证明

对式 (3-20) 进行变形可得：

$$\boldsymbol{\Psi}+\mathrm{sym}\{\boldsymbol{N}_1^{\mathrm{T}}\ \ \boldsymbol{\Lambda}_q\ \ \boldsymbol{N}_2\}+\mathrm{sym}\{\boldsymbol{N}_1^{\mathrm{T}}\ \ \boldsymbol{K}\ \ \boldsymbol{N}_3\}+\mathrm{sym}\{\boldsymbol{N}_1^{\mathrm{T}}\ \ \boldsymbol{\Lambda}_q\ \ \boldsymbol{K}\ \ \boldsymbol{N}_3\}<0 \tag{3-32}$$

式中：

$$\boldsymbol{\Psi}=\begin{bmatrix}\bar{\boldsymbol{\Sigma}}_{11} & * \\ \bar{\boldsymbol{\Sigma}}_{21} & \Sigma_{22}\end{bmatrix}<0,\bar{\boldsymbol{\Sigma}}_{21}=[\tau_1\xi_1^{\mathrm{T}}\boldsymbol{Z}_1^{\mathrm{T}}\tilde{\tau}\xi_1^{\mathrm{T}}\boldsymbol{Z}_2^{\mathrm{T}}]^{\mathrm{T}}$$

$$\xi_1 = \begin{bmatrix} \boldsymbol{A} & 0 & \boldsymbol{BK} & 0 & -\boldsymbol{BK} & \boldsymbol{B}_\omega \end{bmatrix}$$

$$\bar{\boldsymbol{\Sigma}}_{11} = \begin{bmatrix} \boldsymbol{\Phi}_{11} & * & * & * & * & * \\ \boldsymbol{Z}_1 & \boldsymbol{\Phi}_{22} & * & * & * & * \\ \boldsymbol{K}^{\mathrm{T}}\boldsymbol{B}^{\mathrm{T}}\boldsymbol{P} & -\boldsymbol{U}+\boldsymbol{Z}_2 & \boldsymbol{\Phi}_{33} & * & * & * \\ 0 & \boldsymbol{U} & -\boldsymbol{U}+\boldsymbol{Z}_2 & -\boldsymbol{Q}_2-\boldsymbol{Z}_2 & * & * \\ -\boldsymbol{K}^{\mathrm{T}}\boldsymbol{B}^{\mathrm{T}}\boldsymbol{P} & 0 & 0 & 0 & -\boldsymbol{\Omega} & * \\ \boldsymbol{B}_\omega^{\mathrm{T}}\boldsymbol{P} & 0 & 0 & 0 & 0 & -\gamma^2\boldsymbol{I} \end{bmatrix}$$

$$\boldsymbol{N}_1 = \begin{bmatrix} \boldsymbol{B}^{\mathrm{T}}\boldsymbol{P} & 0 & 0 & 0 & 0 & 0 & \tau_1\boldsymbol{B}^{\mathrm{T}}\boldsymbol{Z}_1 & \tilde{\tau}\boldsymbol{B}^{\mathrm{T}}\boldsymbol{Z}_2 \end{bmatrix}$$

$$\boldsymbol{N}_2 = \begin{bmatrix} 0 & 0 & \boldsymbol{K} & 0 & -\boldsymbol{K} & 0 & 0 & 0 \end{bmatrix}$$

$$\boldsymbol{N}_3 = \begin{bmatrix} 0 & 0 & \boldsymbol{\Lambda}_p & 0 & -\boldsymbol{\Lambda}_p & 0 & 0 & 0 \end{bmatrix}$$

式中，$\boldsymbol{\Phi}_{11}$、$\boldsymbol{\Phi}_{22}$、$\boldsymbol{\Phi}_{33}$ 和 $\boldsymbol{\Pi}_{22}$ 在定理 3-1 中已定义。

对式 (3-32) 进行处理，可以推导出存在常量 $\lambda_i(i=1,2,3)$ 满足：

$$\begin{aligned} &\boldsymbol{\Psi} + \lambda_1\boldsymbol{N}_1^{\mathrm{T}}\boldsymbol{\Lambda}_q^2\boldsymbol{N}_1 + \lambda_1^{-1}\boldsymbol{N}_2^{\mathrm{T}}\boldsymbol{N}_2 + \lambda_2\boldsymbol{N}_1^{\mathrm{T}}\boldsymbol{N}_1 + \lambda_2^{-1}\boldsymbol{N}_3^{\mathrm{T}}\boldsymbol{K}^{\mathrm{T}}\boldsymbol{K}\boldsymbol{N}_3 \\ &+\lambda_3\boldsymbol{N}_1^{\mathrm{T}}\boldsymbol{\Lambda}_q^2\boldsymbol{N}_1 + \lambda_3^{-1}\boldsymbol{N}_3^{\mathrm{T}}\boldsymbol{K}^{\mathrm{T}}\boldsymbol{K}\boldsymbol{N}_3 < 0 \end{aligned} \tag{3-33}$$

从式 (3-29) 中可以得到：

$$\gamma_1\boldsymbol{W} - \boldsymbol{Y}^{\mathrm{T}}\boldsymbol{Y} \geqslant 0 \tag{3-34}$$

同时，可以得到 $\boldsymbol{X}^{\mathrm{T}}\boldsymbol{X} \geqslant 2\rho\boldsymbol{X} - \rho^2\boldsymbol{I}_n$。

由于 $\boldsymbol{K} = \boldsymbol{Y}\boldsymbol{X}^{-1}$，结合式 (3-29) 和式 (3-34) 可以推导出：

$$\boldsymbol{K}^{\mathrm{T}}\boldsymbol{K} \leqslant \gamma_1\boldsymbol{I}_n \tag{3-35}$$

此时，可知如果下列不等式成立：

$$\boldsymbol{\Psi} + \vartheta_1\boldsymbol{N}_1^{\mathrm{T}}\boldsymbol{N}_1 + \lambda_1^{-1}\boldsymbol{N}_2^{\mathrm{T}}\boldsymbol{N}_2 + \vartheta_2\boldsymbol{N}_I^{\mathrm{T}}\boldsymbol{N}_I < 0 \tag{3-36}$$

则式 (3-34) 成立。

式中，$\vartheta_1 = \lambda_1\sigma_q^2 + \lambda_2 + \lambda_3\sigma_q^2$，$\vartheta_2 = \lambda_2^{-1}\gamma_1\sigma_p^2 + \lambda_3^{-1}\gamma_1\sigma_p^2$，$\boldsymbol{N}_I$=[0　0　$\boldsymbol{I}_n$　0　$-\boldsymbol{I}_n$　0　0　0]。

运用 Schur 补引理可知式 (3-36) 等价于：

$$\begin{bmatrix} \boldsymbol{\Psi} & * & * & * & * \\ \vartheta_1 \boldsymbol{N}_1 & -\vartheta_1 \boldsymbol{I}_n & * & * & * \\ \boldsymbol{N}_2 & 0 & -\lambda_1 \boldsymbol{I}_n & * & * \\ \gamma_1 \sigma_P \boldsymbol{N}_I & 0 & 0 & -\lambda_2 \gamma_1 \boldsymbol{I}_n & * \\ \gamma_1 \sigma_P \boldsymbol{N}_I & 0 & 0 & 0 & -\lambda_3 \gamma_1 \boldsymbol{I}_n \end{bmatrix} < 0 \tag{3-37}$$

定义矩阵$\boldsymbol{X} = \boldsymbol{P}^{-1}$，$\boldsymbol{J}_1 = \text{diag}\{\boldsymbol{X}, \boldsymbol{X}, \boldsymbol{X}, \boldsymbol{X}, \boldsymbol{X}, \boldsymbol{I}_n\}$，$\boldsymbol{J}_2 = \text{diag}\{\boldsymbol{Z}_1^{-1}, \boldsymbol{Z}_2^{-1}\}$，$\boldsymbol{J}_3 = \text{diag}\{\boldsymbol{I}_n, \boldsymbol{I}_n, \boldsymbol{I}_n, \boldsymbol{I}_n\}$，同时在式(3-37)和式(3-21)左右两边分别相应地左乘、右乘矩阵$\text{diag}\{\boldsymbol{J}_1, \boldsymbol{J}_2, \boldsymbol{J}_3\}$、$\text{diag}\{\boldsymbol{X}, \boldsymbol{X}\}$和它们的转置矩阵。定义$\boldsymbol{X}\boldsymbol{Q}_i\boldsymbol{X} = \tilde{\boldsymbol{Q}}_i$，$\boldsymbol{X}\boldsymbol{Z}_i\boldsymbol{X} = \tilde{\boldsymbol{Z}}_i (i=1,2)$，$\boldsymbol{X}\boldsymbol{\Omega}\boldsymbol{X} = \tilde{\boldsymbol{\Omega}}$，$\boldsymbol{X}\boldsymbol{U}\boldsymbol{X} = \tilde{\boldsymbol{U}}$和$\boldsymbol{Y} = \boldsymbol{K}\boldsymbol{X}$。运用Schur补引理，很容易从式(3-20)和式(3-21)得到式(3-30)和式(3-31)。因此，可以由定理3-1、式(3-30)和式(3-31)得到系统［式(3-1)］是渐近稳定的且L_2扰动抑制水平为γ。

注3-2　通过求解式(3-30)中的一系列不等式，定理3-2提供了一个L_2状态反馈控制器和事件触发器参数联合设计的有效方法。为了减小基于式(3-30)推导出来的LMI可能导致的保守性，同样可以使用锥补线性化算法来求解式(3-30)中的不等式。同时式(3-30)也包含了时变传输时延、信号量化的信息，所以提出的设计方法适用于包含时变时延、采样状态信号和控制输入信号量化的网络化系统。通过对式(3-30)进行求解，可以使用基于时变时延的给定条件来求得状态反馈控制器增益矩阵$\boldsymbol{K}$和事件触发器参数$\boldsymbol{\Omega}$，从而保证给定的L_2性能。

为了降低网络中的数据传输率，节约网络化系统中的网络带宽和资源，本章在连续网络化控制系统中提出了一个事件触发条件来控制采样信号是否在通信网络中被传输到量化器端，为包含时变时延和信号量化的网络化系统设计了L_2控制器。首先，建立一个新的时延、量化数学模型来描述同时包含传输时延、信号量化和事件触发机制的网络化系统，然后，基于此模型提出了L_2稳定性准则约束条件和L_2控制器设计方法。分析、设计过程中建立了网络诱导时延、信号量化、事件触发器参数和状态反馈控制器增益之间的关系，基于此可以通过调整设计方法中的一个或多个参数来调度网络化控制系统中的资源，从而取得控制性能和网络资源之间更好的折中。

通过下面的仿真实例验证本章所提设计方法的有效性。

3.4 仿真实例

考虑倒立摆模型，其物理对象的状态空间表达式如下：

$$\dot{\boldsymbol{x}}(t)=\begin{bmatrix}0&1&0&0\\0&0&-mg/M&0\\0&0&0&1\\0&0&g/l&0\end{bmatrix}\boldsymbol{x}(t)+\begin{bmatrix}0\\1/M\\0\\-1/Ml\end{bmatrix}\boldsymbol{u}(t)+\boldsymbol{B}_{\omega}\boldsymbol{\omega}(t) \tag{3-38}$$

$$\boldsymbol{B}_{\omega}=\begin{bmatrix}1&1&1&1\end{bmatrix}，\boldsymbol{\omega}(t)=\begin{cases}\mathrm{sgn}(\sin t), & t\in[0,10]\\0, & 其他\end{cases} \tag{3-39}$$

式中，小车质量为 M=10；摆锤质量为 m=l；摆臂长度为 l=3；重力加速度为 g=10。系统的初始化状态为 $\boldsymbol{x}_0=[0.98\ \ 0\ \ 0.2\ \ 0]^{\mathrm{T}}$。通过计算，不难得出倒立摆系统的特征根为 0、0、1.8257 和 −1.8257。所以系统在没有控制器的作用下是不稳定的。运用定理 3-2，选取参数 σ=0.1、γ=200、τ_1 = 0.01、ρ=1 和 τ_2 = 0.11，使用 CCL 算法并通过 Matlab 求解，经过 340 次迭代后，可以得到如下相应的状态反馈增益和事件触发矩阵如下：

$$\boldsymbol{K}=\begin{bmatrix}-0.3685&-1.5359&1.2177&1.9864\end{bmatrix} \tag{3-40}$$

$$\boldsymbol{V}=\begin{bmatrix}37.8720&2.8954&-1.4988&1.7261\\2.8954&49.5763&-0.8267&8.1874\\-1.4988&-0.8267&80.4596&1.7764\\1.7261&8.1874&1.7764&31.7784\end{bmatrix} \tag{3-41}$$

取系统的采样周期为 h=0.1s，则系统［式 (3-38)］在式 (3-40) 及式 (3-41) 中的反馈控制器和事件触发器作用下的采样信号释放时刻和系统状态响应分别如图 3-2 和图 3-3 所示。

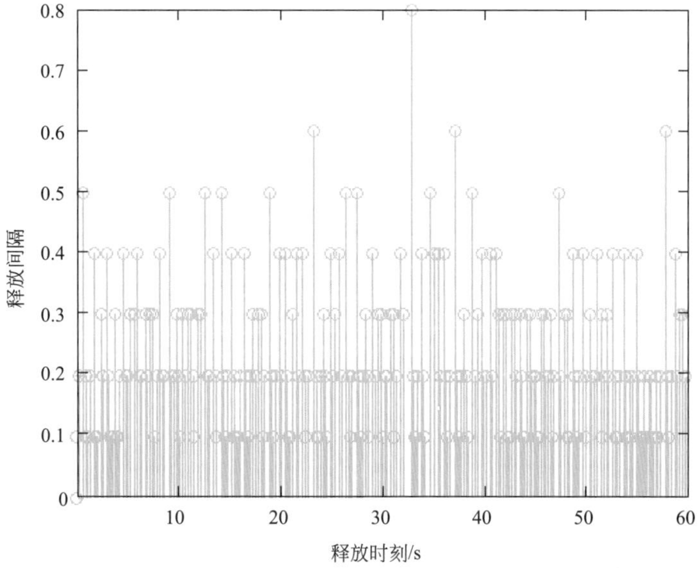

图 3-2 采样信号释放时刻图

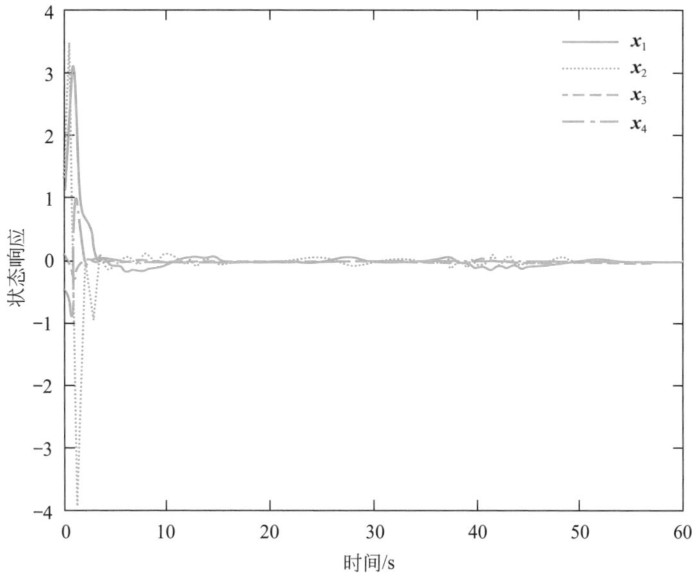

图 3-3 系统状态响应图

Digital Wave
Advanced Technology of Industrial Internet

Intelligent Control and Filtering of Networked Systems

网络化系统智能控制与滤波

第4章

事件触发时变时延网络化系统 H_∞ 滤波

本章研究具有时变时延的基于事件触发机制的网络控制系统的 H∞滤波问题。设计一种事件触发机制，利用此事件触发机制控制采样器采样信号的传输。运用李雅普诺夫稳定性理论以及线性矩阵不等式方法，首先研究了基于事件触发的 NCSs 系统的渐近稳定性问题，然后在此基础上根据 H∞增益性能的分析结果，给出了 H∞滤波器的设计方法。

4.1 问题描述

控制系统中有一个基本问题就是系统的状态估计问题。众所周知，Kalman 滤波是通过有噪声干扰的测量信号估计已知系统状态较为有效的方法之一。Kalman 滤波方法中，在假定噪声过程有确切的统计学特征的条件下，估计误差的方差最小化。然而，在噪声的统计学信息未知的情况下，标准 Kalman 滤波算法不能保证给定性能。为了克服这个缺陷，学者们针对 H∞滤波问题做了大量的研究，其主要思想就是为给定系统设计一个估计器来对其中未知状态的组合进行估计。

基于事件触发机制及时变时延的网络化控制系统结构图如图 4-1 所示。考虑如下形式的一个物理对象：

$$\begin{cases}\dot{\boldsymbol{x}}(t)=\boldsymbol{A}\boldsymbol{x}(t)+\boldsymbol{B}\boldsymbol{\omega}(t)\\ \boldsymbol{y}(t)=\boldsymbol{C}\boldsymbol{x}(t)+\boldsymbol{D}\boldsymbol{\omega}(t)\\ \boldsymbol{z}(t)=\boldsymbol{L}\boldsymbol{x}(t)\end{cases} \tag{4-1}$$

式中，$\boldsymbol{x}(t)\in\mathbb{R}^n$ 为状态向量；$\boldsymbol{y}(t)\in\mathbb{R}^m$ 为测量输出；$\boldsymbol{\omega}(t)\in\mathbb{R}^l$ 为 $L_2[0,\infty)$ 范围内的外部输入扰动；$\boldsymbol{z}(t)\in\mathbb{R}^p$ 为待估值信号；$\boldsymbol{A}$、$\boldsymbol{B}$、$\boldsymbol{C}$、$\boldsymbol{D}$ 和 $\boldsymbol{L}$ 为具有合适维数的矩阵；$\boldsymbol{x}(t_0)=\boldsymbol{x}_0$ 是初始条件。

滤波问题就是要利用系统已知的测量输出来对 $\boldsymbol{z}(t)$ 进行估值。在本章中，假设滤波器的阶数为 n 并具有如下形式：

$$\begin{cases}\dot{\boldsymbol{x}}_f(t)=\boldsymbol{A}_f\boldsymbol{x}_f(t)+\boldsymbol{B}_f\hat{\boldsymbol{y}}(t)\\ \boldsymbol{z}_f(t)=\boldsymbol{C}_f\boldsymbol{x}_f(t)+\boldsymbol{D}_f\hat{\boldsymbol{y}}(t)\end{cases} \tag{4-2}$$

式中，$\boldsymbol{x}_f$为状态向量；$\hat{\boldsymbol{y}}(t)$为滤波器输入向量；$\boldsymbol{z}_f(t)$为估值输出向量；$\boldsymbol{A}_f$、$\boldsymbol{B}_f$、$\boldsymbol{C}_f$、$\boldsymbol{D}_f$为待设计的具有合适维数的实矩阵。

图 4-1 表示一类无线传感网络滤波系统，该系统中包含一个由传感器、采样器和事件触发器组成的微型智能传感器、无线通信信道和滤波器。τ_k 是 NCSs 中的网络诱导时延，假定 τ_k 是时变有界的，即 $0<\tau_{\mathrm{m}} \leqslant \tau_k \leqslant \tau_{\mathrm{M}}$。本章中，假设网络化控制系统通信信道中的信号都是以单包传输的，并且滤波器的计算时延可以忽略不计，同时传输过程中没有数据包丢失现象。假设采样周期为 h，采样时刻为 kh，$k=0,1,2,\cdots$。采样数据 $\boldsymbol{y}(kh)$ 被直接传输到事件触发器上。$\boldsymbol{y}(i_k h)$ 是经过事件触发器判定后符合传输条件而被传送到无线通信信道上的信号。

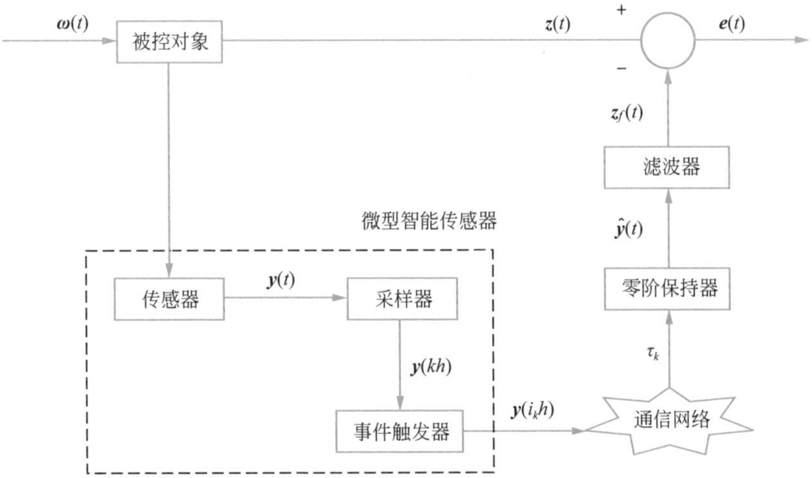

图 4-1　基于事件触发机制及时变时延的网络化控制系统结构图

如式 (4-1) 中描述的那样，考虑微型智能传感器节点的能量有限和通信信道的容量有限，同时降低网络中的数据传输率，为 NCSs 被控对象设计了一个事件触发通信机制，其可以被描述为：

$$\left[\boldsymbol{y}(i_{k+j}h)-\boldsymbol{y}(i_k h)\right]^{\mathrm{T}}\boldsymbol{\Phi}\left[\boldsymbol{y}(i_{k+j}h)-\boldsymbol{y}(i_k h)\right]>\sigma\boldsymbol{y}^{\mathrm{T}}(i_{k+j}h)\boldsymbol{\Phi}\boldsymbol{y}(i_{k+j}h) \quad (4\text{-}3)$$

式中，$\boldsymbol{y}(i_{k+j}h)$ 为当前采样数据；$\boldsymbol{y}(i_k h)$ 为最近一次被成功传递出去的采样信号；$\boldsymbol{\Phi}$ 为正定矩阵；$j\in\mathbb{Z}^{+},\sigma\in[0,1]$。

注 4-1

事件触发机制［式 (4-3)］以参数 σ、$\boldsymbol{\Phi}$ 和 h 作为特征。只有满足二次平方式的采样状态数据 $\boldsymbol{y}(i_{k+j}h)$ 才会被传输到滤波器端。很显然，该事件触发机制将降低传感器节点的能量消耗和无线通信网络中的通信负载。在特殊情况下，如果取式 (4-3) 中的 $\sigma=0$，则不等式 (4-3) 对于所有的采样状态数据 $\boldsymbol{y}(i_{k+j}h)$ 都成立。此时，事件触发机制［式 (4-3)］将退化成通常的时间触发通信机制。

在事件触发机制［式 (4-3)］下，假设采样状态释放时刻为 t_0h、t_1h、t_2h、…。t_0h 是初始释放时刻，$\gamma_k h=t_{k+1}h-t_kh$ 定义为事件触发器的传输周期。考虑到网络信道中的时变时延 τ_{i_k} ，这些释放信号将分别在 $t_0h+\tau_0$，$t_1h+\tau_1$，$t_2h+\tau_2$，…时刻到达控制器端。

基于以上分析，考虑通信网络中的时变时延和事件触发机制［式 (4-3)］，对于 $t\in[t_kh+\tau_{i_k},t_{k+1}h+\tau_{i_{k+1}})$ ，滤波器输入 $\hat{\boldsymbol{y}}(t)$ 可以被转化为：

$$\hat{\boldsymbol{y}}(t)=\boldsymbol{y}(t_kh) \tag{4-4}$$

结合式 (4-4) 和式 (4-2) 可得：

$$\begin{cases}\dot{\boldsymbol{x}}_f(t)=\boldsymbol{A}_f\boldsymbol{x}_f(t)+\boldsymbol{B}_f\boldsymbol{y}(t_kh)\\ \boldsymbol{z}_f(t)=\boldsymbol{C}_f\boldsymbol{x}_f(t)+\boldsymbol{D}_f\boldsymbol{y}(t_kh)\\ t\in[t_kh+\tau_{i_k},t_{k+1}h+\tau_{i_{k+1}})\end{cases} \tag{4-5}$$

在上述分析的基础上，考虑下列区间：

$$[t_kh+\tau_{i_k},t_{k+1}h+\tau_{i_{k+1}}) \tag{4-6}$$

通过分析不难得到 $t_{k+1}-t_k\geqslant 1$，所以 $\gamma_kh\geqslant h$。采用如下的方法对 γ_kh 分两种情况进行讨论。

第一种情况，若 $\gamma_kh\leqslant h+\tau_{\mathrm{M}}-\tau_{i_{k+1}}$ ，定义一个函数：

$$\tau(t)=t-t_kh,\ t\in[t_kh+\tau_{i_k},t_{k+1}h+\tau_{i_{k+1}}) \tag{4-7}$$

相应地，定义一个误差向量：

$$\boldsymbol{\varrho}_k(t)=0 \tag{4-8}$$

第二种情况，若 $\gamma_kh>h+\tau_{\mathrm{M}}-\tau_{i_{k+1}}$ ，不难得到存在 $l\geqslant 1$ 满足：

$$lh+\tau_{\mathrm{M}}-\tau_{i_{k+1}}<\gamma_k h\leqslant(l+1)h+\tau_{\mathrm{M}}-\tau_{i_{k+1}} \tag{4-9}$$

此时，区间 $[t_k h+\tau_{i_k},t_{k+1}h+\tau_{i_{k+1}})$ 可以被划分为以下 $l+1$ 个子区间：

$$\begin{aligned}[t_k h+\tau_{i_k},t_{k+1}h+\tau_{i_{k+1}})&=[t_k h+\tau_{i_k},t_k h+h+\tau_{\mathrm{M}})\\&\cup\left\{\bigcup_{n=1}^{l-1}[t_k h+nh+\tau_{\mathrm{M}},t_k h+(n+1)h+\tau_{\mathrm{M}})\right\}\\&\cup[t_k h+lh+\tau_{\mathrm{M}},t_{k+1}h+\tau_{i_{k+1}})\end{aligned} \tag{4-10}$$

定义：

$$\tau(t)=\begin{cases}t-t_k h, & t\in[t_k h+\tau_{i_k},t_{k+1}h+\tau_{\mathrm{M}})\\ t-t_k h-nh, & t\in\bigcup_{n=1}^{l-1}(t_k h+nh+\tau_{\mathrm{M}},t_k h+(n+1)h+\tau_{\mathrm{M}})\\ t-t_k h-lh, & t\in[t_k h+lh+\tau_{\mathrm{M}},t_{k+1}h+\tau_{i_{k+1}})\end{cases} \tag{4-11}$$

从式 (4-11) 中容易看出：

$$\tau_{\mathrm{m}}\leqslant\tau(t)\leqslant h+\tau_{\mathrm{M}} \tag{4-12}$$

此时定义误差向量为：

$$\boldsymbol{\varrho}_k(t)=\begin{cases}0, & t\in[t_k h+\tau_{i_k},t_{k+1}h+\tau_{\mathrm{M}})\\ y(t_k h+nh)-y(t_k h), & t\in\bigcup_{n=1}^{l-1}(t_k h+nh+\tau_{\mathrm{M}},t_k h+(n+1)h+\tau_{\mathrm{M}})\\ y(t_k h+lh)-y(t_k h), & t\in[t_k h+lh+\tau_{\mathrm{M}},t_{k+1}h+\tau_{i_{k+1}})\end{cases} \tag{4-13}$$

结合式 (4-8) 和式 (4-13)，可以得出：

$$\boldsymbol{\varrho}_k^{\mathrm{T}}(t)\boldsymbol{\Phi}\boldsymbol{\varrho}_k(t)\leqslant\sigma\boldsymbol{y}^{\mathrm{T}}(t-\tau(t))\boldsymbol{\Phi}\boldsymbol{y}(t-\tau(t)) \tag{4-14}$$

将式 (4-7)、式 (4-8)、式 (4-11) 和式 (4-12) 结合在一起，可以将式 (4-5) 中的滤波器状态空间表达式表达成：

$$\begin{cases}\dot{\boldsymbol{x}}_f(t)=\boldsymbol{A}_f\boldsymbol{x}_f(t)+\boldsymbol{B}_f\boldsymbol{y}(t-\tau(t))-\boldsymbol{B}_f\boldsymbol{\varrho}_k(t)\\ \boldsymbol{z}_f(t)=\boldsymbol{C}_f\boldsymbol{x}_f(t)+\boldsymbol{D}_f\boldsymbol{y}(t-\tau(t))-\boldsymbol{D}_f\boldsymbol{\varrho}_k(t)\\ t\in[t_k h+\tau_{i_k},t_{k+1}h+\tau_{i_{k+1}})\end{cases} \tag{4-15}$$

定义 $\boldsymbol{e}(t)=\boldsymbol{z}(t)-\boldsymbol{z}_f(t)$，$\boldsymbol{\xi}(t)=[\boldsymbol{x}^{\mathrm{T}}(t)\quad\boldsymbol{x}_f^{\mathrm{T}}(t)]^{\mathrm{T}}$，$\boldsymbol{v}(t)=[\boldsymbol{\omega}^{\mathrm{T}}(t)\boldsymbol{\omega}^{\mathrm{T}}(t-\tau(t))]^{\mathrm{T}}$。结合式 (4-1) 和式 (4-15)，同时定义 $h_1=\tau_{\mathrm{m}}$，$h_2=\tau_{\mathrm{M}}+h$。可以得到如

下所示的基于事件触发机制的 NCSs 滤波误差系统模型：

$$\begin{cases}\dot{\xi}(t)=\bar{A}\xi(t)+\bar{E}H\xi(t-\tau(t))-\bar{B}_e\varrho_k(t)+\bar{B}\nu(t)\\ t\in[t_kh+\tau_{i_k},t_{k+1}h+\tau_{i_{k+1}})\\ e(t)=\bar{C}\xi(t)+\bar{F}H\xi(t-\tau(t))+D_f\varrho_k(t)+\bar{D}\nu(t)\\ \xi(t)=\phi(t),t\in[t_0-h_2,t_0-h_1)\end{cases} \tag{4-16}$$

式中：

$$\bar{A}=\begin{bmatrix}A & 0\\ 0 & A_f\end{bmatrix},\ \bar{E}=\begin{bmatrix}0\\ B_fC\end{bmatrix},\ H=[I_n 0],\ \bar{B}_e=\begin{bmatrix}0\\ B_f\end{bmatrix}$$

$$\bar{B}=\begin{bmatrix}B & 0\\ 0 & B_fD\end{bmatrix},\ \bar{C}=[L-C_f],\ \bar{F}=-D_fC,\ \bar{D}=[0-D_fD]$$

为了便于后续的理论分析，给出以下的定义。

定义 4-1

如果下列两个条件同时满足，则称闭环系统［式 (4-16)］是渐近稳定的，并且 H_∞扰动抑制水平为 γ。

（1）系统［式 (4-16)］在 $\omega(t)\equiv 0$ 时是渐近稳定的。

（2）在零初始条件下，对任何非零的 $\omega(t)\in L_2[0,\infty)$ 和一个给定的 $\gamma>0$，有 $\|e(t)\|_2<\gamma\|\omega(t)\|_2$。

本章的目的就是为闭环系统［式 (4-16)］设计一种 H_∞滤波器和事件触发器，使得系统［式 (4-16)］渐近稳定且 H_∞扰动抑制水平为 γ。

4.2 稳定性及 H_∞性能分析

定理 4-1

对于一些给定的参数 A_f、B_f、C_f、D_f、h_1、h_2、γ、σ 和 Φ，在事件触发机制［式 (4-3)］下，如果存在合适维数的实矩阵 $P=\begin{bmatrix}P_1 & P_2\\ P_2^{\mathrm{T}} & P_3\end{bmatrix}>0$、

$\boldsymbol{Q}_i > 0$、$\boldsymbol{L}_i > 0(i=1,2)$、$\boldsymbol{\Phi} > 0$ 和 $\boldsymbol{U}$ 满足下列的线性矩阵不等式：

$$\begin{bmatrix} \boldsymbol{\Sigma}_{11} & * \\ \boldsymbol{\Sigma}_{21} & \boldsymbol{\Sigma}_{22} \end{bmatrix} < 0 \tag{4-17}$$

$$\begin{bmatrix} \boldsymbol{L}_2 & * \\ \boldsymbol{G} & \boldsymbol{L}_2 \end{bmatrix} > 0 \tag{4-18}$$

则称系统［式 (4-16)］是渐近稳定的且 H_∞ 扰动抑制水平为 γ。

式中：

$$\boldsymbol{\Sigma}_{11} = \begin{bmatrix} \boldsymbol{\Phi}_{11} & * & * & * & * & * \\ \boldsymbol{L}_1\boldsymbol{H} & \boldsymbol{\Phi}_{22} & * & * & * & * \\ \bar{\boldsymbol{E}}^{\mathrm{T}}\boldsymbol{P} & -\boldsymbol{G}+\boldsymbol{L}_2 & \boldsymbol{\Phi}_{33} & * & * & * \\ 0 & \boldsymbol{G} & -\boldsymbol{G}+\boldsymbol{L}_2 & -\boldsymbol{Q}_2-\boldsymbol{L}_2 & * & * \\ -\bar{\boldsymbol{B}}_e^{\mathrm{T}}\boldsymbol{P} & 0 & 0 & 0 & -\boldsymbol{V} & * \\ \bar{\boldsymbol{B}}^{\mathrm{T}}\boldsymbol{P} & 0 & \boldsymbol{\Phi}_{63} & 0 & 0 & \boldsymbol{\Phi}_{66} \end{bmatrix}$$

$\boldsymbol{\Sigma}_{21} = [h_1\varsigma_1^{\mathrm{T}}\boldsymbol{L}_1^{\mathrm{T}}h_0\varsigma_1^{\mathrm{T}}\boldsymbol{L}_2^{\mathrm{T}}\varsigma_2^{\mathrm{T}}]^{\mathrm{T}}$，$\boldsymbol{\Sigma}_{22} = \mathrm{diag}\{-\boldsymbol{L}_1, -\boldsymbol{L}_2, -\boldsymbol{I}\}$

$\boldsymbol{\Phi}_{11} = \boldsymbol{P}\bar{\boldsymbol{A}} + \bar{\boldsymbol{A}}^{\mathrm{T}}\boldsymbol{P} + \boldsymbol{H}^{\mathrm{T}}\boldsymbol{Q}_1\boldsymbol{H} + \boldsymbol{H}^{\mathrm{T}}\boldsymbol{Q}_2\boldsymbol{H} - \boldsymbol{H}^{\mathrm{T}}\boldsymbol{L}_1\boldsymbol{H}$

$\boldsymbol{\Phi}_{22} = -\boldsymbol{Q}_1 - \boldsymbol{L}_2 - \boldsymbol{L}_1$，$\boldsymbol{\Phi}_{33} = \sigma\boldsymbol{C}^{\mathrm{T}}\boldsymbol{\Phi}\boldsymbol{C} - \boldsymbol{\Gamma}$

$\boldsymbol{\Gamma} = 2\boldsymbol{L}_2 - \boldsymbol{G} - \boldsymbol{G}^{\mathrm{T}}$，$\boldsymbol{\Phi}_{63} = \sigma[\boldsymbol{0}\ \ \boldsymbol{D}]^{\mathrm{T}}\boldsymbol{\Phi}\boldsymbol{C}$

$\boldsymbol{\Phi}_{66} = -\gamma^2\boldsymbol{K}^{\mathrm{T}}\boldsymbol{K} + \sigma[\boldsymbol{0}\ \ \boldsymbol{D}]^{\mathrm{T}}\boldsymbol{\Phi}[\boldsymbol{0}\ \ \boldsymbol{D}]$，$\boldsymbol{K} = [\boldsymbol{I}_l\ \ \boldsymbol{0}]$

$h_0 = h_2 - h_1$，$\boldsymbol{\zeta}_1 = [\bar{\boldsymbol{A}}\ \ 0\ \ \bar{\boldsymbol{E}}\ \ 0\ \ -\bar{\boldsymbol{B}}_e\ \ \bar{\boldsymbol{B}}]$，$\boldsymbol{\zeta}_2 = [\bar{\boldsymbol{C}}\ \ 0\ \ \bar{\boldsymbol{F}}\ \ 0\ \ \boldsymbol{D}_f\ \ \bar{\boldsymbol{D}}]$

证明

构建一个如下形式的 Lyapunov-Krasovskii 泛函：

$$\boldsymbol{V}(t,\boldsymbol{\xi}(t)) = \boldsymbol{V}_1(t,\boldsymbol{\xi}(t)) + \boldsymbol{V}_2(t,\boldsymbol{\xi}(t)) + \boldsymbol{V}_3(t,\boldsymbol{\xi}(t)) \tag{4-19}$$

式中：

$\boldsymbol{V}_1(t,\boldsymbol{\xi}(t)) = \boldsymbol{\xi}^{\mathrm{T}}(t)\boldsymbol{P}\boldsymbol{\xi}(t)$

$\boldsymbol{V}_2(t,\boldsymbol{\xi}(t)) = \int_{t-h_1}^{t}\boldsymbol{\xi}^{\mathrm{T}}(s)\boldsymbol{H}^{\mathrm{T}}\boldsymbol{Q}_1\boldsymbol{H}\boldsymbol{\xi}(s)\mathrm{d}s + \int_{t-h_2}^{t}\boldsymbol{\xi}^{\mathrm{T}}(s)\boldsymbol{H}^{\mathrm{T}}\boldsymbol{Q}_2\boldsymbol{H}\boldsymbol{\xi}(s)\mathrm{d}s$

$$V_3(t,\xi(t)) = h_1\int_{-h_1}^{0}\int_{t+s}^{t}\dot{\xi}^{\mathrm{T}}(v)\boldsymbol{H}^{\mathrm{T}}\boldsymbol{L}_1\boldsymbol{H}\dot{\xi}(v)\mathrm{d}v\mathrm{d}s + h_0\int_{-h_2}^{-h_1}\int_{t+s}^{t}\dot{\xi}^{\mathrm{T}}(v)\boldsymbol{H}^{\mathrm{T}}\boldsymbol{L}_2\boldsymbol{H}\dot{\xi}(v)\mathrm{d}v\mathrm{d}s$$

另外 $\boldsymbol{P}>0$，$\boldsymbol{\Phi}>0$，$\boldsymbol{Q}_j>0$，同时 $\boldsymbol{L}_j>0\,(j=1,2)$。在 $t\in[t_k h+\tau_k,\ t_{k+1}h+\tau_{k+1})$ 范围内，对 $\boldsymbol{V}(t)$ 求导，同时加上和减去 $\boldsymbol{\varrho}_k^{\mathrm{T}}(t)\boldsymbol{\Phi}\boldsymbol{\varrho}_k(t)$ 这一项，可以得到：

$$\dot{\boldsymbol{V}}(t,\xi(t)) = \dot{\boldsymbol{V}}_1(t,\xi(t)) + \dot{\boldsymbol{V}}_2(t,\xi(t)) + \dot{\boldsymbol{V}}_3(t,\xi(t)) \tag{4-20}$$

式中：

$$\dot{\boldsymbol{V}}_1(t,\xi(t))=2\boldsymbol{\xi}^{\mathrm{T}}(t)\boldsymbol{P}\dot{\boldsymbol{\xi}}(t)$$

$$\begin{aligned}\dot{\boldsymbol{V}}_2(t,\xi(t))=&\boldsymbol{\xi}^{\mathrm{T}}(t)\boldsymbol{H}^{\mathrm{T}}\boldsymbol{Q}_1\boldsymbol{H}\boldsymbol{\xi}(t)+\boldsymbol{\xi}^{\mathrm{T}}(t)\boldsymbol{H}^{\mathrm{T}}\boldsymbol{Q}_2\boldsymbol{H}\boldsymbol{\xi}(t)-\boldsymbol{\xi}^{\mathrm{T}}(t-h_1)\boldsymbol{H}^{\mathrm{T}}\boldsymbol{Q}_1\boldsymbol{H}\boldsymbol{\xi}(t-h_1)\\&-\boldsymbol{\xi}^{\mathrm{T}}(t-h_2)\boldsymbol{H}^{\mathrm{T}}\boldsymbol{Q}_2\boldsymbol{H}\boldsymbol{\xi}(t-h_2)\end{aligned}$$

$$\begin{aligned}\dot{\boldsymbol{V}}_3(t,\xi(t))=&h_1^2\dot{\boldsymbol{\xi}}^{\mathrm{T}}(t)\boldsymbol{H}^{\mathrm{T}}\boldsymbol{L}_1\boldsymbol{H}\dot{\boldsymbol{\xi}}(t)+\boldsymbol{e}^{\mathrm{T}}(t)\boldsymbol{e}(t)-h_1\int_{t-h_1}^{t}\dot{\boldsymbol{\xi}}^{\mathrm{T}}(s)\boldsymbol{H}^{\mathrm{T}}\boldsymbol{L}_1\boldsymbol{H}\dot{\boldsymbol{\xi}}(s)\mathrm{d}s\\&+h_0^2\dot{\boldsymbol{\xi}}^{\mathrm{T}}(t)\boldsymbol{H}^{\mathrm{T}}\boldsymbol{L}_2\boldsymbol{H}\dot{\boldsymbol{\xi}}(t)-\boldsymbol{e}^{\mathrm{T}}(t)\boldsymbol{e}(t)-h_0\int_{t-h_2}^{t-h_1}\dot{\boldsymbol{\xi}}^{\mathrm{T}}(s)\boldsymbol{H}^{\mathrm{T}}\boldsymbol{L}_2\boldsymbol{H}\dot{\boldsymbol{\xi}}(s)\mathrm{d}s\\&+\boldsymbol{\varrho}_k^{\mathrm{T}}(t)\boldsymbol{\Phi}\boldsymbol{\varrho}_k(t)-\boldsymbol{\varrho}_k^{\mathrm{T}}(t)\boldsymbol{\Phi}\boldsymbol{\varrho}_k(t)\end{aligned}$$

运用 Jensen 不等式和如下的方法来处理式 (4-20) 中的积分项，同时结合条件式 (4-18)，不难得出：

$$-h_1\int_{t-h_1}^{t}\dot{\boldsymbol{\xi}}^{\mathrm{T}}(s)\boldsymbol{H}^{\mathrm{T}}\boldsymbol{L}_1\boldsymbol{H}\dot{\boldsymbol{\xi}}(s)\mathrm{d}s\leqslant-\boldsymbol{\eta}^{\mathrm{T}}(t)\boldsymbol{\Pi}_1\boldsymbol{\eta}(t) \tag{4-21}$$

$$\begin{aligned}-h_0\int_{t-h_2}^{t-h_1}\dot{\boldsymbol{\xi}}^{\mathrm{T}}(s)\boldsymbol{H}^{\mathrm{T}}\boldsymbol{L}_2\boldsymbol{H}\dot{\boldsymbol{\xi}}(s)\mathrm{d}s=&-h_0\Big[\int_{t-\tau(t)}^{t-h_1}\dot{\boldsymbol{\xi}}^{\mathrm{T}}(s)\boldsymbol{H}^{\mathrm{T}}\boldsymbol{L}_2\boldsymbol{H}\dot{\boldsymbol{\xi}}(s)\mathrm{d}s\\&+\int_{t-h_2}^{t-\tau(t)}\dot{\boldsymbol{\xi}}^{\mathrm{T}}(s)\boldsymbol{H}^{\mathrm{T}}\boldsymbol{L}_2\boldsymbol{H}\dot{\boldsymbol{\xi}}(s)\mathrm{d}s\Big]\\\leqslant&-\frac{h_0}{\tau(t)-h_1}[\dot{\boldsymbol{\xi}}^{\mathrm{T}}(t-h_1)\boldsymbol{H}^{\mathrm{T}}\boldsymbol{L}_2\boldsymbol{H}\dot{\boldsymbol{\xi}}(t-h_1)\\&-\dot{\boldsymbol{\xi}}^{\mathrm{T}}(t-\tau(t))\boldsymbol{H}^{\mathrm{T}}\boldsymbol{L}_2\boldsymbol{H}\dot{\boldsymbol{\xi}}(t-\tau(t))]\\&-\frac{h_0}{h_2-\tau(t)}[\boldsymbol{x}^{\mathrm{T}}(t-\tau(t))\boldsymbol{L}_2\boldsymbol{x}(t-\tau(t))\\&-\boldsymbol{x}^{\mathrm{T}}(t-h_2)\boldsymbol{L}_2\boldsymbol{x}(t-h_2)]\\\leqslant&-\boldsymbol{\eta}^{\mathrm{T}}(t)\boldsymbol{\Pi}_2\boldsymbol{\eta}(t)\end{aligned} \tag{4-22}$$

式中：

$$\boldsymbol{\eta}^{\mathrm{T}}(t)=\begin{bmatrix}\boldsymbol{\xi}^{\mathrm{T}}(t) & \boldsymbol{\xi}^{\mathrm{T}}(t-h_1)\boldsymbol{H}^{\mathrm{T}} & \boldsymbol{\xi}^{\mathrm{T}}(t-\tau(t))\boldsymbol{H}^{\mathrm{T}} & \boldsymbol{\xi}^{\mathrm{T}}(t-h_2)\boldsymbol{H}^{\mathrm{T}} & \boldsymbol{\varrho}_k^{\mathrm{T}}(t) & \boldsymbol{\nu}^{\mathrm{T}}(t)\end{bmatrix}$$

$$\boldsymbol{\Pi}_1=\begin{bmatrix}\boldsymbol{H}^{\mathrm{T}}\boldsymbol{L}_1\boldsymbol{H} & * & * & * & * & * \\ -\boldsymbol{L}_1\boldsymbol{H} & \boldsymbol{L}_1 & * & * & * & * \\ 0 & 0 & 0 & * & * & * \\ 0 & 0 & 0 & 0 & * & * \\ 0 & 0 & 0 & 0 & 0 & * \\ 0 & 0 & 0 & 0 & 0 & 0\end{bmatrix}$$

$$\boldsymbol{\Pi}_2=\begin{bmatrix}0 & * & * & * & * & * \\ 0 & \boldsymbol{L}_2 & * & * & * & * \\ 0 & \boldsymbol{G}-\boldsymbol{L}_2 & \boldsymbol{\Gamma} & * & * & * \\ 0 & -\boldsymbol{G} & \boldsymbol{G}-\boldsymbol{L}_2 & \boldsymbol{L}_2 & * & * \\ 0 & 0 & 0 & 0 & 0 & * \\ 0 & 0 & 0 & 0 & 0 & 0\end{bmatrix}$$

注意到：$\boldsymbol{\Sigma}_{21}^{\mathrm{T}}\boldsymbol{\Sigma}_{22}^{-1}\boldsymbol{\Sigma}_{21}=-[h_1^2\varsigma_1^{\mathrm{T}}\boldsymbol{H}^{\mathrm{T}}\boldsymbol{L}_1\boldsymbol{H}\boldsymbol{\xi}_1+h_0{}^2\varsigma_1^{\mathrm{T}}\boldsymbol{H}^{\mathrm{T}}\boldsymbol{L}_2\boldsymbol{H}\boldsymbol{\xi}_1+\varsigma_2^{\mathrm{T}}\varsigma_2]$，$\dot{\boldsymbol{\xi}}(t)=\boldsymbol{\zeta}_1\boldsymbol{\eta}(t)$， $\boldsymbol{e}(t)=\boldsymbol{\zeta}_2\boldsymbol{\eta}(t)$，$\boldsymbol{\omega}(t)=\boldsymbol{K}\boldsymbol{v}(t)$。

然后，可以继续推导得出：

$$\begin{aligned}\boldsymbol{\eta}^{\mathrm{T}}(t)[\boldsymbol{\Sigma}_{21}^{\mathrm{T}}\boldsymbol{\Sigma}_{22}^{-1}\boldsymbol{\Sigma}_{21}]\boldsymbol{\eta}(t)&=-\boldsymbol{\eta}^{\mathrm{T}}(t)[h_1^2\varsigma_1^{\mathrm{T}}\boldsymbol{H}^{\mathrm{T}}\boldsymbol{L}_1\boldsymbol{H}\boldsymbol{\xi}_1+h_0{}^2\varsigma_1^{\mathrm{T}}\boldsymbol{H}^{\mathrm{T}}\boldsymbol{L}_2\boldsymbol{H}\boldsymbol{\xi}_1+\varsigma_2^{\mathrm{T}}\varsigma_2]\boldsymbol{\eta}^{\mathrm{T}}(t)\\&=-h_1^2\dot{\boldsymbol{\xi}}^{\mathrm{T}}(t)\boldsymbol{H}^{\mathrm{T}}\boldsymbol{L}_1\boldsymbol{H}\dot{\boldsymbol{\xi}}(t)-h_0{}^2\dot{\boldsymbol{\xi}}^{\mathrm{T}}(t)\boldsymbol{H}^{\mathrm{T}}\boldsymbol{L}_2\boldsymbol{H}\dot{\boldsymbol{\xi}}(t)-\boldsymbol{e}^{\mathrm{T}}(t)\boldsymbol{e}(t)\end{aligned}\tag{4-23}$$

结合式 (4-14)、式 (4-19)、式 (4-21) ～式 (4-23) 可以得到：

$$\dot{V}(t)\leqslant\boldsymbol{\eta}^{\mathrm{T}}(t)(\boldsymbol{\Sigma}_{11}-\boldsymbol{\Sigma}_{21}^{\mathrm{T}}\boldsymbol{\Sigma}_{22}^{-1}\boldsymbol{\Sigma}_{21})\boldsymbol{\eta}(t)-\boldsymbol{e}^{\mathrm{T}}(t)\boldsymbol{e}(t)+\gamma^2\boldsymbol{\omega}^{\mathrm{T}}(t)\boldsymbol{\omega}(t)\tag{4-24}$$

式中，$\boldsymbol{\Sigma}_{11}$、$\boldsymbol{\Sigma}_{21}$、$\boldsymbol{\Sigma}_{22}$ 在式 (4-17) 中已定义。

由 Schur 补引理可知，式 (4-19) 中的 Lyapunov-Krasovskii 泛函保证了式 (4-20) 中的 $\dot{V}(t)<0$；同时很容易证明在 $\boldsymbol{\omega}(t)\equiv 0$ 时闭环系统［式 (4-16)］是渐近稳定的，而且在零初始条件下 $\|\boldsymbol{e}(t)\|_2<\gamma\|\boldsymbol{\omega}(t)\|_2$。证毕。

4.3

H_∞滤波器设计

定理 4-2

对于一些给定的参数 h_1、h_2、γ、σ，在事件触发机制［式 (4-3)］下，如果存在合适维数的实矩阵 $\boldsymbol{P}_1>0$、$\boldsymbol{Q}_i>0$、$\boldsymbol{L}_i>0(i=1,2)$、$\boldsymbol{\Phi}>0$、$\boldsymbol{W}>0$，$\boldsymbol{U}$、$\bar{\boldsymbol{A}}_f$、$\bar{\boldsymbol{B}}_f$、$\bar{\boldsymbol{C}}_f$ 和 $\bar{\boldsymbol{D}}_f$ 满足 $\boldsymbol{P}_1-\boldsymbol{W}>0$ 以及下列的矩阵不等式：

$$\begin{bmatrix} \boldsymbol{\Sigma}'_{11} & * \\ \boldsymbol{\Sigma}'_{21} & \boldsymbol{\Sigma}'_{22} \end{bmatrix}<0 \tag{4-25}$$

$$\begin{bmatrix} \boldsymbol{L}_2 & * \\ \boldsymbol{G} & \boldsymbol{L}_2 \end{bmatrix}>0 \tag{4-26}$$

则称系统［式 (4-16)］是渐近稳定的且 H_∞扰动抑制水平为 γ，同时滤波器［式 (4-15)］的参数可以由下式求出：

$$\boldsymbol{A}_f=\boldsymbol{W}^{-1}\bar{\boldsymbol{A}}_f,\boldsymbol{B}_f=\boldsymbol{W}^{-1}\bar{\boldsymbol{B}}_f,\boldsymbol{C}_f=\bar{\boldsymbol{C}}_f,\boldsymbol{D}_f=\bar{\boldsymbol{D}}_f$$

或：

$$\boldsymbol{A}_f=\bar{\boldsymbol{A}}_f\boldsymbol{W}^{-1},\boldsymbol{B}_f=\bar{\boldsymbol{B}}_f,\boldsymbol{C}_f=\bar{\boldsymbol{C}}_f\boldsymbol{W}^{-1},\boldsymbol{D}_f=\bar{\boldsymbol{D}}_f$$

式中：

$$\boldsymbol{\Sigma}'_{11}=\begin{bmatrix} \boldsymbol{\Xi}_{11} & * \\ \boldsymbol{\Xi}_{21} & \boldsymbol{\Xi}_{22} \end{bmatrix}$$

$$\boldsymbol{\Xi}_{11}=\begin{bmatrix} \tilde{\boldsymbol{\Phi}}_{11} & * & * & * \\ \tilde{\boldsymbol{\Phi}}_{21} & \tilde{\boldsymbol{\Phi}}_{22} & * & * \\ \boldsymbol{L}_1 & 0 & \tilde{\boldsymbol{\Phi}}_{33} & * \\ \boldsymbol{C}^{\mathrm{T}}\bar{\boldsymbol{B}}_f^{\mathrm{T}} & \boldsymbol{C}^{\mathrm{T}}\bar{\boldsymbol{B}}_f^{\mathrm{T}} & \tilde{\boldsymbol{\Phi}}_{43} & \tilde{\boldsymbol{\Phi}}_{44} \end{bmatrix}$$

$$\boldsymbol{\Xi}_{21}=\begin{bmatrix} 0 & 0 & \boldsymbol{U} & \tilde{\boldsymbol{\Phi}}_{54} \\ -\bar{\boldsymbol{B}}_f^{\mathrm{T}} & -\bar{\boldsymbol{B}}_f^{\mathrm{T}} & 0 & 0 \\ \boldsymbol{B}^{\mathrm{T}}\boldsymbol{P}_1 & \boldsymbol{B}^{\mathrm{T}}\boldsymbol{W} & 0 & 0 \\ \boldsymbol{D}^{\mathrm{T}}\bar{\boldsymbol{B}}_f^{\mathrm{T}} & \boldsymbol{D}^{\mathrm{T}}\bar{\boldsymbol{B}}_f^{\mathrm{T}} & 0 & \sigma\boldsymbol{D}^{\mathrm{T}}\boldsymbol{\Phi}\boldsymbol{C} \end{bmatrix}$$

$$
\boldsymbol{\Xi}_{22}=\begin{bmatrix}\tilde{\boldsymbol{\Phi}}_{55} & * & * & * \\ 0 & -\boldsymbol{\Phi} & * & * \\ 0 & 0 & -\gamma^2\boldsymbol{I}_l & * \\ 0 & 0 & 0 & \sigma\boldsymbol{D}^{\mathrm{T}}\boldsymbol{\Phi}\boldsymbol{D}\end{bmatrix}
$$

$$
\boldsymbol{\Sigma}'_{21}=[h_1\tilde{\boldsymbol{\zeta}}_1^{\mathrm{T}}\boldsymbol{L}_1^{\mathrm{T}}\ \ h_0\tilde{\boldsymbol{\zeta}}_1^{\mathrm{T}}\boldsymbol{L}_2^{\mathrm{T}}\ \ \tilde{\boldsymbol{\zeta}}_2^{\mathrm{T}}]^{\mathrm{T}},\ \boldsymbol{\Sigma}'_{22}=\mathrm{diag}\{-\boldsymbol{L}_1,-\boldsymbol{L}_2,-\boldsymbol{I}\}
$$

$$
\tilde{\boldsymbol{\Phi}}_{11}=\boldsymbol{P}_1\boldsymbol{A}+\boldsymbol{A}^{\mathrm{T}}\boldsymbol{P}_1+\boldsymbol{Q}_1+\boldsymbol{Q}_2-\boldsymbol{L}_1,\ \tilde{\boldsymbol{\Phi}}_{21}=\boldsymbol{W}\boldsymbol{A}+\overline{\boldsymbol{A}}_f^{\mathrm{T}}
$$

$$
\tilde{\boldsymbol{\Phi}}_{22}=\overline{\boldsymbol{A}}_f^{\mathrm{T}}+\overline{\boldsymbol{A}}_f,\ \tilde{\boldsymbol{\Phi}}_{33}=-\boldsymbol{Q}_1-\boldsymbol{L}_2-\boldsymbol{L}_1
$$

$$
\tilde{\boldsymbol{\Phi}}_{43}=-\boldsymbol{U}+\boldsymbol{L}_2,\ \tilde{\boldsymbol{\Phi}}_{44}=-2\boldsymbol{L}_2+\boldsymbol{U}+\boldsymbol{U}^{\mathrm{T}}+\sigma\boldsymbol{C}^{\mathrm{T}}\boldsymbol{\Phi}\boldsymbol{C}
$$

$$
\tilde{\boldsymbol{\Phi}}_{54}=-\boldsymbol{U}+\boldsymbol{L}_2,\ \tilde{\boldsymbol{\Phi}}_{55}=-\boldsymbol{Q}_2-\boldsymbol{L}_2
$$

$$
h_0=h_2-h_1,\ \tilde{\boldsymbol{\zeta}}_1=[\boldsymbol{A}\ \ 0\ \ 0\ \ 0\ \ 0\ \ 0\ \ \boldsymbol{B}\ \ 0]
$$

$$
\tilde{\boldsymbol{\zeta}}_2=[\boldsymbol{L}-\overline{\boldsymbol{C}}_f\ \ 0-\overline{\boldsymbol{D}}_f\boldsymbol{C}\ \ 0\ \ \overline{\boldsymbol{D}}_f\ \ 0\ \ -\overline{\boldsymbol{D}}_f\boldsymbol{D}]
$$

证明

定义 $\boldsymbol{J}_1=\mathrm{diag}\{\boldsymbol{I},\boldsymbol{P}_2\boldsymbol{P}_3^{-1},\boldsymbol{I},\boldsymbol{I},\boldsymbol{I},\boldsymbol{I},\boldsymbol{I},\boldsymbol{I}\}$，$\boldsymbol{J}_2=\mathrm{diag}\{\boldsymbol{I},\boldsymbol{I},\boldsymbol{I}\}$，$\boldsymbol{J}=\mathrm{diag}\{\boldsymbol{J}_1,\boldsymbol{J}_2\}$，同时在式 (4-17) 左右两边分别左乘、右乘矩阵 $\boldsymbol{J}$ 和 $\boldsymbol{J}^{\mathrm{T}}$。此处定义 $\boldsymbol{W}=\boldsymbol{P}_2\boldsymbol{P}_3^{-1}\boldsymbol{P}_2^{\mathrm{T}}$，$\overline{\boldsymbol{A}}_f^{\mathrm{T}}=\boldsymbol{P}_2\boldsymbol{A}_f\boldsymbol{P}_3^{-1}\boldsymbol{P}_2^{\mathrm{T}}$，$\overline{\boldsymbol{B}}_f^{\mathrm{T}}=\boldsymbol{P}_2\boldsymbol{B}_f$，$\overline{\boldsymbol{C}}_f^{\mathrm{T}}=\boldsymbol{C}_f\boldsymbol{P}_3^{-1}\boldsymbol{P}_2^{\mathrm{T}}$，$\overline{\boldsymbol{D}}_f^{\mathrm{T}}=\boldsymbol{D}_f$。然后很容易由式 (4-17) 得到式 (4-25)。因此，可以由定理 4-1、式 (4-25) 和式 (4-26) 得到滤波误差系统［式（4-16)］是渐近稳定的且 H_∞ 扰动抑制水平为 γ。

通过 Schur 补引理可知，$\boldsymbol{P}$>0 等价于 $\boldsymbol{P}_1$−$\boldsymbol{W}$>0。通过 $\overline{\boldsymbol{A}}_f^{\mathrm{T}}$、$\overline{\boldsymbol{B}}_f^{\mathrm{T}}$、$\overline{\boldsymbol{C}}_f^{\mathrm{T}}$ 和 $\overline{\boldsymbol{D}}_f^{\mathrm{T}}$ 的定义不难推导出：

$$
\begin{bmatrix}\boldsymbol{A}_f & \boldsymbol{B}_f \\ \boldsymbol{C}_f & \boldsymbol{D}_f\end{bmatrix}=\begin{bmatrix}\boldsymbol{P}_2^{-1} & 0 \\ 0 & \boldsymbol{I}\end{bmatrix}\begin{bmatrix}\overline{\boldsymbol{A}}_f & \overline{\boldsymbol{B}}_f \\ \overline{\boldsymbol{C}}_f & \overline{\boldsymbol{D}}_f\end{bmatrix}\begin{bmatrix}\boldsymbol{P}_2^{-\mathrm{T}}\boldsymbol{P}_3 & 0 \\ 0 & \boldsymbol{I}\end{bmatrix}
$$

证毕。

注 4-2

定理 4-2 为包含时变时延的无线传感器 NCSs 提出了 H_∞滤波器的设计方法。此处以线性矩阵不等式的形式提出了全阶滤波器存在的充分条件，滤波器能保证误差滤波系统的均方渐近稳定性能并减小输入扰动对待估值信号的影响。滤波器设计问题的可行性可以很容易地通过解决一系列的线性矩阵不等式来确认，同时可以很方便地使用 Matlab 中的 LMI 工具箱来求解这些线性矩阵不等式。

本章提出了一个新的事件触发条件来控制采样信号是否在无线通信网络中被传输到滤波器端，为包含时变时延的无线传感 NCSs 设计了一种 H_∞滤波器。首先，建立系统数学模型来描述同时包含传输时延和事件触发机制的 NCSs 滤波问题，然后，基于此模型提出 H_∞稳定性准则约束条件和 H_∞滤波器设计方法。分析、设计过程中建立了由线性矩阵不等式表示的 H_∞滤波器存在的充分条件。

下面通过主动悬架系统仿真实例验证本章所提设计方法的有效性。

4.4 仿真实例

为验证本章算法的有效性，考虑图 4-2 所示主动悬架系统的滤波估值问题。其中 $\boldsymbol{x}_1(t)=z_s(t)-z_u(t)$ 表示悬架位移的偏差，$\boldsymbol{x}_2(t)=z_u(t)-z_r(t)$ 表示轮胎位移的偏差，$\boldsymbol{x}_3(t)=\dot{z}_s(t)$ 表示弹簧上面的质量块的速度，$\boldsymbol{x}_4(t)=\dot{z}_u(t)$ 表示弹簧下面的质量块的速度，此处假设 $\dot{z}_u(t)$ 可以被某个测量装置检测到。$\boldsymbol{\omega}(t)$ 为扰动。此处的设计目标是设计一种滤波器来对 $\dot{z}_s(t)$ 进行估值。物理对象的状态空间表达式如下：

$$\boldsymbol{A}=\begin{bmatrix} 0 & 0 & 1 & -1 \\ 0 & 0 & 0 & 1 \\ -k_s/m_s & 0 & -c_s/m_s & c_s/m_s \\ k_s/m_u & -k_u/m_u & c_s/m_u & -c_s/m_u \end{bmatrix}$$

$$\boldsymbol{B}=[0 \quad -2\pi q_0\sqrt{G_0 v} \quad 0 \quad 0]^{\mathrm{T}}$$

$$\boldsymbol{C}=[0 \quad 0 \quad 0 \quad 1],\ \boldsymbol{D}=0.1,\ \boldsymbol{L}=[0 \quad 0 \quad 1 \quad 0]$$

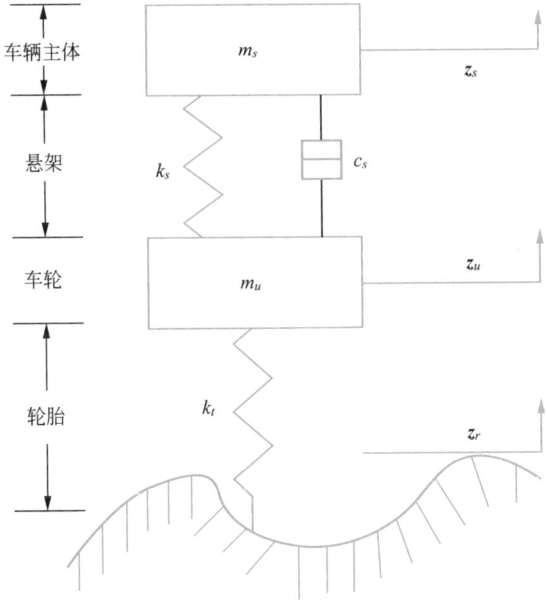

图 4-2　主动悬架系统结构图

其中弹簧车的参数分别为：m_s=973kg，k_s=42720N/m，c_s=3000N • s/m，k_u=101115N/m，m_u=114kg，$G_0=512\times10^{-6}\mathrm{m}^3$，$q_0=0.1\mathrm{m}^{-1}$ 和 V=12.5m/s。此处的设计目标是设计一种形如式 (4-15) 的 H_∞ 滤波器，其余的参数取为：$\sigma=0.2$，$\gamma=0.9$，$h_1=0.01$，$h_2=0.11$。运用定理 4-2，通过 Matlab 的 LMI 工具箱求解可以得到事件触发矩阵和滤波器参数矩阵：

$$\boldsymbol{V}=3.2562$$

$$\boldsymbol{A}_f=\begin{bmatrix} -1.7812 & 16.3215 & 44.3420 & -400.6028 \\ 3.8866 & -39.6579 & 0.6256 & 888.1424 \\ -1.2635 & 0.7843 & -6.7368 & -24.5107 \\ 1.0901 & -1.7912 & -2.7280 & 15.1565 \end{bmatrix} \tag{4-27}$$

$$\boldsymbol{B}_f=\left[0.4941 \quad 0.6950 \quad -0.1240 \quad -0.2696\right]^{\mathrm{T}}$$

$$C_f = \begin{bmatrix} -0.1676 & -0.3959 & -11.1482 & -1.3362 \end{bmatrix}$$

$$D_f = 0$$

考虑到小车在非平滑路面上存在颠簸的情况，取外部输入扰动为：

$$\omega(t) = \begin{cases} \dfrac{a\pi v}{l}\sin(\dfrac{2\pi v}{l}t), & 0 \leqslant t < 10 \\ 0, & \text{其他} \end{cases}$$

颠簸的高度用 a 表示，颠簸的距离用 l 表示，系统初始条件为 0。选择 a=0.2m，l=5m。取系统的采样周期为 h=0.1s，则弹簧车系统在式 (4-27) 中的滤波器和事件触发器作用下的采样信号释放时刻、系统估计信号 $\boldsymbol{z}(t)$ 和 $\boldsymbol{z}_f(t)$ 以及估计误差 $\boldsymbol{e}(t)$ 分别如图 4-3 ～图 4-5 所示。

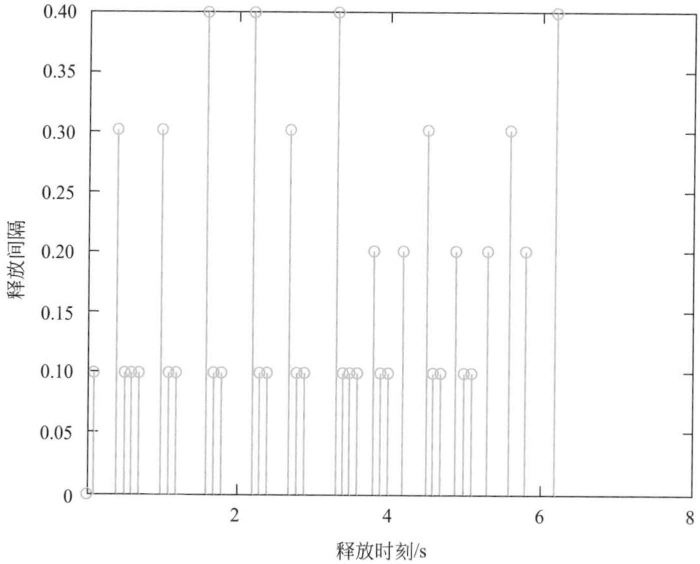

图 4-3　采样信号释放时刻图

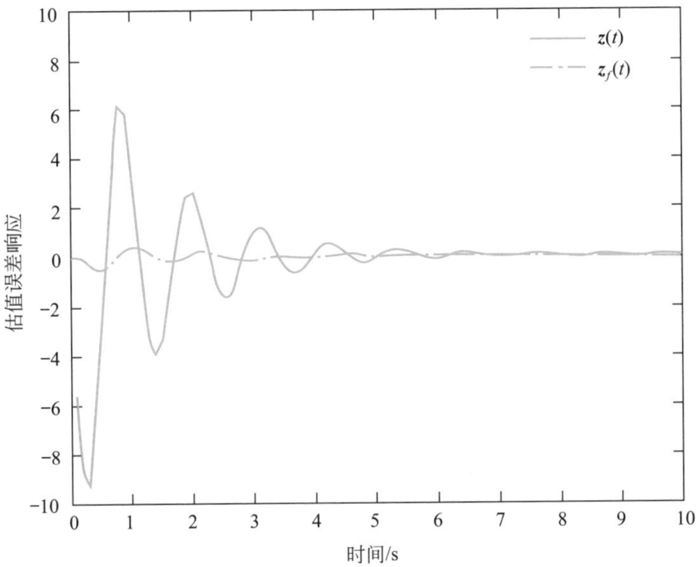

图 4-4 估计信号 $z(t)$ 和 $z_f(t)$

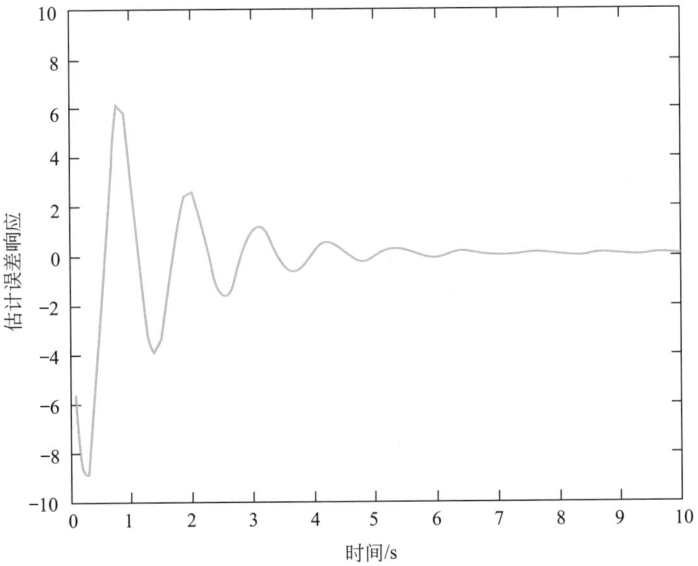

图 4-5 估计误差 $e(t)$

Digital Wave
Advanced Technology of
Industrial Internet

Intelligent Control and
Filtering of Networked Systems

网络化系统智能控制与滤波

第5章

事件触发时延网络化系统模糊控制

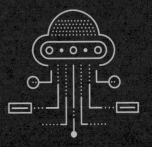

本章将提出一种离散事件触发通信方式，以节省有限的网络资源，同时不使用额外的硬件来达到所期望的性能，其中“离散”是指在恒定的采样周期内，只能测量状态并计算状态误差。利用误差条件来确定当前采样状态是否应当被发送。换句话说，并非所有测量状态都通过通信网络传输，只有状态误差超出了规定的阈值，那么此时的测量状态才被发送。与连续事件触发机制相比，为满足连续测量和计算，额外的硬件是必要的，因为只测量状态，并计算状态误差在一个恒定采样周期内的值。通过仿真表明，当系统状态达到它的平衡点时，传输周期大于一个正常数，所提出的离散传输方案可以保证传输期间的下限是一个恒定的采样周期。

5.1 问题描述

在网络化控制系统中，通信带宽是一种稀缺资源，如果信号传输只发生在需要传送相关信息从传感器到控制器时，则不仅所有从控制器发送到执行器的信号是有用的，而且也能避免传输冗余 / 低效的信息。因此，更多的网络资源可以被释放到其他需要的通信任务中。虽然有许多具有非线性网络化控制系统的研究，但是应当指出，时间触发的通信方式是针对非线性网络化控制系统的一种普遍节点驱动方式。也就是说，所有的采样信号是通过通信网络发送的而无须考虑控制系统的状态。显然，时间触发的通信方案使得有限的网络资源利用率不高，例如当系统接近它的平衡点时，低效的或冗余的信息必然会被发送。因此，在有限的通信带宽和能量下，周期性的通信假设通常会导致低效率的出现。

虽然一些技术和成果已在文献中出现，一个仍需解决的问题是如何考虑合适的通信方案以及如何在网络化控制系统统一的框架下实现控制器的设计。例如，为了通过网络控制离散时间分布式系统，目前主流算法是提出一个确定性的通信框架来降低通信负担。另外，常用的方法是设计一种网络化控制系统的事件触发通信机制，只有当子系统的局部状态误差超过规定的限定值，子系统才将其状态信息传给下一个信号。然而，在上述所有工作中，前提条件是控制器是预先设定好的，如果控制器不是预先设定的，上述方法都不再有效。

下面将详细介绍本章所提的基于事件触发的时延网络化系统模糊控制方法。

考虑一个同时包含时变时延和事件触发通信机制的 T-S 模糊网络化控制系统结构图如图 5-1 所示。

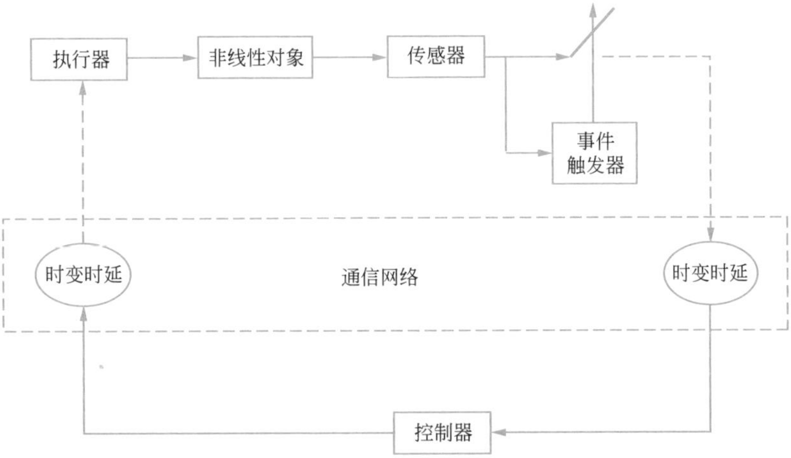

图 5-1 基于事件触发的时变时延 T-S 模糊网络化控制系统结构图

本章将提出一种新的事件触发通信方案，以减少所传送数据包的数量，同时保持稳定性和所需的控制性能。其主要思想是当系统状态中当前采样的变化值超过规定的阈值时，发送测量值。也就是说，系统以恒定的采样周期 h 采样当前状态值，所采样的状态是否应当被发送由传输误差和状态误差决定。为便于理论研究，提出了以下在网络化控制系统研究中常用的假设。

假设 5-1

在通信网络中，传感器是时间驱动的，系统状态以恒定采样周期 h 进行采样，设定采样时刻由 $\{jh \mid j \in \mathbb{N}\}$ 表示。

假设 5-2

采样数据的发送取决于事件触发机制，这组即时 $t_k h$ 取决于采样状态 $x(jh)$，传输采样被描述成 $\{t_k h \mid t_k \in \mathbb{N}\}$ 。

假设 5-3

控制器和执行器是事件驱动的，当没有最新的控制数据包到达执行器时，逻辑 ZOH 用于保存控制输入。

假设 5-4

执行器中零阶保持的保持时间是 $t \in \boldsymbol{\Omega} = [t_k h + \tau_{t_k}, t_{k+1} h + \tau_{t_k+1})$ ，其中 τ_{t_k} 是通信时延，h 是采样周期，控制信号达到零阶保持状态时的瞬时值表示为 $t_k h + \tau_{t_k}$ 。

从上述假设可以看出，所设定的发送时刻 $\{t_k h \mid t_k \in \mathbb{N}\}$ 是 $\{jh \mid j \in \mathbb{N}\}$ 的一个子集，一个 ZOH 的保持区域由下列子集组成：

$$[t_k h + \tau_{t_k}, t_{k+1} h + \tau_{t_k+1}] = \bigcup_{n=0}^{d} \Omega_{n,k} \tag{5-1}$$

式中， $\Omega_{n,k} = [i_k h + \tau_{t_k+n}, i_k h + h + \tau_{t_k+n+1})$ ； $i_k h = t_k h + nh, n = 0, \cdots, d$; $d = t_{k+1} - t_k - 1$ ； $i_k h$ 为两个联合发送时刻之间的采样； τ_{t_k} 和 τ_{t_k+1} 分别为在时刻 $t_k h$ 和 $t_{k+1} h$ 引起的网络时延。保持子集 $\Omega_{n,k}$ 开始点和结束点的正确顺序。可以用下式计算当前采样时刻与最新发送时刻之间的状态误差：

$$\boldsymbol{e}_k(i_k h) = \boldsymbol{x}(i_k h) - \boldsymbol{x}(t_k h) \tag{5-2}$$

定义 $\boldsymbol{\eta}(t) = t - i_k h$ ， $t \in \Omega_{n,k}$ ，从式 (5-2) 中可以得出传输状态 $\boldsymbol{x}(t_k h)$ 的表达式：

$$\boldsymbol{x}(t_k h) = \boldsymbol{x}(t - \eta(t)) - \boldsymbol{e}_k(i_k h), \quad t \in \Omega_{n,k} \tag{5-3}$$

注 5-1　由 $\eta(t)$ 的定义可以看出，$\eta(t)$ 是一个可微函数并且满足：

$$\dot{\eta}(t) = 1, \quad 0 < \tau_{t_k+n} \leqslant \eta(t) \leqslant h + \tau_{t_k+n+1} \leqslant \bar{\eta} \tag{5-4}$$

因为 $\eta(t)$ 不仅与上界网络时延 τ_{t_k} 相关，而且与采样周期 h 相关，所以当 $\bar{\eta}$ 已知时，在式 (5-4) 中 $h + \tau_{t_k+1} \leqslant \bar{\eta}$ 的条件可作为采样周期和网络

时延之间的一个权衡。

在本章中，假设传输的发生是依赖于离散事件触发而不是时间触发的，同时也决定了下一个传输的发生，图 5-1 描述了一个基于事件触发的网络化控制系统的结构框图。其中事件触发器根据预先设定的事件触发条件对接收到的采样数据进行筛选，符合触发条件的采样信号即被发送给控制器，不符合条件的信号不发送。考虑到通信信道容量有限，为了减少网络中的数据传输量，提出了网络化控制系统中的事件触发机制。该触发机制的条件可以表示如下：

$$\boldsymbol{\varrho}_{\gamma_{k+j}h}^{\mathrm{T}}\boldsymbol{V}\boldsymbol{\varrho}_{\gamma_{k+j}h} \leqslant \sigma\boldsymbol{x}^{\mathrm{T}}(i_{k+j}h)\boldsymbol{V}\boldsymbol{x}(i_{k+j}) \tag{5-5}$$

式中，$\boldsymbol{\varrho}_{\gamma_{k+j}h}=\boldsymbol{x}(i_{k+j}h)-\boldsymbol{x}(i_k h)$ 为当前的采样数据 $\boldsymbol{x}(i_{k+j}h)$ 与最新发送的数据 $\boldsymbol{x}(i_k h)$ 之间的误差；$\boldsymbol{V}$ 为正定矩阵；$j\in\mathbb{Z}^{+}$，$\sigma\in[0,1]$。

注 5-2

从事件触发条件 [式 (5-5)] 可以推知，当状态误差测量值大于当前状态测量值时，触发就会发生，系统状态以期望的稳定精度偏离。换句话说，如果当前采样的状态变化小于一个状态阈值，则采样信号不发送。从这个意义上讲，所提出的事件触发的通信方案可以降低传输频率，同时节省有限的通信带宽。在无线传感网络中，带宽非常有限，数据发送过程消耗的能量比计算过程消耗的能量多。因此利用事件触发机制来改善无线网络带宽的利用率及数据的发送次数就显得非常有意义。

本节考虑如下具有时延特性的 T-S 模糊系统，系统的第 i 条规则如下：

R^i：如果 $\theta_1(t)$ 是 W_1^i，$\theta_g(t)$ 是 W_g^i，那么

$$\begin{cases}\dot{\boldsymbol{x}}(t)=\boldsymbol{A}_i\boldsymbol{x}(t)+\boldsymbol{A}_{di}\boldsymbol{x}(t-\tau_d)+\boldsymbol{B}_i\boldsymbol{u}(t)+\boldsymbol{B}_{\omega i}\boldsymbol{\omega}(t)\\ \boldsymbol{z}(t)=\boldsymbol{C}_i\boldsymbol{x}(t)+\boldsymbol{D}_i\boldsymbol{u}(t),t\in[-\max(\tau_d,h),0]\end{cases} \tag{5-6}$$

式中，i=1,2,⋯, r, r 为 If-Then 规则的数量；$\boldsymbol{x}(t)\in\mathbb{R}^n$、$\boldsymbol{u}(t)\in\mathbb{R}^m$ 分别为状态向量和输入向量；W_j^i (i=1,2,⋯,r；j=1,2,⋯,g) 为模糊集；$\theta_j(t)$ (j=1,2,⋯,g) 为前件变量，$\boldsymbol{\theta}(t)=[\theta_1(t) \quad \cdots \quad \theta_g(t)]^{\mathrm{T}}$，并且假设 $\boldsymbol{\theta}(t)$ 既不是给定

的也不是 $\boldsymbol{x}(t)$ 的功能函数，同时也不依赖于 $\boldsymbol{u}(t)$；输入 $\boldsymbol{\omega}(t)\in\zeta_2[0,\infty)$ 表示外生扰动信号；$\boldsymbol{z}(t)\in\mathbb{R}^p$ 为系统输出；$\boldsymbol{A}_i$、$\boldsymbol{A}_{di}$、$\boldsymbol{B}_i$、$\boldsymbol{B}_{\omega i}$、$\boldsymbol{C}_i$、$\boldsymbol{D}_i$ 为常数矩阵。给定系统［式 (5-6)］的初始状态是 $\boldsymbol{x}(t_0)=\boldsymbol{x}_0$。

应用单点模糊化、乘积推理和中心加权反模糊化推理方法，可以将 T-S 模糊系统［式 (5-6)］转化为如下所示的全局模糊系统模型：

$$\begin{cases}\dot{\boldsymbol{x}}(t)=\sum_{i=1}^{r}h_i(\boldsymbol{\theta}(t))[\boldsymbol{A}_i\boldsymbol{x}(t)+\boldsymbol{A}_{di}\boldsymbol{x}(t-\tau_d)+\boldsymbol{B}_i\boldsymbol{u}(t)+\boldsymbol{B}_{\omega i}\boldsymbol{\omega}(t)]\\ \boldsymbol{z}(t)=\sum_{i=1}^{r}h_i(\boldsymbol{\theta}(t))[\boldsymbol{C}_i\boldsymbol{x}(t)+\boldsymbol{D}_i\boldsymbol{u}(t)]\end{cases}\tag{5-7}$$

式中，$\mu_i(\boldsymbol{\theta}(t))=\prod_{j=1}^{g}M_{ij}(\boldsymbol{\theta}_j(t))$，$h_i(\boldsymbol{\theta}(t))=\dfrac{\mu_i(\boldsymbol{\theta}(t))}{\sum_{i=1}^{r}\mu_i(\boldsymbol{\theta}(t))}$；在 M_{ij} 中，$M_{ij}(\theta_j(t))$ 为 $\theta_j(t)$ 的隶属度。假设对所有的 $t>0$ 有 $\mu_i(\boldsymbol{\theta}(t))\geqslant 0$，$\sum_{i=1}^{r}\mu_i(\boldsymbol{\theta}(t))>0$，然后对所有的 t 有 $h_i(\boldsymbol{\theta}(t))\geqslant 0$ 和 $\sum_{i=1}^{r}h_i(\boldsymbol{\theta}(t))=1$ 成立。

假设系统［式 (5-6)］是一个系统反馈状态可测的通信网络。下文将通过并行分布补偿的方法设计一个基于 T-S 模糊模型的控制器来稳定该 T-S 模糊系统。网络化控制系统中的传感器和控制器之间存在一个通信网络，这意味着可用的时间采样数据在系统和控制器中应该是异步的。当 $t\in[t_kh+\tau_{t_k},t_{k+1}h+\tau_{t_k+1})$，在式 (5-7) 中，有变量 $\theta_i(t)$，但只有 $\theta_i(t_kh)$ 可以到达控制器。基于以上描述，第 i 条状态反馈控制器可以被设计成如下表达式：

R^i：如果 $\theta_1(t)$ 是 W_1^i，$\theta_g(t)$ 是 W_g^i，那么

$$\boldsymbol{\mu}(t)=\boldsymbol{K}_j\boldsymbol{x}(t_kh),t\in[t_kh+\tau_{t_k},t_{k+1}h+\tau_{t_{k+1}})\tag{5-8}$$

结合式 (5-3) 和式 (5-8)，可以得出并行补偿控制器的模糊化输出为：

$$\boldsymbol{\mu}(t)=\sum_{j=1}^{r}h_j(\boldsymbol{\theta}(t_kh))\boldsymbol{K}_j(\boldsymbol{x}(t-\eta(t))-\boldsymbol{e}_k(i_kh)),t\in\Omega_{n,k}\tag{5-9}$$

将式 (5-9) 代入式 (5-7) 中，得到如下闭环模糊控制系统：

$$\begin{cases}\dot{\boldsymbol{x}}(t)=\tilde{\boldsymbol{A}}_i\boldsymbol{x}(t)+\tilde{\boldsymbol{A}}_{di}\boldsymbol{x}(t-\tau_d)+\tilde{\boldsymbol{B}}_i\boldsymbol{x}(t-\eta(t))-\tilde{\boldsymbol{B}}_i\boldsymbol{e}_k(i_kh)+\tilde{\boldsymbol{B}}_{\omega i}(t)\\ \boldsymbol{z}(t)=\tilde{\boldsymbol{C}}_i\boldsymbol{x}(t)+\tilde{\boldsymbol{D}}_i(t-\eta(t))-\tilde{\boldsymbol{D}}_i\boldsymbol{e}_k(i_kh),t\in\Omega_{n,k}\end{cases} \tag{5-10}$$

式中，

$$\tilde{\boldsymbol{A}}_i=\sum_{i=1}^{r}h_i(\boldsymbol{\theta}(t))\boldsymbol{A}_i,\ \tilde{\boldsymbol{A}}_{di}=\sum_{i=1}^{r}h_i(\boldsymbol{\theta}(t))\boldsymbol{A}_{di},\ \tilde{\boldsymbol{B}}_i=\sum_{i=1}^{r}\sum_{j=1}^{r}h_i(\boldsymbol{\theta}(t))h_j(\boldsymbol{\theta}(t_kh))\boldsymbol{B}_i\boldsymbol{K}_j$$

$$\tilde{\boldsymbol{B}}_{\omega i}=\sum_{i=1}^{r}h_i(\boldsymbol{\theta}(t))\boldsymbol{B}_{\omega i},\ \tilde{\boldsymbol{C}}_i=\sum_{i=1}^{r}h_i(\boldsymbol{\theta}(t))\boldsymbol{C}_i,\ \tilde{\boldsymbol{D}}_i=\sum_{i=1}^{r}\sum_{j=1}^{r}h_i(\boldsymbol{\theta}(t))h_j(\boldsymbol{\theta}(t_kh))\boldsymbol{D}_i\boldsymbol{K}_j$$

在区间 $[t_0-\bar{\eta},t_0]$ 上设定状态初始值为 $\boldsymbol{x}(t)=\boldsymbol{\phi}(t)$，$t\in[t_0-\bar{\eta},t_0]$，$\boldsymbol{\phi}(t_0)=x_0$，在区间 $[t_0-\bar{\eta},t_0]$ 上 $\boldsymbol{\phi}(t)$ 是连续函数。

定义 5-1

本节的主要目的是在所述的事件触发机制下，研究闭环系统的稳定性及其 H_∞ 控制器设计。具体地说，就是给定反馈增益矩阵，使得系统［式 (5-10)］在触发机制［式 (5-5)］和状态反馈控制器［式 (5-9)］的作用下满足如下两个条件：

① 闭环系统［式 (5-10)］在 $\boldsymbol{\omega}(t)\equiv 0$ 的情况下是渐近稳定的。

② 给定 $\gamma>0$，在零初始状态条件下，对任意的非零扰动 $\boldsymbol{\omega}(t)\in\zeta_2[0,\infty)$，$H_\infty$ 增益满足 $\|\boldsymbol{z}(t)\|_2<\gamma\|\boldsymbol{\omega}(t)\|_2$。

5.2 稳定性及 H_∞ 性能分析

本节将针对具有时延的 T-S 模糊系统的稳定性进行分析，得出控制器的设计方法，利用李雅普诺夫泛函和线性矩阵不等式技术，在满足事件触发机制的条件下，建立该闭环系统收敛的充分条件。

定理 5-1

对于给定的 $\bar{\eta}$、τ_d、γ、σ、$\boldsymbol{V}$ 和反馈增益 $\boldsymbol{K}_j$，如果存在适当维数的

正定对称矩阵 $\boldsymbol{T}>0$、$\boldsymbol{P}_i>0$、$\boldsymbol{Q}_i>0$、$\boldsymbol{R}_i>0$（i=1, 2）和矩阵 $\boldsymbol{M}$，$\boldsymbol{N}$，$\boldsymbol{L}$ 满足如下线性矩阵不等式（其中 $i, j=1, 2, r, \cdots; i \leqslant j$）：

$$\boldsymbol{\Pi}_1^{ij} + \boldsymbol{\Pi}_1^{ji} < 0 \tag{5-11}$$

$$\boldsymbol{\Pi}_2^{ij} + \boldsymbol{\Pi}_2^{ji} < 0 \tag{5-12}$$

则称系统［式 (5-10)］是渐近稳定的，且 H_∞扰动抑制水平为 γ。

式中：

$$\boldsymbol{\Pi}_1^{ij} = \begin{bmatrix} \boldsymbol{\Phi}_1^{ij} & * & * & * & * \\ \bar{\eta}\boldsymbol{T}\boldsymbol{\Gamma}_2^{ij} & -\bar{\eta}\boldsymbol{T} & * & * & * \\ \bar{\eta}\boldsymbol{R}_2\boldsymbol{\Gamma}_2^{ij} & 0 & -\bar{\eta}\boldsymbol{R}_2 & * & * \\ \tau_d^2\boldsymbol{Q}_2\boldsymbol{\Gamma}_2^{ij} & 0 & 0 & -\tau_d^2\boldsymbol{Q}_2 & * \\ \bar{\eta}\boldsymbol{L}^{\mathrm{T}} & 0 & 0 & 0 & -\bar{\eta}\boldsymbol{T} \end{bmatrix}$$

$$\boldsymbol{\Pi}_2^{ij} = \begin{bmatrix} \boldsymbol{\Phi}_2^{ij} & * & * & * & * \\ \bar{\eta}\boldsymbol{T}\boldsymbol{\Gamma}_2^{ij} & -\bar{\eta}\boldsymbol{T} & * & * & * \\ \tau_d^2\boldsymbol{Q}_2\boldsymbol{\Gamma}_2^{ij} & 0 & -\tau_d^2\boldsymbol{Q}_2 & * & * \\ \bar{\eta}\boldsymbol{M}^{\mathrm{T}} & 0 & 0 & -\bar{\eta}\boldsymbol{T} & * \\ \bar{\eta}\boldsymbol{N}^{\mathrm{T}} & 0 & 0 & 0 & -\bar{\eta}\boldsymbol{R}_2 \end{bmatrix}$$

$$\boldsymbol{Y}^{ij} = -\begin{bmatrix} -\boldsymbol{\Phi}_3^{ij} & * & * & * & * & * & * \\ -\boldsymbol{\Lambda} & -\sigma\boldsymbol{V} & * & * & * & * & * \\ \boldsymbol{\Lambda} & 0 & \boldsymbol{V} & * & * & * & * \\ 0 & 0 & 0 & \boldsymbol{P}_2 & * & * & * \\ \boldsymbol{B}_{\omega i}^{\mathrm{T}}\boldsymbol{P}_1 & 0 & 0 & 0 & \gamma^2\boldsymbol{I} & * & * \\ -\boldsymbol{R}_1 & 0 & 0 & 0 & 0 & \boldsymbol{R}_1 & * \\ -\boldsymbol{Q}_2 & 0 & 0 & 0 & 0 & 0 & \boldsymbol{\Psi} \end{bmatrix}$$

$$\boldsymbol{\Delta} = \begin{bmatrix} \boldsymbol{M}+\boldsymbol{N} & \boldsymbol{L}-\boldsymbol{M} & 0 & -\boldsymbol{L} & 0 & -\boldsymbol{N} & 0 \end{bmatrix}$$

$$\boldsymbol{\Psi} = \boldsymbol{Q}_1 + \boldsymbol{Q}_2, \boldsymbol{\Lambda} = \boldsymbol{K}_j^{\mathrm{T}}\boldsymbol{B}_i^{\mathrm{T}}\boldsymbol{P}_1, \boldsymbol{\Phi}_1^{ij} = \boldsymbol{Y}^{ij} + \boldsymbol{\Delta} + \boldsymbol{\Delta}^{\mathrm{T}} + \boldsymbol{\Omega}^{ij} + (\boldsymbol{\Gamma}_3^{ij})^{\mathrm{T}}\boldsymbol{\Gamma}_3^{ij}$$

$$\boldsymbol{\Phi}_2^{ij} = \boldsymbol{Y}^{ij} + \boldsymbol{\Delta} + \boldsymbol{\Delta}^{\mathrm{T}} + (\boldsymbol{\Gamma}_3^{ij})^{\mathrm{T}}\boldsymbol{\Gamma}_3^{ij}, \boldsymbol{\Phi}_3^{ij} = \boldsymbol{P}_1\boldsymbol{A}_i + \boldsymbol{A}_i^{\mathrm{T}}\boldsymbol{P}_1 + \boldsymbol{P}_2 - \boldsymbol{R}_1 + \boldsymbol{Q}_1 + \boldsymbol{Q}_2$$

$$\boldsymbol{\Gamma}_1 = \begin{bmatrix} \boldsymbol{I} & 0 & 0 & 0 & 0 & 0 & -\boldsymbol{I} \end{bmatrix}^{\mathrm{T}}$$

$$\boldsymbol{\Gamma}_2^{ij} = \begin{bmatrix} \boldsymbol{A}_i & \boldsymbol{B}_i\boldsymbol{K}_j & -\boldsymbol{B}_i\boldsymbol{K}_j & 0 & \boldsymbol{B}_{\omega i} & 0 & \boldsymbol{A}_{di} \end{bmatrix}$$

$$\boldsymbol{\Gamma}_3^{ij} = \begin{bmatrix} \boldsymbol{C}_i & \boldsymbol{D}_i\boldsymbol{K}_j & -\boldsymbol{D}_i\boldsymbol{K}_j & 0 & 0 & 0 & 0 \end{bmatrix}$$

证明

定义一个李雅普诺夫函数如下：

$$\boldsymbol{V}(t,\boldsymbol{x}(t)) = \boldsymbol{V}_1(t,\boldsymbol{x}(t)) + \boldsymbol{V}_2(t,\boldsymbol{x}(t)) + \boldsymbol{V}_3(t,\boldsymbol{x}(t)) \tag{5-13}$$

$$\begin{cases} \boldsymbol{V}_1(t,\boldsymbol{x}(t)) = \boldsymbol{x}^{\mathrm{T}}(t)\boldsymbol{P}_1\boldsymbol{x}(t) + \int_{t-\overline{\eta}}^{t}\boldsymbol{x}^{\mathrm{T}}(v)\boldsymbol{P}_2\boldsymbol{x}(v)\mathrm{d}v + \int_{t-\overline{\eta}}^{t}\int_{s}^{t}\dot{\boldsymbol{x}}^{\mathrm{T}}(v)\boldsymbol{T}\dot{\boldsymbol{x}}(v)\mathrm{d}v\mathrm{d}s \\ \boldsymbol{V}_2(t,\boldsymbol{x}(t)) = \int_{t-\tau_d}^{t}\boldsymbol{x}^{\mathrm{T}}(v)\boldsymbol{Q}_1\boldsymbol{x}(v)\mathrm{d}v + \tau_d\int_{t-\tau_d}^{t}\int_{s}^{t}\dot{\boldsymbol{\xi}}^{\mathrm{T}}(v)\boldsymbol{Q}_2\dot{\boldsymbol{x}}(v)\mathrm{d}v\mathrm{d}s \\ \boldsymbol{V}_3(t,\boldsymbol{x}(t)) = (\overline{\eta}-\eta(t))\{[\boldsymbol{x}^{\mathrm{T}}(t)-\boldsymbol{x}^{\mathrm{T}}(s_k)]\boldsymbol{R}_1[\boldsymbol{x}(t)-\boldsymbol{x}(s_k)] + \int_{s_k}^{t}\dot{\boldsymbol{x}}^{\mathrm{T}}(v)\boldsymbol{R}_2\dot{\boldsymbol{x}}(v)\mathrm{d}v\} \end{cases} \tag{5-14}$$

对 $\boldsymbol{V}_1(t,\boldsymbol{x}(t))$、$\boldsymbol{V}_2(t,\boldsymbol{x}(t))$ 和 $\boldsymbol{V}_3(t,\boldsymbol{x}(t))$ 分别求导，得到如下的表达式：

$$\begin{cases} \dot{\boldsymbol{V}}_1(t,\boldsymbol{x}(t)) = 2\boldsymbol{x}^{\mathrm{T}}(t)\boldsymbol{P}_1\dot{\boldsymbol{x}}(t) + \boldsymbol{x}^{\mathrm{T}}(t)\boldsymbol{P}_2\boldsymbol{x}(t) + \boldsymbol{x}^{\mathrm{T}}(t-\overline{\eta})\boldsymbol{P}_2\boldsymbol{x}(t-\overline{\eta}) \\ \qquad + \overline{\eta}\dot{\boldsymbol{x}}^{\mathrm{T}}(t)\boldsymbol{T}\dot{\boldsymbol{x}}(t) - \int_{t-\overline{\eta}}^{t}\dot{\boldsymbol{x}}^{\mathrm{T}}(s)\boldsymbol{T}\dot{\boldsymbol{x}}(s)\mathrm{d}s \\ \dot{\boldsymbol{V}}_2(t,\boldsymbol{x}(t)) = \boldsymbol{x}^{\mathrm{T}}(t)\boldsymbol{Q}_1\boldsymbol{x}(t) - \boldsymbol{x}^{\mathrm{T}}(t-\tau_d)\boldsymbol{Q}_1\boldsymbol{x}(t-\tau_d) + \tau_d^2\dot{\boldsymbol{x}}^{\mathrm{T}}(t)\boldsymbol{Q}_2\dot{\boldsymbol{x}}(t) \\ \qquad - \tau_d\int_{t-\tau_d}^{t}\dot{\boldsymbol{x}}^{\mathrm{T}}(t)\boldsymbol{Q}_2\dot{\boldsymbol{x}}(t)\mathrm{d}t \\ \dot{\boldsymbol{V}}_3(t,\boldsymbol{x}(t)) = (\overline{\eta}-(t))\int_{s_k}^{t}\dot{\boldsymbol{x}}^{\mathrm{T}}(v)\boldsymbol{R}_2\dot{\boldsymbol{x}}(v)\mathrm{d}v(\overline{\eta}-(t))[\boldsymbol{x}^{\mathrm{T}}(t) \\ \qquad - \boldsymbol{x}^{\mathrm{T}}(s_k)]\boldsymbol{R}_1[\boldsymbol{x}(t)-\boldsymbol{x}(s_k)] \end{cases} \tag{5-15}$$

利用牛顿 - 莱布尼兹公式可以得到：

$$\begin{cases} 2\boldsymbol{\varepsilon}^{\mathrm{T}}(t)\boldsymbol{M}[\boldsymbol{x}(t)-\boldsymbol{x}(t-\tau(t)) - \int_{t-\tau(t)}^{t}\dot{\boldsymbol{x}}(s)\mathrm{d}s] = 0 \\ 2\boldsymbol{\varepsilon}^{\mathrm{T}}(t)\boldsymbol{N}[\boldsymbol{x}(t)-\boldsymbol{x}(s_k) - \int_{s_k}^{t}\dot{\boldsymbol{x}}(s)\mathrm{d}s] = 0 \\ 2\boldsymbol{\varepsilon}^{\mathrm{T}}(t)\boldsymbol{L}[\boldsymbol{x}(t-\tau(t))-\boldsymbol{x}(t-h) - \int_{t-h}^{t-\tau(t)}\dot{\boldsymbol{x}}(s)\mathrm{d}s] = 0 \end{cases} \tag{5-16}$$

式中，$\boldsymbol{\varepsilon}^{\mathrm{T}}(t) = [\boldsymbol{x}^{\mathrm{T}}(t) \quad \boldsymbol{x}^{\mathrm{T}}(t-\eta(t)) \quad \boldsymbol{e}_k^{\mathrm{T}}(i_k h) \quad \boldsymbol{x}^{\mathrm{T}}(t-\overline{\eta}) \quad \boldsymbol{\omega}^{\mathrm{T}}(t) \quad \boldsymbol{x}^{\mathrm{T}}(s_k)$ $\boldsymbol{x}^{\mathrm{T}}(t-\tau_d)]$。

通过基本的不等式 $-2\boldsymbol{ab} \leqslant \boldsymbol{a}\varrho\boldsymbol{a}^{\mathrm{T}}+\boldsymbol{b}^{\mathrm{T}}\varrho^{-1}\boldsymbol{b}$，$\varrho>0$ 成立，可以得出存在矩阵 $\boldsymbol{R}_2>0$ 和 $\boldsymbol{T}>0$，有下面的不等式成立：

$$\begin{cases} 2\boldsymbol{\varepsilon}^{\mathrm{T}}(t)\boldsymbol{M}\int_{t-\eta(t)}^{t}\dot{\boldsymbol{x}}(s)\mathrm{d}s \leqslant \eta(t)\boldsymbol{\varepsilon}^{\mathrm{T}}(t)\boldsymbol{M}\boldsymbol{T}^{-1}\boldsymbol{M}^{\mathrm{T}}\boldsymbol{\varepsilon}+\int_{t-\eta(t)}^{t}\dot{\boldsymbol{x}}^{\mathrm{T}}(s)\boldsymbol{T}\dot{\boldsymbol{x}}(s)\mathrm{d}s \\ 2\boldsymbol{\varepsilon}^{\mathrm{T}}(t)\boldsymbol{N}\int_{s_k}^{t}\dot{\boldsymbol{x}}(s)\mathrm{d}s \leqslant \eta(t)\boldsymbol{\varepsilon}^{\mathrm{T}}(t)\boldsymbol{N}\boldsymbol{R}_2^{-1}\boldsymbol{N}^{\mathrm{T}}\boldsymbol{\varepsilon}+\int_{s_k}^{t}\dot{\boldsymbol{x}}^{\mathrm{T}}(s)\boldsymbol{R}_2\dot{\boldsymbol{x}}(s)\mathrm{d}s \\ 2\boldsymbol{\varepsilon}^{\mathrm{T}}(t)\boldsymbol{L}\int_{t-\bar{\eta}}^{t-\eta(t)}\dot{\boldsymbol{x}}(s)\mathrm{d}s \leqslant (\bar{\eta}-\eta(t))\boldsymbol{\varepsilon}^{\mathrm{T}}(t)\boldsymbol{L}\boldsymbol{T}^{-1}\boldsymbol{L}^{\mathrm{T}}\boldsymbol{\varepsilon}+\int_{t-\bar{\eta}}^{t-\eta(t)}\dot{\boldsymbol{x}}^{\mathrm{T}}(s)\boldsymbol{T}\dot{\boldsymbol{x}}(s)\mathrm{d}s \end{cases} \tag{5-17}$$

通过 Jensen 不等式，可以得到下面的不等式：

$$-\tau_d\int_{t-\tau_d}^{t}\dot{\boldsymbol{x}}^{\mathrm{T}}(t)\boldsymbol{Q}_2\dot{\boldsymbol{x}}(t)\mathrm{d}t \leqslant \boldsymbol{\vartheta}\begin{bmatrix} -\boldsymbol{R}_1 & \boldsymbol{R}_1 \\ \boldsymbol{R}_1 & -\boldsymbol{R}_1 \end{bmatrix}\boldsymbol{\vartheta}^{\mathrm{T}} \tag{5-18}$$

式中，$\boldsymbol{\vartheta}=\begin{bmatrix} \boldsymbol{x}^{\mathrm{T}}(t) & \boldsymbol{x}^{\mathrm{T}}(t-\tau_d) \end{bmatrix}^{\mathrm{T}}$。

从式 (5-1) 中 $i_k h$ 的定义可以得出 $i_k h \in [t_k, t_{k+1}h)$，结合式 (5-5) 可以得到：

$$\boldsymbol{e}_k^{\mathrm{T}}(i_k h)\boldsymbol{V}\boldsymbol{e}_k(i_k h) < \sigma\boldsymbol{x}^{\mathrm{T}}(i_k h)\boldsymbol{V}\boldsymbol{x}(i_k h) \tag{5-19}$$

结合式 (5-13) ～式 (5-19)，可以得到：

$$\dot{V}(t,\boldsymbol{x}(t)) \leqslant \sum_{i=1}^{r}\sum_{j=1}^{r}\mu_i(\boldsymbol{\theta}(t))\mu_j(\boldsymbol{\theta}(t))\boldsymbol{\varepsilon}^{\mathrm{T}}(\boldsymbol{\Sigma}^{ij}+\boldsymbol{\Sigma}^{ji})\boldsymbol{\varepsilon}-\boldsymbol{z}^{\mathrm{T}}(t)\boldsymbol{z}(t)+\gamma^2\boldsymbol{\omega}^{\mathrm{T}}(t)\boldsymbol{\omega}(t) \tag{5-20}$$

其中，$\boldsymbol{\Sigma}^{ij}=\gamma^{ij}+(\bar{\eta}-\eta(t))\boldsymbol{\Xi}_1^{ij}+\eta(t)\boldsymbol{\Xi}_2+\boldsymbol{\Delta}+\boldsymbol{\Delta}^{\mathrm{T}}+\bar{\eta}(\boldsymbol{\Gamma}_2^{ij})^{\mathrm{T}}\boldsymbol{T}\boldsymbol{\Gamma}_2^{ij}+(\boldsymbol{\Gamma}_3^{ij})^{\mathrm{T}}\boldsymbol{\Gamma}_3^{ij}$，$\boldsymbol{\Xi}_1^{ij}=\boldsymbol{L}\boldsymbol{T}^{-1}\boldsymbol{L}^{\mathrm{T}}+(\boldsymbol{\Gamma}_2^{ij})^{\mathrm{T}}\boldsymbol{R}_2\boldsymbol{\Gamma}_2^{ij}+2\boldsymbol{\Gamma}_1\boldsymbol{R}_1\boldsymbol{\Gamma}_2^{ij}$，$\boldsymbol{\Xi}_2=\boldsymbol{M}\boldsymbol{T}^{-1}\boldsymbol{M}^{\mathrm{T}}+\boldsymbol{N}\boldsymbol{R}_2^{-1}\boldsymbol{N}^{\mathrm{T}}$。

根据 Schur 补引理，结合式 (5-11) 和式 (5-12)，可以得到：

$$\boldsymbol{\varepsilon}^{\mathrm{T}}(\boldsymbol{\Sigma}^{ij}+\boldsymbol{\Sigma}^{ji})\boldsymbol{\varepsilon}<0 \tag{5-21}$$

由式 (5-20) 和式 (5-21) 可以得出：

$$\dot{V}(t,\boldsymbol{x}(t)) \leqslant -\boldsymbol{z}^{\mathrm{T}}(t)\boldsymbol{z}(t)+\gamma^2\boldsymbol{\omega}^{\mathrm{T}}(t)\boldsymbol{\omega}(t) \tag{5-22}$$

在零初始条件下，对任意非零扰动 $\boldsymbol{\omega}(t)\in\zeta_2[0,\infty)$，有 $\|\boldsymbol{z}(t)\|_2<\gamma\|\boldsymbol{\omega}(t)\|_2$。

式 (5-11) 和式 (5-12) 确保 $\boldsymbol{\Sigma}^{ij}+\boldsymbol{\Sigma}^{ji}<0$，可以得到 $\dot{V}(x_t)\leqslant -\boldsymbol{z}^{\mathrm{T}}(t)\boldsymbol{z}(t)+\gamma^2\boldsymbol{\omega}^{\mathrm{T}}(t)\boldsymbol{\omega}(t)$，结合不等式 (5-22) 的两侧，从 t_0 到 t 并且使 t 趋于无穷大，可得到 $\|\boldsymbol{z}(t)\|_2<\gamma\|\boldsymbol{\omega}(t)\|_2$。证毕。

5.3 H∞控制器设计

定理 5-2

对于给定的 $\bar{\eta}$、τ_d、γ、σ 和 $\boldsymbol{\Phi}$，如果存在适当维数的正定对称矩阵 $\boldsymbol{X}>0$、$\tilde{\boldsymbol{T}}>0$、$\tilde{\boldsymbol{P}}_i>0$、$\tilde{\boldsymbol{Q}}_i>0$ 和 $\tilde{\boldsymbol{R}}_i>0$（$i$=1,2），矩阵 $\tilde{\boldsymbol{Y}}$、$\tilde{\boldsymbol{M}}$、$\tilde{\boldsymbol{N}}$ 和 $\tilde{\boldsymbol{L}}$ 满足如下线性矩阵不等式（其中 i，$j=1,2,r,\cdots;i\leqslant j$）：

$$\tilde{\boldsymbol{\Pi}}_1^{ij}+\tilde{\boldsymbol{\Pi}}_1^{ji}<0 \tag{5-23}$$

$$\tilde{\boldsymbol{\Pi}}_2^{ij}+\tilde{\boldsymbol{\Pi}}_2^{ji}<0 \tag{5-24}$$

则称在系统［式 (5-10)］是渐近稳定的且 H∞扰动抑制水平为 γ，同时控制器反馈增益 $\boldsymbol{K}_j=\boldsymbol{Y}\boldsymbol{X}^{-1}$。

式中：

$$\tilde{\boldsymbol{\Pi}}_1^{ij}=\begin{bmatrix}\tilde{\boldsymbol{\Theta}}_{11}^{ij} & * \\ \tilde{\boldsymbol{\Theta}}_{21}^{ij} & \tilde{\boldsymbol{\Theta}}_{22}^{ij}\end{bmatrix}$$

$$\tilde{\boldsymbol{\Pi}}_2^{ij}=\begin{bmatrix}\tilde{\boldsymbol{\Theta}}_{11}^{ij} & * \\ \tilde{\boldsymbol{\Sigma}}_{21}^{ij} & \tilde{\boldsymbol{\Sigma}}_{22}^{ij}\end{bmatrix}$$

$$Y^{ij}=\begin{bmatrix}\boldsymbol{\Xi}_{11}^{i} & * & * & * & * & * & * \\ \boldsymbol{\Xi}_{21}^{ij} & \sigma\boldsymbol{\Xi}_{22} & * & * & * & * & * \\ -\boldsymbol{\Xi}_{21}^{ij} & 0 & -\boldsymbol{\Xi}_{22} & * & * & * & * \\ 0 & 0 & 0 & -\tilde{\boldsymbol{P}}_2 & * & * & * \\ \boldsymbol{B}_{\omega i}^{\mathrm{T}} & 0 & 0 & 0 & -\gamma^2\boldsymbol{I} & * & * \\ \tilde{\boldsymbol{R}}_1 & 0 & 0 & 0 & 0 & -\tilde{\boldsymbol{R}}_1 & * \\ \tilde{\boldsymbol{Q}}_2 & 0 & 0 & 0 & 0 & 0 & \boldsymbol{\Psi}\end{bmatrix}$$

$$\tilde{\boldsymbol{\varDelta}}=\begin{bmatrix}\tilde{\boldsymbol{M}}+\tilde{\boldsymbol{N}} & \tilde{\boldsymbol{L}}-\tilde{\boldsymbol{M}} & 0 & -\tilde{\boldsymbol{L}} & 0 & -\tilde{\boldsymbol{N}} & 0\end{bmatrix},\tilde{\boldsymbol{\Theta}}_{11}^{ij}=\tilde{\boldsymbol{Y}}^{ij}+\tilde{\boldsymbol{\varDelta}}+\tilde{\boldsymbol{\varDelta}}^{\mathrm{T}}$$

$$\tilde{\boldsymbol{\Theta}}_{21}^{ij}=\mathrm{col}\{\sqrt{\eta}\tilde{\boldsymbol{\varGamma}}_2^{ij},\sqrt{\eta}\tilde{\boldsymbol{\varGamma}}_2^{ij},\tau_d\tilde{\boldsymbol{\varGamma}}_2^{ij},\sqrt{\eta}\tilde{\boldsymbol{L}}^{\mathrm{T}},\tilde{\boldsymbol{\varGamma}}_3^{ij},\tilde{\boldsymbol{\varGamma}}_2^{ij},\sqrt{\eta}\tilde{\boldsymbol{R}}_1\boldsymbol{\varGamma}_1^{\mathrm{T}}\}$$

$$\tilde{\boldsymbol{\Theta}}_{22}^{ij}=-\mathrm{diag}\{\boldsymbol{X}\tilde{\boldsymbol{T}}^{-1}\boldsymbol{X},\boldsymbol{X}\tilde{\boldsymbol{R}}_2^{-1}\boldsymbol{X},\tilde{\boldsymbol{T}},\boldsymbol{X}\tilde{\boldsymbol{Q}}_2^{-1}\boldsymbol{X},\boldsymbol{I},\alpha,\boldsymbol{X}\alpha^{-1}\boldsymbol{X}\}$$

$$\tilde{\boldsymbol{\varSigma}}_{21}^{ij}=\mathrm{col}\{\sqrt{\eta}\tilde{\boldsymbol{\varGamma}}_2^{ij},\tau_d\tilde{\boldsymbol{\varGamma}}_2^{ij},\sqrt{\eta}\tilde{\boldsymbol{M}}^{\mathrm{T}},\sqrt{\eta}\tilde{\boldsymbol{N}}^{\mathrm{T}},\tilde{\boldsymbol{\varGamma}}_3^{ij}\}$$

$$\tilde{\boldsymbol{\varSigma}}_{22}^{ij}=-\mathrm{diag}\{\boldsymbol{X}\tilde{\boldsymbol{T}}^{-1}\boldsymbol{X},\boldsymbol{X}\tilde{\boldsymbol{Q}}_2^{-1}\boldsymbol{X},\tilde{\boldsymbol{T}},\tilde{\boldsymbol{R}}_2,\boldsymbol{I}\}$$

$$\boldsymbol{\varXi}_{11}^{i}=\boldsymbol{A}_i\boldsymbol{X}+\boldsymbol{X}\boldsymbol{A}_i^{\mathrm{T}}+\tilde{\boldsymbol{P}}_2-\tilde{\boldsymbol{R}}_1,\ \boldsymbol{\varXi}_{21}^{ij}=\boldsymbol{Y}_j^{\mathrm{T}}\boldsymbol{B}_i^{\mathrm{T}}$$

$$\boldsymbol{\varXi}_{22}=\boldsymbol{XVX},\boldsymbol{\varGamma}_1=\begin{bmatrix}\boldsymbol{I} & 0 & 0 & 0 & 0 & 0 & -\boldsymbol{I}\end{bmatrix}^{\mathrm{T}}$$

$$\tilde{\boldsymbol{\varGamma}}_2^{ij}=\begin{bmatrix}\boldsymbol{A}_i\boldsymbol{X} & \boldsymbol{B}_i\boldsymbol{Y}_j & -\boldsymbol{B}_i\boldsymbol{K}_j & 0 & \boldsymbol{B}_{\omega i} & 0 & \boldsymbol{A}_{di}\boldsymbol{X}\end{bmatrix}$$

$$\tilde{\boldsymbol{\varGamma}}_3^{ij}=\begin{bmatrix}\boldsymbol{C}_i\boldsymbol{X} & \boldsymbol{D}_i\boldsymbol{Y}_j & -\boldsymbol{D}_i\boldsymbol{Y}_j & 0 & 0 & 0 & 0\end{bmatrix}$$

证明

定义 $\boldsymbol{X}=\boldsymbol{P}_1^{-1}$，$\boldsymbol{XP}_2\boldsymbol{X}^{\mathrm{T}}=\tilde{\boldsymbol{P}}_2$，$\boldsymbol{XQ}_1\boldsymbol{X}^{\mathrm{T}}=\tilde{\boldsymbol{Q}}_1$，$\boldsymbol{XQ}_2\boldsymbol{X}^{\mathrm{T}}=\tilde{\boldsymbol{Q}}_2$，$\boldsymbol{XR}_1\boldsymbol{X}^{\mathrm{T}}=\tilde{\boldsymbol{R}}_1$，$\boldsymbol{XR}_2\boldsymbol{X}^{\mathrm{T}}=\tilde{\boldsymbol{R}}_2$，$\boldsymbol{XTX}^{\mathrm{T}}=\tilde{\boldsymbol{T}}$，$\boldsymbol{XMX}^{\mathrm{T}}=\tilde{\boldsymbol{M}}$，$\boldsymbol{XNX}^{\mathrm{T}}=\tilde{\boldsymbol{N}}$ 和 $\boldsymbol{Y}=\boldsymbol{K}_j\boldsymbol{X}$，同时在式 (5-11) 和式 (5-12) 左右两边分别相应地左乘、右乘矩阵 $\mathrm{diag}\{\boldsymbol{X},\boldsymbol{X},\boldsymbol{X},\boldsymbol{X},\boldsymbol{I},\boldsymbol{X},\boldsymbol{I},\boldsymbol{I},\boldsymbol{X},\boldsymbol{I},\boldsymbol{I}\}$ 及其转置矩阵。

通过 Schur 补引理，很容易由式 (5-11) 和式 (5-12) 得到式 (5-23) 和式 (5-24)。因此，可以由定理 5-1、式 (5-21) 和式 (5-22) 得到系统［式 (5-10)］是渐近稳定的且 H_∞扰动抑制水平为 γ。证毕。

本节提出了一种事件触发机制，通过事件触发条件来控制信号在网络中的传输，减缓了网络负载压力，节约了网络资源。首先研究了具有时延的非线性网络化控制系统的稳定性问题，在考虑事件触发机制作用下，建立了一个具有时变时延的 T-S 模糊模型来描述网络控制系统的状态。然后针对该模型，给出了系统稳定的必要条件，在此基础上，进一步提出了 H_∞控制器的设计方法。

下面将通过一个仿真实例验证本章所提分析方法及设计方法的有效性。

5.4
仿真实例

考虑一个包含时延的货运拖车系统。系统模型如下所示：

$$\begin{cases}\dot{\boldsymbol{x}}_1(t)=-a\dfrac{v\bar{t}}{Lt_0}\boldsymbol{x}_1(t)-(1-a)\dfrac{v\bar{t}}{Lt_0}\boldsymbol{x}_1(t-\tau_d)+\dfrac{v\bar{t}}{lt_0}\boldsymbol{u}(t)+\boldsymbol{\omega}(t)\\ \dot{\boldsymbol{x}}_2(t)=a\dfrac{v\bar{t}}{Lt_0}\boldsymbol{x}_1(t)+(1-a)\dfrac{v\bar{t}}{Lt_0}\boldsymbol{x}_1(t-\tau_d)\\ \dot{\boldsymbol{x}}_3(t)=\dfrac{v\bar{t}}{t_0}\sin[\boldsymbol{x}_2(t)+a\dfrac{v\bar{t}}{2L}\boldsymbol{x}_1(t)+(1-a)\dfrac{v\bar{t}}{2L}\boldsymbol{x}_1(t-\tau_d)]\end{cases} \tag{5-25}$$

式中，$a=0.7$，$v=-1.0$，$\bar{t}=2.0$，$t_0=0.5$，$L=5.5$。

在模糊控制器的设计过程中用到以下模糊规则：

$$\begin{cases}R^1:\text{如果}\quad \boldsymbol{\theta}(t)=\boldsymbol{x}_2(t)+\alpha\dfrac{v\bar{t}}{2L}\boldsymbol{x}_1(t)+(1-a)\dfrac{v\bar{t}}{2L}\boldsymbol{x}_1(t-\tau_d)\ \text{是}\ 0\\ \quad\text{则}\quad \dot{\boldsymbol{x}}(t)=\boldsymbol{A}_1\boldsymbol{x}(t)+\boldsymbol{A}_{d1}\boldsymbol{x}(t-\tau_d)+\boldsymbol{B}_1\boldsymbol{u}(t)+\boldsymbol{B}_{\omega1}\boldsymbol{\omega}(t)\\ R^2:\text{如果}\quad \boldsymbol{\theta}(t)=\boldsymbol{x}_2(t)+\alpha\dfrac{v\bar{t}}{2L}\boldsymbol{x}_1(t)+(1-a)\dfrac{v\bar{t}}{2L}\boldsymbol{x}_1(t-\tau_d)\ \text{是}\pm\pi\\ \quad\text{则}\quad \dot{\boldsymbol{x}}(t)=\boldsymbol{A}_2\boldsymbol{x}(t)+\boldsymbol{A}_{d2}\boldsymbol{x}(t-\tau_d)+\boldsymbol{B}_2\boldsymbol{u}(t)+\boldsymbol{B}_{\omega2}\boldsymbol{\omega}(t)\end{cases} \tag{5-26}$$

式中：

$$\boldsymbol{A}_1=\begin{bmatrix}-a\dfrac{v\bar{t}}{Lt_0} & 0 & 0\\ a\dfrac{v\bar{t}}{Lt_0} & 0 & 0\\ -a\dfrac{v^2\bar{t}^2}{2Lt_0} & \dfrac{v\bar{t}}{t_0} & 0\end{bmatrix},\quad \boldsymbol{A}_{d1}=\begin{bmatrix}-(1-\alpha)\dfrac{v\bar{t}}{Lt_0} & 0 & 0\\ (1-\alpha)\dfrac{v\bar{t}}{Lt_0} & 0 & 0\\ (1-\alpha)\dfrac{v^2\bar{t}^2}{2Lt_0} & 0 & 0\end{bmatrix}$$

$$
\boldsymbol{A}_2=\begin{bmatrix} -a\dfrac{v\bar{t}}{Lt_0} & 0 & 0 \\ a\dfrac{v\bar{t}}{Lt_0} & 0 & 0 \\ ad\dfrac{v^2\bar{t}^2}{2Lt_0} & \dfrac{dv\bar{t}}{t_0} & 0 \end{bmatrix}，\boldsymbol{A}_{d2}=\begin{bmatrix} -(1-\alpha)\dfrac{v\bar{t}}{Lt_0} & 0 & 0 \\ (1-\alpha)\dfrac{v\bar{t}}{Lt_0} & 0 & 0 \\ (1-\alpha)\dfrac{dv^2\bar{t}^2}{2Lt_0} & 0 & 0 \end{bmatrix}
$$

$$
\boldsymbol{B}_1=\boldsymbol{B}_2=\begin{bmatrix} \dfrac{v\bar{t}}{lt_0} & 0 & 0 \end{bmatrix}^{\mathrm{T}}，\boldsymbol{B}_{\omega 1}=\boldsymbol{B}_{\omega 2}=\begin{bmatrix} 1 & 0 & 0 \end{bmatrix}^{\mathrm{T}}，d=\frac{10t_0}{\pi}
$$

同时用下列隶属度函数来描述系统［式(5-25)］：

$$
\begin{cases} \mu_1(\boldsymbol{\theta}(t))=(1-\dfrac{1}{1+\exp(-3(\boldsymbol{\theta}(t)-0.5\pi))})\times\dfrac{1}{1+\exp(-3(\boldsymbol{\theta}(t)-0.5\pi))} \\ \mu_2(\boldsymbol{\theta}(t))=1-\mu_1(\boldsymbol{\theta}(t)) \end{cases} \tag{5-27}
$$

控制器输出选为 $\boldsymbol{z}_1(t)=\boldsymbol{z}_2(t)=\begin{bmatrix} 0.01 & 0.1 & 0.01 \end{bmatrix}\boldsymbol{x}(t)$，扰动输入选为 $\boldsymbol{\omega}(t)=\sin(0.1t)\exp(-0.1t)$。

在 $\tau_d=0.1\mathrm{s}$、$\bar{\eta}=0.2$、$\sigma=0.05$、$\gamma=2$ 时，运用定理 5-2 并使用 Matlab LMI 工具箱求解可以得到如下相应的事件触发矩阵和状态反馈增益矩阵：

$$
\boldsymbol{V}=\begin{bmatrix} 0.1362 & 4.3682 & 2.4880 \\ 4.3682 & 24.1275 & 14.6323 \\ 2.4880 & 14.6323 & 26.8426 \end{bmatrix} \tag{5-28}
$$

$$
\boldsymbol{K}_1=\begin{bmatrix} -1.4783 & -0.4205 & 0.0053 \end{bmatrix} \tag{5-29}
$$

$$
\boldsymbol{K}_2=\begin{bmatrix} -1.3539 & -0.6432 & 0.0080 \end{bmatrix} \tag{5-30}
$$

取采样周期 h=0.1s，系统［式(5-26)］的状态信号释放时刻和释放周期如图 5-2 所示，在初始条件 $\begin{bmatrix} -0.5\pi & -0.75\pi & -5 \end{bmatrix}$ 下，结合式(5-29) 和式(5-30)，则系统［式(5-26)］的状态响应如图 5-3 所示。表 5-1 列出了不同触发机制下的平均发送周期。

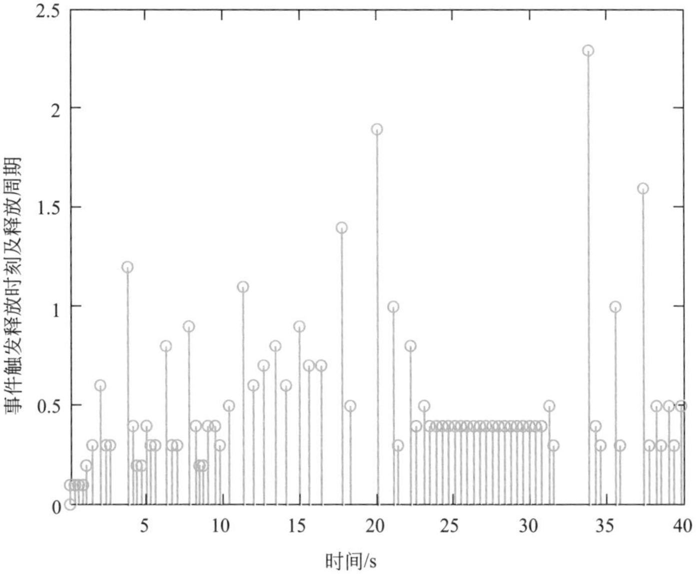

图 5-2　采样信号释放时刻和释放周期

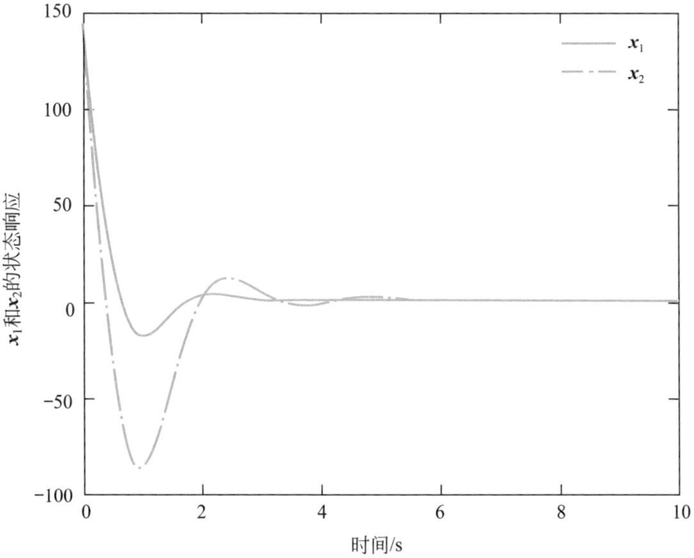

图 5-3　系统状态响应

表5-1　不同触发机制下的平均发送周期　　　单位：s

触发机制	平均发送周期
事件触发	$< 10^{-5}$
最大传输间隔	0.0169
自触发	0.1782
基于 CLKF 的事件触发	0.4424
基于 DLKF 的事件触发	0.5682
时间触发	0.8765

表 5-1 中，CLKF 表示连续李雅普诺夫函数，它可由式 (5-13) 中定义的离散李雅普诺夫函数得到；DLKF 表示离散李雅普诺夫函数，文献 [54] 中提到了 DLKF，但是没有考虑网络传输时延的导数信息。从表 5-1 可以看出，利用本章所提方法得到的结果，其保守性要小于本例所提其他文献得到的结果。

Digital Wave
Advanced Technology of
Industrial Internet

Intelligent Control and
Filtering of Networked Systems

网络化系统智能控制与滤波

第 6 章

事件触发时延网络化系统量化 H_∞ 控制

本章综合考虑事件触发机制、量化和时变传输时延以及不确定性对网络化控制系统的影响，利用对数量化器来对控制输入和测量输出进行量化处理。首先，提出了一个事件触发机制，并建立了一个新的具有时变传输时延和不确定性的 T-S 量化控制模型，系统模型中同时包含了时变传输时延、事件触发器相关参数和量化的特征。然后基于该模型，研究了基于事件触发网络化系统的量化控制稳定性问题，在稳定性判据的推导过程中，结合了线性矩阵不等式方法和李雅普诺夫函数方法。再次，基于稳定性判据，利用锥补线性化算法给出了 H_∞ 量化控制器及事件触发器参数的联合设计方法。最后，用一个仿真实例来验证了分析的有效性。

6.1 问题描述

在网络化控制系统中，信号都是在数字信道中进行传输的，从传感器传输到控制器然后从控制器传输到执行器和被控对象，同时由于通信网络的带宽资源有限，需要对信号进行量化处理来减小信号的损耗对被控系统的影响。对信号量化的过程可以视作将一个连续信号转化成一个有限集中取值的分段连续信号，但这种做法会产生所谓的“量化误差”，并且对所考虑的系统产生不利影响。鉴于此，在对被控系统进行设计分析时，必须要将量化误差对系统性能的影响考虑在内。

同时包含时变时延和状态信号与控制输入信号量化的基于事件触发的 T-S 模糊网络化控制系统结构图如图 6-1 所示。

根据图 6-1，考虑如下的时延 T-S 模糊系统，系统的第 i 条规则如下：

R^i：如果 $\theta_1(t)$ 是 W_1^i，$\theta_g(t)$ 是 W_g^i，那么

$$\begin{cases}\dot{\boldsymbol{x}}(t)=\boldsymbol{A}_i\boldsymbol{x}(t)+\boldsymbol{A}_{di}x(t-\tau_d)+\boldsymbol{B}_i\boldsymbol{u}(t)+\boldsymbol{B}_{\omega i}\boldsymbol{\omega}(t)\\ \boldsymbol{z}(t)=\boldsymbol{C}_i\boldsymbol{x}(t)+\boldsymbol{D}_iu(t),\quad t\in[-\max(\tau_d,h),0]\end{cases}\tag{6-1}$$

式中，i=1,2,⋯,r，r 为 If-Then 规则的数量；$\boldsymbol{x}(t)\in\mathbb{R}^n$、$\boldsymbol{u}(t)\in R^m$ 分

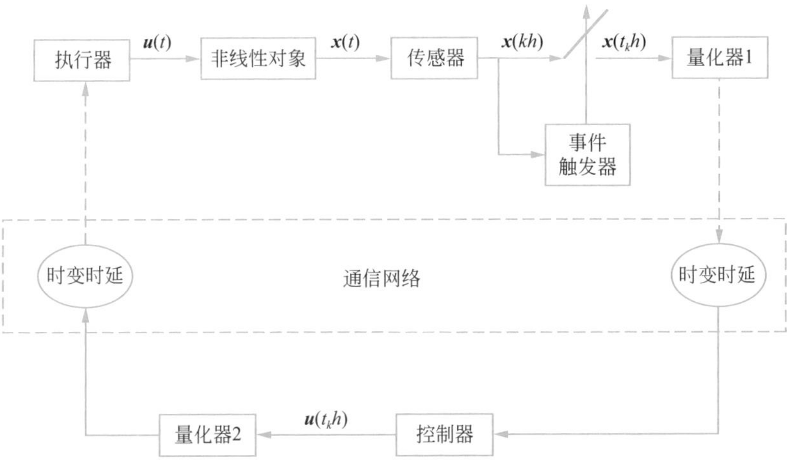

图 6-1 基于事件触发的量化和时变时延 T-S 网络化控制系统结构图

别为状态向量和输入向量；W_j^i $(i=1,2,\cdots,r; j=1,2,\cdots, g)$ 为模糊集；$\theta_j(t)$ $(j=1,2,\cdots,g)$ 代表前件变量，$\theta(t)=[\theta_1(t) \ \cdots \ \theta_g(t)]^{\mathrm{T}}$，并且假设 $\boldsymbol{\theta}(t)$ 既不是给定的也不是 $\boldsymbol{x}(t)$ 的功能函数，同时也不依赖于 $\boldsymbol{u}(t)$；输入 $\boldsymbol{\omega}(t)\in\zeta_2[0,\infty)$ 表示外生扰动信号；$\boldsymbol{z}(t)\in\mathbb{R}^p$ 为系统输出；τ_d 和 h 分别为状态时延和采样周期；$\boldsymbol{A}_i$、$\boldsymbol{A}_{di}$、$\boldsymbol{B}_i$、$\boldsymbol{B}_{\omega i}$、$\boldsymbol{C}_i$、$\boldsymbol{D}_i$（$i=1,2,\cdots,r$）为常数矩阵。

应用单点模糊化、乘积推理和中心加权反模糊化推理方法，可以将 T-S 模糊系统［式 (6-1)］转化为如下所示的全局模糊系统模型：

$$\begin{cases}\dot{\boldsymbol{x}}(t)=\sum_{i=1}^{r}h_i(\boldsymbol{\theta}(t))[\boldsymbol{A}_i\boldsymbol{x}(t)+\boldsymbol{A}_{di}\boldsymbol{x}(t-\tau_d)+\boldsymbol{B}_i\boldsymbol{u}(t)+\boldsymbol{B}_{\omega i}\boldsymbol{\omega}(t)]\\ \boldsymbol{z}(t)=\sum_{i=1}^{r}h_i(\boldsymbol{\theta}(t))[\boldsymbol{C}_i\boldsymbol{x}(t)+\boldsymbol{D}_i\boldsymbol{u}(t)]\end{cases} \tag{6-2}$$

式中，$\boldsymbol{\theta}(t)=[\boldsymbol{\theta}_1(t) \ \boldsymbol{\theta}_2(t) \ \cdots \ \boldsymbol{\theta}_g(t)]$，$\mu_i(\boldsymbol{\theta}(t))=\prod_{j=1}^{g}M_{ij}(\boldsymbol{\theta}_j(t))$，$h_i(\boldsymbol{\theta}(t))=\dfrac{\mu_i(\boldsymbol{\theta}(t))}{\sum_{i=1}^{r}\mu_i(\boldsymbol{\theta}(t))}$；在 M_{ij} 中，$M_{ij}(\theta_j(t))$ 为 $\theta_j(t)$ 的隶属度。假设对所有的 $t>0$，有 $\mu_i(\boldsymbol{\theta}(t))\geqslant 0$，$\sum_{i=1}^{r}\mu_i(\boldsymbol{\theta}(t))>0$，对所有的 t，有 $h_i(\boldsymbol{\theta}(t))\geqslant 0$ 及

$\sum_{i=1}^{r} h_i(\boldsymbol{\theta}(t)) = 1$ 成立。$\boldsymbol{u}(t_kh)$ 代表 t_kh 时刻被量化的信号 $\boldsymbol{x}(t_kh)$ 到达控制器端时的控制输入向量，$\boldsymbol{u}(t)$ 表示 $u(t_kh)$ 达到执行器端时刻的值。

由图 6-1 可知，量化器 1 的输出可描述为：

$$\bar{\boldsymbol{x}}(t_k h) = g(\boldsymbol{x}(t_k h)) \tag{6-3}$$

式中，$\boldsymbol{x}(kh)$ 为传感器传输的信号在 kh，$k \in \mathbb{Z}^+$ 时刻的值；$\boldsymbol{x}(t_kh)$ 为经过事件触发器判定满足触发条件的 $\boldsymbol{x}(kh)$ 发送到量化器 1 端的信号。

此时，定义 $\boldsymbol{e}_{1,k}$ 和 $\boldsymbol{e}_{2,k}$ 分别来表示状态向量误差和控制输入误差，通过扇形界方法不难得到：

$$\begin{aligned} \boldsymbol{e}_1 &= g(\boldsymbol{x}(t_k h)) - \boldsymbol{x}(t_k h) = \boldsymbol{\Delta}_1 \boldsymbol{x}(t_k h) \\ \boldsymbol{e}_2 &= g(\boldsymbol{u}(t_k h)) - \boldsymbol{u}(t_k h) = \boldsymbol{\Delta}_2 \boldsymbol{u}(t_k h) \end{aligned} \tag{6-4}$$

式中，$\boldsymbol{\Delta}_1 = \mathrm{diag}\{\boldsymbol{\Delta}_{11}, \boldsymbol{\Delta}_{12}, \cdots, \boldsymbol{\Delta}_{1n}\}$，$\boldsymbol{\Delta}_{1i} \in [-\delta_1, \delta_1], i=1,2,\cdots,n$；$\boldsymbol{\Delta}_2 = \mathrm{diag}\{\boldsymbol{\Delta}_{21}, \boldsymbol{\Delta}_{22}, \cdots, \boldsymbol{\Delta}_{2n}\}$，$\boldsymbol{\Delta}_{2j} \in [-\delta_2, \delta_2], j=1,2,\cdots,n$。

则经过量化器量化的状态向量 $\bar{\boldsymbol{x}}(t_k h)$ 和控制输入 $\bar{\boldsymbol{u}}(t_k h)$ 分别可以表示为：

$$\begin{cases} \bar{\boldsymbol{x}}(t_k h) = (\boldsymbol{I} + \Delta_1) \boldsymbol{x}(t_k h) \\ \bar{\boldsymbol{u}}(t_k h) = (\boldsymbol{I} + \Delta_2) \boldsymbol{u}(t_k h) \end{cases} \tag{6-5}$$

本节将提出一种新的事件触发通信方案，以减少所传送的数据包的数量，同时保持稳定性和所需的控制性能。其主要思想是当系统状态中当前采样的变化值超过规定的阈值时，发送测量值。也就是说，系统以恒定的采样周期 h 采样当前状态值，所采样的状态是否应当被发送由传输误差和状态误差决定。为便于理论研究，提出了以下在网络化控制系统研究中常用的假设。

假设 6-1

在通信网络中，传感器是时间驱动的，系统状态以恒定采样周期 h 进行采样，设定采样时刻由 $\{jh | j \in \mathbb{N}\}$ 表示。

假设 6-2

采样数据的发送取决于事件触发机制，这组即时 t_kh 取决于采样状

态 $\boldsymbol{x}(jh)$，传输采样被描述成 $\{t_k h | t_k \in \mathbb{N}\}$。

假设 6-3

控制器和执行器是事件驱动的，当没有最新的控制数据包到达执行器时，逻辑 ZOH 用于保存控制输入。

假设 6-4

执行器中零阶保持的保持时间是 $t \in \Omega = [t_k h + \tau_{t_k}, t_{k+1}h + \tau_{t_k+1})$，其中 τ_{t_k} 是通信时延，h 是采样周期，控制信号达到零阶保持状态时的瞬时值表示为 $t_k h + \tau_{t_k}$。

从上述假设可以看出，所设定的发送时刻 $\{t_k h | t_k \in \mathbb{N}\}$ 是 $\{jh | j \in \mathbb{N}\}$ 的一个子集，一个 ZOH 的保持区域由下列子集组成：

$$[t_k h + \tau_{t_k}, t_{k+1}h + \tau_{t_k+1}] = \bigcup_{n=0}^{d} \Omega_{n,k} \tag{6-6}$$

式中，$\Omega_{n,k} = [i_k h + \tau_{t_k+n}, i_k h + h + \tau_{t_k+n+1}]$；$i_k h = t_k h + nh, n = 0, \cdots, d$；$d = t_{k+1} - t_k - 1$；$i_k h$ 为两个联合发送时刻之间的采样；τ_{t_k} 和 τ_{t_k+1} 分别为在时刻 $t_k h$ 和 $t_{k+1}h$ 引起的网络时延。保持子集 $\Omega_{n,k}$ 开始点和结束点的正确顺序。可以用下式计算当前采样时刻与最新发送时刻之间的状态误差：

$$\boldsymbol{e}_k(i_k h) = \boldsymbol{x}(i_k h) - \boldsymbol{x}(t_k h) \tag{6-7}$$

定义 $\eta(t) = t - i_k h$，$t \in \Omega_{n,k}$，从式 (6-7) 中可以得出传输状态 $\boldsymbol{x}(t_k h)$ 的表达式：

$$\boldsymbol{x}(t_k h) = \boldsymbol{x}(t - \eta(t)) - \boldsymbol{e}_k(i_k h),\ t \in \Omega_{n,k} \tag{6-8}$$

注 6-1

由 $\eta(t)$ 的定义可以看出，$\eta(t)$ 是一个可微函数并且满足：

$$\dot{\eta}(t) = 1,\ 0 < \tau_{t_k+n} \leqslant \eta(t) \leqslant h + \tau_{t_k+n+1} \leqslant \bar{\eta} \tag{6-9}$$

因为 $\eta(t)$ 不仅与上界网络时延 τ_{t_k} 相关，而且与采样周期 h 相关，所以当 $\bar{\eta}$ 已知时，在式 (6-9) 中 $h + \tau_{t_k+n+1} \leqslant \bar{\eta}$ 的条件可作为采样周期和网络时延之间的一个权衡。

在本节中，假设传输的发生依赖于离散事件触发而不是时间触发的，同时也决定了下一个传输的发生，图 6-1 描述了一个基于事件触发的 T-S 网络化控制系统的结构框图。其中，事件发生器根据预先设定的事件触发条件对接收到的采样数据进行筛选，符合触发条件的采样信号即被发送给控制器，不符合条件的信号不发送。考虑到通信信道容量有限，为了减少网络中的数据传输量，提出了网络化控制系统中的事件触发机制。该触发机制的条件可以表示如下：

$$\boldsymbol{\varrho}_{\gamma_{k+j}h}^{\mathrm{T}}\boldsymbol{V}\boldsymbol{\varrho}_{\gamma_{k+j}h}\leqslant\sigma\boldsymbol{x}^{\mathrm{T}}(i_{k+j}h)\boldsymbol{V}\boldsymbol{x}(i_{k+j}) \tag{6-10}$$

式中，$\boldsymbol{\varrho}_{\gamma_{k+j}h}=\boldsymbol{x}(i_{k+j}h)-\boldsymbol{x}(i_k h)$ 为当前的采样数据 $\boldsymbol{x}(i_{k+j}h)$ 与最新发送的数据 $\boldsymbol{x}(i_k h)$ 之间的误差；$\boldsymbol{V}$ 为正定矩阵； $j\in\mathbb{Z}^+,\sigma\in[0,1]$。

注 6-2

从触发条件 [式 (6-10)] 可以推知，当状态误差测量值大于当前状态测量值时，触发就会发生，系统状态以期望的稳定精度偏离。换句话说，如果当前采样的状态变化小于一个状态阈值，则采样信号不发送。从这个意义上讲，所提出的事件触发的通信方案可以降低传输频率，同时节省有限的通信带宽。在无线传感网络中，带宽非常有限，数据发送过程消耗的能量比计算过程消耗的能量多。因此利用事件触发机制来改善无线网络带宽的利用率及数据的发送次数就显得非常有意义。

本节为了得到稳定的 T-S 模糊系统，将通过并行补偿的方式设计一种基于采样数据控制的 T-S 模糊模型。控制器的第 i 条设计规则如下：

R^i：如果 $\theta_1(t_k)$ 是 W_1^i，则 $\theta_g(t_k)$ 是 W_g^i，那么

$$\boldsymbol{u}_i(t)=(\boldsymbol{\Delta}_2+\boldsymbol{K}_i)\bar{\boldsymbol{x}}(t_k h),\quad t_k h\leqslant t<t_{k+1}h \tag{6-11}$$

式中，$\boldsymbol{K}_i(i=1,2,\cdots,r)$ 为控制器增益；t_k 为采样时刻，满足 $0<t_1<t_2<\cdots<t_k$；$\boldsymbol{x}(t_k h)$ 为子系统 R^i 在时刻 t_k 的状态向量，通过使用零阶保持器使 $\boldsymbol{x}(t_k h)$ 变成一个分段常数函数；$\boldsymbol{u}_i(t)$ 为规则 i 的输入向量。

$$\boldsymbol{u}(t)=\sum_{i=1}^{r}h_i(\boldsymbol{\theta}(t_k))(\boldsymbol{\Delta}_2+\boldsymbol{K}_i)(\boldsymbol{\Delta}_1+\boldsymbol{I})\boldsymbol{x}(t_k h),\ t_k h\leqslant t<t_{k+1}h \tag{6-12}$$

式 (6-12) 所设计的控制器，第 i 条控制器设计规则中的假设前件变量 $\theta_i(t_k)$ 被连续在线测量是没有必要的，因为它们来自零阶保持器的输出。此外，$\boldsymbol{u}(t)=\boldsymbol{u}(t_k h)$ 表示当 $t_k h \leqslant t < t_{k+1}h$ 时保持的恒定值。

定义 $\tau(t)=t-t_k h$，则有 $0<t_{k+1}-t_k \leqslant h$，其中 h 表示两个采样时刻的边界差值。时变时延时间 $\tau(t)$ 是具有导数的分段锯齿形结构，故 $\dot{\tau}(t)=1$，$t \neq t_k h$。

从式 (6-12) 中可以得到：

$$\boldsymbol{u}(t)=\sum_{i=1}^{r} h_i(\theta(t_k))(\boldsymbol{K}_{\mathrm{i}}+\boldsymbol{\Omega}_i)\boldsymbol{x}(t_k),\ t_k h \leqslant t < t_{k+1}h \tag{6-13}$$

式中，$\boldsymbol{\Omega}_i=\boldsymbol{\Delta}_2\boldsymbol{K}_i+\boldsymbol{K}_i\boldsymbol{\Delta}_1+\boldsymbol{\Delta}_2\boldsymbol{K}_i\boldsymbol{\Delta}_1$。

结合式 (6-10) 和式 (6-13)，可以得到如下的闭环模糊系统：

$$\begin{cases}\dot{\boldsymbol{x}}(t)=\tilde{\boldsymbol{A}}_i\boldsymbol{x}(t)+\tilde{\boldsymbol{A}}_{di}\boldsymbol{x}(t-\tau_d)+\tilde{\boldsymbol{B}}_i\boldsymbol{x}(t-\tau(t))+\tilde{\boldsymbol{B}}_{\omega i}\boldsymbol{\omega}(t)\\ \boldsymbol{z}(t)=\tilde{\boldsymbol{C}}_i\boldsymbol{x}(t)+\tilde{\boldsymbol{D}}_i\boldsymbol{x}(t-\tau(t)),\boldsymbol{x}(t)=\boldsymbol{\phi}(t),t\in[-\max(\tau_d,h),0]\end{cases} \tag{6-14}$$

其中：

$$\tilde{\boldsymbol{A}}_i=\sum_{i=1}^{r}h_i(\boldsymbol{\theta}(t))\boldsymbol{A}_i,\ \ \tilde{\boldsymbol{A}}_{di}=\sum_{i=1}^{r}h_i(\boldsymbol{\theta}(t))\boldsymbol{A}_{di}$$

$$\tilde{\boldsymbol{B}}_i=\sum_{i=1}^{r}\sum_{j=1}^{r}h_i(\boldsymbol{\theta}(t))h_j(\boldsymbol{\theta}(t_k))\boldsymbol{B}_i(\boldsymbol{K}_i+\boldsymbol{\Omega}_i)$$

$$\tilde{\boldsymbol{B}}_{\omega i}=\sum_{i=1}^{r}h_i(\boldsymbol{\theta}(t))\boldsymbol{B}_{\omega i},\ \ \tilde{\boldsymbol{C}}_i=\sum_{i=1}^{r}h_i(\boldsymbol{\theta}(t))\boldsymbol{C}_i$$

$$\tilde{\boldsymbol{D}}_i=\sum_{i=1}^{r}\sum_{j=1}^{r}h_i(\boldsymbol{\theta}(t))h_j(\boldsymbol{\theta}(t_k))\boldsymbol{D}_i(\boldsymbol{K}_i+\boldsymbol{\Omega}_i)$$

T-S 模糊系统的采样数据控制已经被广泛研究。在仅仅考虑恒定采样差值的情况下，对任意的采样信号，有 $t_k=k$，$t_{k+1}h-t_k h=h$，$k=0,1,2,\cdots$，但不能直接运用于可变的采样情况。虽然可变采样数据的控制问题已经被考虑，但不能直接运用于具有稳定时延的非线性系统，因此在这方面的研究还有很大的空间。

本章的目的是针对 T-S 模糊系统设计一个量化 H_∞ 控制器，下面将针对此模糊系统进行稳定性分析，如下是要用到的定义。

定义 6-1

对于所有允许的不确定性，如果满足以下条件，系统［式 (6-14)］则是一个扰动抑制水平为 γ 的 H_∞ 渐近稳定系统。

① 如果满足 $\lim_{t\to\infty}|\boldsymbol{x}(t)|=0$，闭环系统在 $\boldsymbol{\omega}(t)\equiv 0$ 的情况下是渐近稳定的；

② 对于给定的 $\gamma>0$，在零初始条件 $\boldsymbol{x}(t)=0$，$\forall t\in[-\max(\tau_d,h),0]$ 下，对任意非零扰动 $\boldsymbol{\omega}(t)\in\zeta_2[0,\infty)$，控制输出 $\boldsymbol{z}(t)$ 满足 $\|\boldsymbol{z}(t)\|_2<\gamma\|\boldsymbol{\omega}(t)\|_2$。

本节对采样数据模糊系统［式 (6-8)］的鲁棒稳定性分析提出改进方法。在稳定性分析中，假定反馈增益矩阵 $\boldsymbol{K}_i$ 已被设计好，使得系统［式 (6-8)］是渐近稳定的。首先，考虑闭环系统［式 (6-14)］的稳定性。

6.2 稳定性及 H_∞ 性能分析

定理 6-1

对于一些给定的正实数参数 $\bar{\eta}$、τ_d、γ、σ 和反馈增益 $\boldsymbol{K}_j$，在事件触发机制［式 (6-10)］下，对于 $i,j=1,2,\cdots,r,i\leqslant j$，如果存在合适维数的实矩阵 $\boldsymbol{T}>0$、$\boldsymbol{P}_i>0$、$\boldsymbol{Q}_i>0$、$\boldsymbol{R}_i>0\,(i=1,2)$、$\boldsymbol{V}>0$ 和矩阵 $\boldsymbol{M}$、$\boldsymbol{N}$ 和 $\boldsymbol{L}$ 满足下列的线性矩阵不等式：

$$\begin{aligned}\boldsymbol{\Pi}_1^{ij}+\boldsymbol{\Pi}_1^{ji}<0\\ \boldsymbol{\Pi}_2^{ij}+\boldsymbol{\Pi}_2^{ji}<0\end{aligned}\tag{6-15}$$

则称系统［式 (6-14)］是渐近稳定的且扰动抑制水平为 γ。

式中：

$$\boldsymbol{\Pi}_1^{ij}=\begin{bmatrix}\boldsymbol{\Phi}_1^{ij} & * & * & * & * \\ \bar{\eta}\boldsymbol{T}\boldsymbol{\Gamma}_2^{ij} & -\bar{\eta}\boldsymbol{T} & * & * & * \\ \bar{\eta}\boldsymbol{R}_2\boldsymbol{\Gamma}_2^{ij} & 0 & -\bar{\eta}\boldsymbol{R}_2 & * & * \\ \tau_d^2\boldsymbol{Q}_2\boldsymbol{\Gamma}_2^{ij} & 0 & 0 & -\tau_d^2\boldsymbol{Q}_2 & * \\ \bar{\eta}\boldsymbol{L}^{\mathrm{T}} & 0 & 0 & 0 & -\bar{\eta}\boldsymbol{T}\end{bmatrix}$$

$$\boldsymbol{\Pi}_2^{ij}=\begin{bmatrix}\boldsymbol{\Phi}_2^{ij} & * & * & * & * \\ \bar{\eta}\boldsymbol{T}\boldsymbol{\Gamma}_2^{ij} & -\bar{\eta}\boldsymbol{T} & * & * & * \\ \tau_d^2\boldsymbol{Q}_2\boldsymbol{\Gamma}_2^{ij} & 0 & -\tau_d^2\boldsymbol{Q}_2 & * & * \\ \bar{\eta}\boldsymbol{M}^{\mathrm{T}} & 0 & 0 & -\bar{\eta}\boldsymbol{T} & * \\ \bar{\eta}\boldsymbol{N}^{\mathrm{T}} & 0 & 0 & 0 & -\bar{\eta}\boldsymbol{R}_2\end{bmatrix}$$

$$\boldsymbol{\Upsilon}^{ij}=\begin{bmatrix}\boldsymbol{\Phi}_3^{ij} & * & * & * & * & * & * \\ (\boldsymbol{K}_{\mathrm{i}}+\boldsymbol{\Omega}_i)^{\mathrm{T}}\boldsymbol{B}_i^{\mathrm{T}}\boldsymbol{P}_1 & \sigma\boldsymbol{V} & * & * & * & * & * \\ -(\boldsymbol{K}_{\mathrm{i}}+\boldsymbol{\Omega}_i)^{\mathrm{T}}\boldsymbol{B}_i^{\mathrm{T}}\boldsymbol{P}_1 & 0 & -\boldsymbol{V} & * & * & * & * \\ 0 & 0 & 0 & -\boldsymbol{P}_2 & * & * & * \\ -\boldsymbol{B}_{\omega i}^{\mathrm{T}}\boldsymbol{P}_1 & 0 & 0 & 0 & -\gamma^2\boldsymbol{I} & * & * \\ \boldsymbol{R}_1 & 0 & 0 & 0 & 0 & -\boldsymbol{R}_1 & * \\ \boldsymbol{Q}_2 & 0 & 0 & 0 & 0 & 0 & -\boldsymbol{Q}_1-\boldsymbol{Q}_2\end{bmatrix}$$

$$\boldsymbol{\Delta}=\begin{bmatrix}\boldsymbol{M}+\boldsymbol{N} & \boldsymbol{L}-\boldsymbol{M} & 0 & -\boldsymbol{L} & 0 & -\boldsymbol{N} & 0\end{bmatrix}$$

$$\boldsymbol{\Phi}_1^{ij}=\boldsymbol{\Upsilon}^{ij}+\boldsymbol{\Delta}+\boldsymbol{\Delta}^{\mathrm{T}}+\boldsymbol{\Psi}^{ij}+(\boldsymbol{\Gamma}_3^{ij})^{\mathrm{T}}\boldsymbol{\Gamma}_3^{ij},\quad \boldsymbol{\Phi}_2^{ij}=\boldsymbol{\Upsilon}^{ij}+\boldsymbol{\Delta}+\boldsymbol{\Delta}^{\mathrm{T}}+(\boldsymbol{\Gamma}_3^{ij})^{\mathrm{T}}\boldsymbol{\Gamma}_3^{ij}$$

$$\boldsymbol{\Phi}_3^{ij}=\boldsymbol{P}_1\boldsymbol{A}_i+\boldsymbol{A}_i^{\mathrm{T}}\boldsymbol{P}_1+\boldsymbol{P}_2-\boldsymbol{R}_1+\boldsymbol{Q}_1+\boldsymbol{Q}_2,\quad \boldsymbol{\Psi}^{ij}=\bar{\eta}(\boldsymbol{\Gamma}_2^{ij})^{\mathrm{T}}\boldsymbol{R}_1\boldsymbol{\Gamma}_1^{\mathrm{T}}+\bar{\eta}\boldsymbol{\Gamma}_1\boldsymbol{R}_1\boldsymbol{\Gamma}_2^{ij}$$

$$\boldsymbol{\Gamma}_1=\begin{bmatrix}\boldsymbol{I} & 0 & 0 & 0 & 0 & 0 & -\boldsymbol{I}\end{bmatrix}^{\mathrm{T}}$$

$$\boldsymbol{\Gamma}_2^{ij}=\begin{bmatrix}\boldsymbol{A}_i & \boldsymbol{B}_i(\boldsymbol{K}_{\mathrm{i}}+\boldsymbol{\Omega}_i) & -\boldsymbol{B}_i(\boldsymbol{K}_{\mathrm{i}}+\boldsymbol{\Omega}_i) & 0 & \boldsymbol{B}_{\omega i} & 0 & \boldsymbol{A}_{di}\end{bmatrix}$$

$$\boldsymbol{\Gamma}_3^{ij}=\begin{bmatrix}\boldsymbol{C}_i & \boldsymbol{D}_i(\boldsymbol{K}_{\mathrm{i}}+\boldsymbol{\Omega}_i) & -\boldsymbol{D}_i(\boldsymbol{K}_{\mathrm{i}}+\boldsymbol{\Omega}_i) & 0 & 0 & 0 & 0\end{bmatrix}$$

证明

构建一个如下形式的一个李雅普诺夫函数：

$$\boldsymbol{V}(t)=\boldsymbol{V}_1(t)+\boldsymbol{V}_2(t)+\boldsymbol{V}_3(t) \tag{6-16}$$

其中：

$$\boldsymbol{V}_1(t)=\boldsymbol{x}^{\mathrm{T}}(t)\boldsymbol{P}_1\boldsymbol{x}(t)+\int_{t-h}^{t}\boldsymbol{x}^{\mathrm{T}}(v)\boldsymbol{P}_2x(v)\mathrm{d}v+\int_{t-\tau_d}^{t}\boldsymbol{x}^{\mathrm{T}}(v)\boldsymbol{Q}_1\boldsymbol{x}(v)\mathrm{d}v$$

$$\boldsymbol{V}_2(t)=\tau_d\int_{t-\tau_d}^{t}\int_{s}^{t}\dot{\boldsymbol{x}}^{\mathrm{T}}(v)\boldsymbol{Q}_2\dot{x}(v)\mathrm{d}v\mathrm{d}s+\int_{t-h}^{t}\int_{s}^{t}\dot{\boldsymbol{x}}^{\mathrm{T}}(v)\boldsymbol{T}\dot{\boldsymbol{x}}(v)\mathrm{d}v\mathrm{d}s$$

$$\boldsymbol{V}_3(t)=(h-\tau(t))\{[\boldsymbol{x}^{\mathrm{T}}(t)-\boldsymbol{x}^{\mathrm{T}}(s_k)]\boldsymbol{R}_1[\boldsymbol{x}(t)-\boldsymbol{x}(s_k)]+\int_{s_k}^{t}\dot{\boldsymbol{x}}^{\mathrm{T}}(v)\boldsymbol{R}_2\dot{\boldsymbol{x}}(v)\mathrm{d}v\}$$

这里 $\boldsymbol{P}>0$，$\boldsymbol{Q}_j>0$，同时 $\boldsymbol{R}_j>0(j=1,2)$。在 $t\in[t_k h+\tau_k, t_{k+1}h+\tau_{k+1})$ 范围内，对 $\boldsymbol{V}(t)$ 求导，可以得到如下的表达式：

$$
\begin{aligned}
\dot{V}_1(t) &= 2\boldsymbol{x}^{\mathrm{T}}(t)\boldsymbol{P}_1\dot{\boldsymbol{x}}(t)+\boldsymbol{x}^{\mathrm{T}}(t)\boldsymbol{P}_2\boldsymbol{x}(t)+\boldsymbol{x}^{\mathrm{T}}(t-h)\boldsymbol{P}_2\boldsymbol{x}(t-h)\\
&\quad +\boldsymbol{x}^{\mathrm{T}}(t)\boldsymbol{Q}_1\boldsymbol{x}(t)-\boldsymbol{x}^{\mathrm{T}}(t-\tau_d)\boldsymbol{Q}_1\boldsymbol{x}(t-\tau_d)\\
\dot{V}_2(t) &= \tau_d^2\dot{\boldsymbol{x}}^{\mathrm{T}}(t)\boldsymbol{Q}_2\dot{\boldsymbol{x}}(t)-\tau_d\int_{t-\tau_d}^{t}\dot{\boldsymbol{x}}^{\mathrm{T}}(t)\boldsymbol{Q}_2\dot{\boldsymbol{x}}(t)\mathrm{d}t+h\dot{\boldsymbol{x}}^{\mathrm{T}}(t)\boldsymbol{T}\dot{\boldsymbol{x}}(t)\\
&\quad -\int_{t-h}^{t}\dot{\boldsymbol{x}}^{\mathrm{T}}(s)\boldsymbol{T}\dot{\boldsymbol{x}}(s)\mathrm{d}s\\
\dot{V}_3(t) &= (h-\tau(t))\int_{s_k}^{t}\dot{\boldsymbol{x}}^{\mathrm{T}}(v)\boldsymbol{R}_2\dot{\boldsymbol{x}}(v)\mathrm{d}v+(h-\tau(t))[\boldsymbol{x}^{\mathrm{T}}(t)-\boldsymbol{x}^{\mathrm{T}}(s_k)]\\
&\quad \boldsymbol{R}_1[\boldsymbol{x}(t)-\boldsymbol{x}(s_k)]
\end{aligned}
\tag{6-17}
$$

利用牛顿 - 莱布尼兹公式可以得到：

$$
\begin{cases}
2\boldsymbol{\varepsilon}^{\mathrm{T}}(t)\boldsymbol{M}[\boldsymbol{x}(t)-\boldsymbol{x}(t-\tau(t))-\int_{t-\tau(t)}^{t}\dot{\boldsymbol{x}}(s)\mathrm{d}s]=0\\
2\boldsymbol{\varepsilon}^{\mathrm{T}}(t)\boldsymbol{N}[\boldsymbol{x}(t)-\boldsymbol{x}(s_k)-\int_{s_k}^{t}\dot{\boldsymbol{x}}(s)\mathrm{d}s]=0\\
2\boldsymbol{\varepsilon}^{\mathrm{T}}(t)\boldsymbol{L}[\boldsymbol{x}(t-\tau(t))-\boldsymbol{x}(t-h)-\int_{t-h}^{t-\tau(t)}\dot{\boldsymbol{x}}(s)\mathrm{d}s]=0
\end{cases}
\tag{6-18}
$$

式中，$\boldsymbol{\varepsilon}^{\mathrm{T}}(t)=[\boldsymbol{x}^{\mathrm{T}}(t)\quad \boldsymbol{x}^{\mathrm{T}}(t-\tau(t))\quad \boldsymbol{e}_k^{\mathrm{T}}(i_k h)\quad \boldsymbol{x}^{\mathrm{T}}(t-h)\quad \boldsymbol{\omega}^{\mathrm{T}}(t)\quad \boldsymbol{x}^{\mathrm{T}}(s_k)\quad \boldsymbol{x}^{\mathrm{T}}(t-\tau_d)]$。

通过基本的不等式 $-2\boldsymbol{ab}\leqslant \boldsymbol{a}\varrho\boldsymbol{a}^{\mathrm{T}}+\boldsymbol{b}^{\mathrm{T}}\varrho^{-1}\boldsymbol{b}$，$\varrho>0$ 成立，可以得出存在矩阵 $\boldsymbol{R}_2>0$ 和 $\boldsymbol{T}>0$，使得下面的不等式成立：

$$
2\boldsymbol{\varepsilon}^{\mathrm{T}}(t)\boldsymbol{M}\int_{t-\eta(t)}^{t}\dot{\boldsymbol{x}}(s)\mathrm{d}s\leqslant\eta(t)\boldsymbol{\varepsilon}^{\mathrm{T}}(t)\boldsymbol{M}\boldsymbol{T}^{-1}\boldsymbol{M}^{\mathrm{T}}\boldsymbol{\varepsilon}+\int_{t-\eta(t)}^{t}\dot{\boldsymbol{x}}^{\mathrm{T}}(s)\boldsymbol{T}\dot{\boldsymbol{x}}(s)\mathrm{d}s
\tag{6-19}
$$

$$
2\boldsymbol{\varepsilon}^{\mathrm{T}}(t)\boldsymbol{N}\int_{s_k}^{t}\dot{\boldsymbol{x}}(s)\mathrm{d}s\leqslant\eta(t)\boldsymbol{\varepsilon}^{\mathrm{T}}(t)\boldsymbol{N}\boldsymbol{R}_2^{-1}\boldsymbol{N}^{\mathrm{T}}\boldsymbol{\varepsilon}+\int_{s_k}^{t}\dot{\boldsymbol{x}}^{\mathrm{T}}(s)\boldsymbol{R}_2\dot{\boldsymbol{x}}(s)\mathrm{d}s
\tag{6-20}
$$

$$
2\boldsymbol{\varepsilon}^{\mathrm{T}}(t)\boldsymbol{L}\int_{t-\bar{\eta}}^{t-\eta(t)}\dot{\boldsymbol{x}}(s)\mathrm{d}s\leqslant(\bar{\eta}-\eta(t))\boldsymbol{\varepsilon}^{\mathrm{T}}(t)\boldsymbol{L}\boldsymbol{T}^{-1}\boldsymbol{L}^{\mathrm{T}}\boldsymbol{\varepsilon}+\int_{t-\bar{\eta}}^{t-\eta(t)}\dot{\boldsymbol{x}}^{\mathrm{T}}(s)\boldsymbol{T}\dot{\boldsymbol{x}}(s)\mathrm{d}s
\tag{6-21}
$$

通过 Jensen 不等式 [47]，可以得到下面的不等式：

$$-\tau_d\int_{t-\tau_d}^{t}\dot{\boldsymbol{x}}^{\mathrm{T}}(t)\boldsymbol{Q}_2\dot{\boldsymbol{x}}(t)\mathrm{d}t\leqslant\boldsymbol{\vartheta}\begin{bmatrix}-\boldsymbol{R}_1 & \boldsymbol{R}_1\\ \boldsymbol{R}_1 & -\boldsymbol{R}_1\end{bmatrix}\boldsymbol{\vartheta}^{\mathrm{T}} \tag{6-22}$$

式中，$\boldsymbol{\vartheta}=\left[\boldsymbol{x}^{\mathrm{T}}(t)\quad \boldsymbol{x}^{\mathrm{T}}(t-\tau_d)\right]^{\mathrm{T}}$。

同时利用 $\boldsymbol{e}_k^{\mathrm{T}}(i_k h)\boldsymbol{V}\boldsymbol{e}_k(i_k h)<\sigma\boldsymbol{x}^{\mathrm{T}}(i_k h)\boldsymbol{V}\boldsymbol{x}(i_k h)$，并结合式 (6-17) ～式 (6-20) 和式 (6-22)，不难得出：

$$\dot{V}(t,\boldsymbol{x}(t))\leqslant\sum_{i=1}^{r}\sum_{j=1}^{r}\mu_i(\boldsymbol{\theta}(t))\mu_j(\boldsymbol{\theta}(t))\boldsymbol{\varepsilon}^{\mathrm{T}}(\boldsymbol{\Sigma}^{ij}+\boldsymbol{\Sigma}^{ji})\boldsymbol{\varepsilon}-\boldsymbol{z}^{\mathrm{T}}(t)\boldsymbol{z}(t)+\gamma^2\boldsymbol{\omega}^{\mathrm{T}}(t)\boldsymbol{\omega}(t) \tag{6-23}$$

式中，$\boldsymbol{\Sigma}^{ij}=\gamma^{ij}+(\bar{\eta}-\eta(t))\boldsymbol{\Xi}_1^{ij}+\eta(t)\boldsymbol{\Xi}_2+\boldsymbol{\Delta}+\boldsymbol{\Delta}^{\mathrm{T}}+\bar{\eta}(\boldsymbol{\Gamma}_2^{ij})^{\mathrm{T}}\boldsymbol{T}\boldsymbol{\Gamma}_2^{ij}+(\boldsymbol{\Gamma}_3^{ij})^{\mathrm{T}}\boldsymbol{\Gamma}_3^{ij}$，$\boldsymbol{\Xi}_1^{ij}=\boldsymbol{L}\boldsymbol{T}^{-1}\boldsymbol{L}^{\mathrm{T}}+(\boldsymbol{\Gamma}_2^{ij})^{\mathrm{T}}\boldsymbol{R}_2\boldsymbol{\Gamma}_2^{ij}+2\boldsymbol{\Gamma}_1\boldsymbol{R}_1\boldsymbol{\Gamma}_2^{ij}$，$\boldsymbol{\Xi}_2=\boldsymbol{M}\boldsymbol{T}^{-1}\boldsymbol{M}^{\mathrm{T}}+\boldsymbol{N}\boldsymbol{R}_2^{-1}\boldsymbol{N}^{\mathrm{T}}$。

根据 Schur 补引理，结合式 (6-15) 可以得到：

$$\boldsymbol{\varepsilon}^{\mathrm{T}}(\boldsymbol{\Sigma}^{ij}+\boldsymbol{\Sigma}^{ji})\varepsilon<0 \tag{6-24}$$

由式 (6-23) 和式 (6-24) 得出：

$$\dot{V}(x_t)\leqslant-\boldsymbol{z}^{\mathrm{T}}(t)\boldsymbol{z}(t)+\gamma^2\boldsymbol{\omega}^{\mathrm{T}}(t)\boldsymbol{\omega}(t) \tag{6-25}$$

在零初始条件下，对任意非零扰动 $\boldsymbol{\omega}(t)\in\zeta_2[0,\infty)$，有 $\boldsymbol{z}(t)\|_2<\gamma\|\omega(t)\|_2$。条件式 (6-9) 确保 $\boldsymbol{\Sigma}^{ij}+\boldsymbol{\Sigma}^{ji}<0$，可以得到：

$$\dot{V}(x_t)\leqslant-\boldsymbol{z}^{\mathrm{T}}(t)\boldsymbol{z}(t)+\gamma^2\boldsymbol{\omega}^{\mathrm{T}}(t)\boldsymbol{\omega}(t) \tag{6-26}$$

在零初始条件下，结合不等式 (6-26) 的两侧，从 t_0 到 t 并且使 t 趋于无穷大，可得到 $\|\boldsymbol{z}(t)\|_2<\gamma\|\boldsymbol{\omega}(t)\|_2$，证毕。

6.3 H∞控制器设计

定理 6-2

对于一些给定的正实数参数 $\bar{\eta}$、γ、α、σ，在事件触发机制［式 (6-10)］下，系统［式 (6-14)］是渐近稳定的且扰动抑制水平为 γ，并且如果上述条件存在可行解，控制器增益矩阵可表示为 $\boldsymbol{K}_j=\boldsymbol{Y}_j\boldsymbol{X}^{-1}$，

如果对于 $i,j=1,2,\cdots,r,i\leqslant j$，存在合适维数的实矩阵 $\boldsymbol{X}>0$、$\tilde{\boldsymbol{T}}>0$、$\tilde{\boldsymbol{P}}_l>0$、$\tilde{\boldsymbol{Q}}_l>0$、$\tilde{\boldsymbol{R}}_l>0(l=1,2)$、$\tilde{\boldsymbol{V}}>0$ 和矩阵 $\tilde{\boldsymbol{M}}$、$\tilde{\boldsymbol{N}}$、$\tilde{\boldsymbol{L}}$ 和常量 $\lambda_l^{ij}>0(l=1,2,3)$ 满足下列的线性矩阵不等式：

$$\begin{aligned}&\tilde{\boldsymbol{\Pi}}_1^{ij}+\tilde{\boldsymbol{\Pi}}_1^{ji}<0\\&\tilde{\boldsymbol{\Pi}}_2^{ij}+\tilde{\boldsymbol{\Pi}}_2^{ji}<0\end{aligned}\tag{6-27}$$

式中：

$$\tilde{\boldsymbol{\Pi}}_1^{ij}=\begin{bmatrix}\tilde{\boldsymbol{\Phi}}_{11}^{ij} & *\\ \tilde{\boldsymbol{\Phi}}_{12}^{ij} & \tilde{\boldsymbol{\Phi}}_{22}^{ij}\end{bmatrix}$$

$$\tilde{\boldsymbol{\Pi}}_2^{ij}=\begin{bmatrix}\tilde{\boldsymbol{\Sigma}}_{11}^{ij} & *\\ \tilde{\boldsymbol{\Sigma}}_{12}^{ij} & \tilde{\boldsymbol{\Sigma}}_{22}^{ij}\end{bmatrix}$$

$$\tilde{\boldsymbol{\Phi}}_{11}^{ij}=\begin{bmatrix}\tilde{\boldsymbol{\Phi}}_1^{ij} & * & * & * & *\\ \bar{\eta}\tilde{\boldsymbol{\Gamma}}_2^{ij} & -\bar{\eta}\boldsymbol{X}\tilde{\boldsymbol{T}}^{-1}\boldsymbol{X} & * & * & *\\ \bar{\eta}\tilde{\boldsymbol{\Gamma}}_2^{ij} & 0 & -\bar{\eta}\boldsymbol{X}\tilde{\boldsymbol{R}}_2^{-1}\boldsymbol{X} & * & *\\ \tau_d^2\tilde{\boldsymbol{\Gamma}}_2^{ij} & 0 & 0 & -\tau_d^2\boldsymbol{X}\tilde{\boldsymbol{Q}}_2^{-1}\boldsymbol{X} & *\\ \bar{\eta}\tilde{\boldsymbol{L}}^{\mathrm{T}} & 0 & 0 & 0 & -\bar{\eta}\tilde{\boldsymbol{T}}\end{bmatrix}$$

$$\tilde{\boldsymbol{\Phi}}_{12}^{ij}=\begin{bmatrix}\tilde{\boldsymbol{\Gamma}}_3^{ij} & 0 & 0 & 0 & 0\\ \tilde{\boldsymbol{\Gamma}}_2^{ij} & 0 & 0 & 0 & 0\\ \bar{\eta}\tilde{\boldsymbol{R}}_1\boldsymbol{\Gamma}_1^{\mathrm{T}} & 0 & 0 & 0 & 0\\ \xi_1^{ij}\boldsymbol{H}_1^{ij} & \xi_1^{ij}\bar{\eta}\boldsymbol{B}_i & \xi_1^{ij}\bar{\eta}\boldsymbol{B}_i & \xi_1^{ij}\tau_d^2\boldsymbol{B}_i & 0\\ \boldsymbol{H}_2^{ij} & 0 & 0 & 0 & 0\\ \gamma_1^{ij}\boldsymbol{H}_3 & 0 & 0 & 0 & 0\\ \gamma_1^{ij}\boldsymbol{H}_3 & 0 & 0 & 0 & 0\end{bmatrix}$$

$$\tilde{\boldsymbol{\Phi}}_{22}^{ij}=-\mathrm{diag}\left\{\boldsymbol{I},\alpha\boldsymbol{I},\bar{\eta}\boldsymbol{X}\alpha^{-1}\boldsymbol{X},\xi_1^{ij}\boldsymbol{I},\lambda_1^{ij}\boldsymbol{I},\lambda_2^{ij}\boldsymbol{I},\lambda_3^{ij}\boldsymbol{I}\right\}$$

$$\tilde{\boldsymbol{\Sigma}}_{11}^{ij}=\begin{bmatrix}\tilde{\boldsymbol{\Phi}}_2^{ij} & * & * & * & * \\ \bar{\eta}\tilde{\boldsymbol{\Gamma}}_2^{ij} & -\bar{\eta}\boldsymbol{X}\tilde{\boldsymbol{T}}^{-1}\boldsymbol{X} & * & * & * \\ \bar{\eta}\tilde{\boldsymbol{\Gamma}}_2^{ij} & 0 & -\bar{\eta}\boldsymbol{X}\tilde{\boldsymbol{Q}}_2^{-1}\boldsymbol{X} & * & * \\ \tau_d^2\tilde{\boldsymbol{M}}^{\mathrm{T}} & 0 & 0 & -\tau_d^2\tilde{\boldsymbol{T}} & * \\ \bar{\eta}\tilde{\boldsymbol{N}}^{\mathrm{T}} & 0 & 0 & 0 & -\bar{\eta}\tilde{\boldsymbol{R}}_2\end{bmatrix}$$

$$\tilde{\boldsymbol{\Sigma}}_{12}^{ij}=\begin{bmatrix}\tilde{\boldsymbol{\Gamma}}_3^{ij} & 0 & 0 & 0 & 0 \\ \xi_1^{ij}\boldsymbol{H}_1^{ij} & \xi_1^{ij}\bar{\eta}\boldsymbol{B}_i & \xi_1^{ij}\bar{\eta}\boldsymbol{B}_i & \xi_1^{ij}\tau_d^2\boldsymbol{B}_i & 0 \\ \boldsymbol{H}_2^{ij} & 0 & 0 & 0 & 0 \\ \gamma_1^{ij}\boldsymbol{H}_3 & 0 & 0 & 0 & 0 \\ \gamma_1^{ij}\boldsymbol{H}_3 & 0 & 0 & 0 & 0\end{bmatrix}$$

$$\tilde{\boldsymbol{\Sigma}}_{22}^{ij}=-\mathrm{diag}\left\{\boldsymbol{I},\xi_1^{ij}\boldsymbol{I},\lambda_1^{ij}\boldsymbol{I},\lambda_2^{ij}\boldsymbol{I},\lambda_3^{ij}\boldsymbol{I}\right\}$$

$$\tilde{\boldsymbol{\Delta}}=\begin{bmatrix}\tilde{\boldsymbol{M}}+\tilde{\boldsymbol{N}} & \tilde{\boldsymbol{L}}-\tilde{\boldsymbol{M}} & 0 & -\tilde{\boldsymbol{L}} & 0 & -\tilde{\boldsymbol{N}} & 0\end{bmatrix}$$

$$\tilde{\boldsymbol{\Phi}}_1^{ij}=\tilde{\boldsymbol{\Upsilon}}^{ij}+\tilde{\boldsymbol{\Delta}}+\tilde{\boldsymbol{\Delta}}^{\mathrm{T}}+\tilde{\boldsymbol{\Psi}}^{ij}+(\tilde{\boldsymbol{\Gamma}}_3^{ij})^{\mathrm{T}}\tilde{\boldsymbol{\Gamma}}_3^{ij}$$

$$\tilde{\boldsymbol{\Phi}}_2^{ij}=\tilde{\boldsymbol{\Upsilon}}^{ij}+\tilde{\boldsymbol{\Delta}}+\tilde{\boldsymbol{\Delta}}^{\mathrm{T}}+(\tilde{\boldsymbol{\Gamma}}_3^{ij})^{\mathrm{T}}\tilde{\boldsymbol{\Gamma}}_3^{ij}$$

$$\tilde{\boldsymbol{\Phi}}_3^{ij}=\boldsymbol{A}_i\boldsymbol{X}+\boldsymbol{X}^{\mathrm{T}}\boldsymbol{A}_i^{\mathrm{T}}+\tilde{\boldsymbol{P}}_2-\tilde{\boldsymbol{R}}_1+\tilde{\boldsymbol{Q}}_1+\tilde{\boldsymbol{Q}}_2$$

$$\tilde{\boldsymbol{\Psi}}^{ij}=\bar{\eta}(\tilde{\boldsymbol{\Gamma}}_2^{ij})^{\mathrm{T}}\tilde{\boldsymbol{R}}_1\tilde{\boldsymbol{\Gamma}}_1^{\mathrm{T}}+\bar{\eta}\tilde{\boldsymbol{\Gamma}}_1\tilde{\boldsymbol{R}}_1\tilde{\boldsymbol{\Gamma}}_2^{ij},\ \boldsymbol{\Gamma}_1=\begin{bmatrix}\boldsymbol{I} & 0 & 0 & 0 & 0 & 0 & -\boldsymbol{I}\end{bmatrix}^{\mathrm{T}}$$

$$\tilde{\boldsymbol{\Gamma}}_2^{ij}=\begin{bmatrix}\boldsymbol{A}_i\boldsymbol{X} & \boldsymbol{B}_i\boldsymbol{Y}_j & -\boldsymbol{B}_i\boldsymbol{Y}_j & 0 & \boldsymbol{B}_{\omega i} & 0 & \boldsymbol{A}_{di}\boldsymbol{X}\end{bmatrix}$$

$$\boldsymbol{\Gamma}_3^{ij}=\begin{bmatrix}\boldsymbol{C}_i & \boldsymbol{D}_i\boldsymbol{Y}_j & -\boldsymbol{D}_i\boldsymbol{Y}_j & 0 & 0 & 0 & 0\end{bmatrix}$$

$$\boldsymbol{H}_1^{ij}=\begin{bmatrix}\boldsymbol{B}_i^{\mathrm{T}} & 0 & 0 & 0 & 0 & 0 & 0\end{bmatrix}$$

$$\boldsymbol{H}_2^{ij}=\begin{bmatrix}0 & \boldsymbol{Y}_j & -\boldsymbol{Y}_j & 0 & 0 & 0 & 0\end{bmatrix}$$

$$\boldsymbol{H}_3=\begin{bmatrix}0 & \delta_1\boldsymbol{X} & -\delta_1\boldsymbol{X} & 0 & 0 & 0 & 0\end{bmatrix}$$

证明

首先经过分析容易得出：

$$\boldsymbol{\Pi}_1^{ij}=\boldsymbol{\Xi}_1^{ij}+\mathrm{sym}\{\boldsymbol{H}_{11}^{ij\mathrm{T}}\ \boldsymbol{\varDelta}_2\ \boldsymbol{H}_{12}^{ij}\}+\mathrm{sym}\{\boldsymbol{H}_{11}^{ij\mathrm{T}}\ \boldsymbol{K}_i\ \boldsymbol{H}_{13}^{ij}\}+\mathrm{sym}\{\boldsymbol{H}_{11}^{ij\mathrm{T}}\ \boldsymbol{\varDelta}_2\ \boldsymbol{K}_{\mathrm{i}}\ \boldsymbol{H}_{13}^{ij}\} \tag{6-28}$$

式中，$\boldsymbol{\Xi}_1^{ij}$ 为式 (6-15) 中用替代得到的矩阵；

$$\boldsymbol{H}_{11}^{ij}=\begin{bmatrix}\boldsymbol{B}_i^{\mathrm{T}}\boldsymbol{P}_1 & 0 & 0 & 0 & 0 & 0 & 0 & \bar{\eta}\boldsymbol{T}\boldsymbol{B}_i & \bar{\eta}\boldsymbol{R}_i\boldsymbol{B}_i & \tau_d^2\boldsymbol{Q}_2\boldsymbol{B}_i & 0\end{bmatrix}$$

$$\boldsymbol{H}_{12}^{ij}=\begin{bmatrix}0 & \boldsymbol{K}_j & -\boldsymbol{K}_j & 0 & 0 & 0 & 0 & 0 & 0 & 0 & 0\end{bmatrix}$$

$$\boldsymbol{H}_{13}^{ij}=\begin{bmatrix}0 & \boldsymbol{\varDelta}_1 & -\boldsymbol{\varDelta}_1 & 0 & 0 & 0 & 0 & 0 & 0 & 0 & 0\end{bmatrix}$$

对式 (6-15) 变形可得：

$$\begin{aligned}&\boldsymbol{\Xi}_1^{ij}+\mathrm{sym}\{\boldsymbol{H}_{11}^{ij\mathrm{T}}\boldsymbol{\varDelta}_2\boldsymbol{H}_{12}^{ij}\}+\mathrm{sym}\{\boldsymbol{H}_{11}^{ij\mathrm{T}}\boldsymbol{K}_i\boldsymbol{H}_{13}^{ij}\}+\mathrm{sym}\{\boldsymbol{H}_{11}^{ij\mathrm{T}}\boldsymbol{\varDelta}_2\boldsymbol{K}_i\boldsymbol{H}_{13}^{ij}\}+\\&\boldsymbol{\Xi}_1^{ji}+\mathrm{sym}\{\boldsymbol{H}_{11}^{ji\mathrm{T}}\boldsymbol{\varDelta}_2\boldsymbol{H}_{12}^{ji}\}+\mathrm{sym}\{\boldsymbol{H}_{11}^{ji\mathrm{T}}\boldsymbol{K}_j\boldsymbol{H}_{13}^{ji}\}+\mathrm{sym}\{\boldsymbol{H}_{11}^{ji\mathrm{T}}\boldsymbol{\varDelta}_2\boldsymbol{K}_j\boldsymbol{H}_{13}^{ji}\}<0\end{aligned} \tag{6-29}$$

由式 (6-29) 可以得出：

$$\bar{\boldsymbol{\Xi}}_1^{ij}+\bar{\boldsymbol{\Xi}}_1^{ji}<0 \tag{6-30}$$

式中，$\bar{\boldsymbol{\Xi}}_1^{ij}=\boldsymbol{\Xi}_1^{ij}+\lambda_1^{ij}(\boldsymbol{H}_{11}^{ij})^{\mathrm{T}}\boldsymbol{\varDelta}_2^2\boldsymbol{H}_{11}^{ij}+\lambda_1^{ij-1}(\boldsymbol{H}_{12}^{ij})^{\mathrm{T}}\boldsymbol{H}_{12}^{ij}+\lambda_2^{ij}(\boldsymbol{H}_{11}^{ij})^{\mathrm{T}}\boldsymbol{H}_{11}^{ij}+\lambda_2^{ij-1}(\boldsymbol{H}_{13}^{ij})^{\mathrm{T}}\boldsymbol{K}_j^{\mathrm{T}}\boldsymbol{K}_j\boldsymbol{H}_{13}^{ij}+\lambda_3^{ij}(\boldsymbol{H}_{11}^{ij})^{\mathrm{T}}\boldsymbol{\varDelta}_2^2\boldsymbol{H}_{11}^{ij}+\lambda_3^{ij-1}(\boldsymbol{H}_{13}^{ij})^{\mathrm{T}}\boldsymbol{K}_j^{\mathrm{T}}\boldsymbol{K}_j\boldsymbol{H}_{13}^{ij}$。

整理后可得：

$$\tilde{\boldsymbol{\Xi}}_1^{ij}+\tilde{\boldsymbol{\Xi}}_1^{ji}<0 \tag{6-31}$$

式中：

$$\tilde{\boldsymbol{\Xi}}_1^{ij}=\boldsymbol{\Xi}_1^{ij}+\xi_1^{ij}(\boldsymbol{H}_{11}^{ij})^{\mathrm{T}}\boldsymbol{H}_{11}^{ij}+\lambda_1^{ij-1}(\boldsymbol{H}_{12}^{ij})^{\mathrm{T}}\boldsymbol{H}_{12}^{ij}+\xi_2^{ij}(\boldsymbol{H}_I^{ij})^{\mathrm{T}}\boldsymbol{H}_I^{ij}$$

$$\xi_1^{ij}=\lambda_1^{ij}\delta_2^2+\lambda_2^{ij}+\lambda_3^{ij}\delta_2^2,\quad \xi_2^{ij}=\lambda_2^{ij-1}\gamma_1^{ij}\delta_1^2+\lambda_3^{ij-1}\gamma_1^{ij}\delta_1^2$$

$$\boldsymbol{H}_I^{ij}=[0\quad \boldsymbol{I}_n\quad -\boldsymbol{I}_n\quad 0\quad 0\quad 0\quad 0\quad 0\quad 0\quad 0\quad 0]$$

定义 $\boldsymbol{X}=\boldsymbol{P}_1^{-1}$，$\boldsymbol{X}\boldsymbol{P}_2\boldsymbol{X}^{\mathrm{T}}=\tilde{\boldsymbol{P}}_2$，$\boldsymbol{X}\boldsymbol{Q}_1\boldsymbol{X}^{\mathrm{T}}=\tilde{\boldsymbol{Q}}_1$，$\boldsymbol{X}\boldsymbol{Q}_2\boldsymbol{X}^{\mathrm{T}}=\tilde{\boldsymbol{Q}}_2$，$\boldsymbol{X}\boldsymbol{R}_1\boldsymbol{X}^{\mathrm{T}}=\tilde{\boldsymbol{R}}_1$，$\boldsymbol{X}\boldsymbol{R}_2\boldsymbol{X}^{\mathrm{T}}=\tilde{\boldsymbol{R}}_2$，$\boldsymbol{X}\boldsymbol{T}\boldsymbol{X}^{\mathrm{T}}=\tilde{\boldsymbol{T}}$，$\boldsymbol{X}\boldsymbol{M}\boldsymbol{X}^{\mathrm{T}}=\tilde{\boldsymbol{M}}$，$\boldsymbol{X}\boldsymbol{N}\boldsymbol{X}^{\mathrm{T}}=\tilde{\boldsymbol{N}}$ 和 $\boldsymbol{Y}_j=\boldsymbol{K}_j\boldsymbol{X}$。定义

$\boldsymbol{J}_1=\mathrm{diag}\{\boldsymbol{X},\boldsymbol{X},\boldsymbol{X},\boldsymbol{X},\boldsymbol{I},\boldsymbol{X},\boldsymbol{X}\}$， $\boldsymbol{J}_2=\mathrm{diag}\{\boldsymbol{T}^{-1},\boldsymbol{R}_2^{-1},\boldsymbol{Q}_2^{-1},\boldsymbol{X}\}$， $\boldsymbol{J}_3=\mathrm{diag}\{\boldsymbol{I},\boldsymbol{I},\boldsymbol{I},\boldsymbol{I},\boldsymbol{I},\boldsymbol{I},\boldsymbol{I}\}$。在式(6-31)两边分别乘以矩阵$\{\boldsymbol{J}_1,\boldsymbol{J}_2,\boldsymbol{J}_3\}$及其转置矩阵。对任何$\alpha>0$，下列不等式成立：

$$\bar{\eta}(\boldsymbol{\Gamma}_2^{ij})^{\mathrm{T}}\boldsymbol{R}_1\boldsymbol{X}\boldsymbol{\Gamma}_1^{\mathrm{T}}+\bar{\eta}\boldsymbol{\Gamma}_1\boldsymbol{X}\boldsymbol{R}_1\boldsymbol{\Gamma}_2^{ij}\leqslant\bar{\eta}^2\boldsymbol{\Gamma}_1\boldsymbol{R}_1\boldsymbol{X}^{-1}\alpha\boldsymbol{X}^{-1}\boldsymbol{R}_1\boldsymbol{\Gamma}^{\mathrm{T}}+(\boldsymbol{\Gamma}_2^{ij})^{\mathrm{T}}\alpha^{-1}\boldsymbol{\Gamma}_2^{ij} \tag{6-32}$$

基于上述分析，运用Schur补引理的同时对$\boldsymbol{\Pi}_2^{ji}$进行类似处理可以得到式(6-27)。此时，可以推断出系统［式(6-14)］是渐近稳定的且扰动抑制水平为γ。证毕。

本节考虑事件触发机制的作用，建立了基于传输时延和量化T-S模糊模型来描述同时包含传输时延、不确定性、信号量化和事件触发机制的网络化控制系统。基于此T-S模糊模型，提出了量化控制器稳定性准则约束条件，其中在稳定性判据的推导过程中，结合了线性矩阵不等式方法和李雅普诺夫函数方法。最后基于得到的稳定性判据，利用锥补线性化算法给出了H∞量化控制器及事件触发器参数的联合设计方法。

下面将用一个仿真实例验证本章所提设计方法的有效性。

6.4 仿真实例

考虑如下包含时延的货运拖车系统。系统模型如下所示：

$$\begin{cases}\dot{\boldsymbol{x}}_1(t)=-a\dfrac{v\bar{t}}{Lt_0}\boldsymbol{x}_1(t)-(1-a)\dfrac{v\bar{t}}{Lt_0}\boldsymbol{x}_1(t-\tau_d)+\dfrac{v\bar{t}}{lt_0}\boldsymbol{u}(t)+\boldsymbol{\omega}(t)\\ \dot{\boldsymbol{x}}_2(t)=a\dfrac{v\bar{t}}{Lt_0}\boldsymbol{x}_1(t)+(1-a)\dfrac{v\bar{t}}{Lt_0}\boldsymbol{x}_1(t-\tau_d)\\ \dot{\boldsymbol{x}}_3(t)=\dfrac{v\bar{t}}{t_0}\sin\left[\boldsymbol{x}_2(t)+a\dfrac{v\bar{t}}{2L}\boldsymbol{x}_1(t)+(1-a)\dfrac{v\bar{t}}{2L}\boldsymbol{x}_1(t-\tau_d)\right]\end{cases} \tag{6-33}$$

式中，$a=0.7$，$v=-1.0$，$\bar{t}=2.0$，$t_0=0.5$，$L=5.5$。

在模糊控制器的设计过程中用到以下模糊规则：

$$
\begin{cases}
R^1: \text{如果}\ \boldsymbol{\theta}(t)=\boldsymbol{x}_2(t)+\alpha\dfrac{v\bar{t}}{2L}\boldsymbol{x}_1(t)+(1-a)\dfrac{v\bar{t}}{2L}\boldsymbol{x}_1(t-\tau_d)\ \text{为}\ 0 \\
\quad \text{则}\quad \dot{\boldsymbol{x}}(t)=\boldsymbol{A}_1\boldsymbol{x}(t)+\boldsymbol{A}_{d1}\boldsymbol{x}(t-\tau_d)+\boldsymbol{B}_1\boldsymbol{u}(t)+\boldsymbol{B}_{\omega1}\boldsymbol{\omega}(t) \\
R^2: \text{如果}\ \boldsymbol{\theta}(t)=\boldsymbol{x}_2(t)+\alpha\dfrac{v\bar{t}}{2L}\boldsymbol{x}_1(t)+(1-a)\dfrac{v\bar{t}}{2L}\boldsymbol{x}_1(t-\tau_d)\ \text{为}\ \pm\pi \\
\quad \text{则}\quad \dot{\boldsymbol{x}}(t)=\boldsymbol{A}_2\boldsymbol{x}(t)+\boldsymbol{A}_{d2}\boldsymbol{x}(t-\tau_d)+\boldsymbol{B}_2\boldsymbol{u}(t)+\boldsymbol{B}_{\omega2}\boldsymbol{\omega}(t)
\end{cases}
\tag{6-34}
$$

式中：

$$
\boldsymbol{A}_1=\begin{bmatrix} -a\dfrac{v\bar{t}}{Lt_0} & 0 & 0 \\ a\dfrac{v\bar{t}}{Lt_0} & 0 & 0 \\ -a\dfrac{v^2\overline{t^2}}{2Lt_0} & \dfrac{v\bar{t}}{t_0} & 0 \end{bmatrix},\ \boldsymbol{A}_{d1}=\begin{bmatrix} -(1-\alpha)\dfrac{v\bar{t}}{Lt_0} & 0 & 0 \\ (1-\alpha)\dfrac{v\bar{t}}{Lt_0} & 0 & 0 \\ (1-\alpha)\dfrac{v^2\overline{t^2}}{2Lt_0} & 0 & 0 \end{bmatrix}
$$

$$
\boldsymbol{A}_2=\begin{bmatrix} -a\dfrac{v\bar{t}}{Lt_0} & 0 & 0 \\ a\dfrac{v\bar{t}}{Lt_0} & 0 & 0 \\ ad\dfrac{v^2\bar{t}^2}{2Lt_0} & \dfrac{dv\bar{t}}{t_0} & 0 \end{bmatrix},\ \boldsymbol{A}_{d2}=\begin{bmatrix} -(1-\alpha)\dfrac{v\bar{t}}{Lt_0} & 0 & 0 \\ (1-\alpha)\dfrac{v\bar{t}}{Lt_0} & 0 & 0 \\ (1-\alpha)\dfrac{dv^2\bar{t}^2}{2Lt_0} & 0 & 0 \end{bmatrix}
$$

$$
\boldsymbol{B}_1=\boldsymbol{B}_2=\begin{bmatrix} \dfrac{v\bar{t}}{lt_0} & 0 & 0 \end{bmatrix}^{\mathrm{T}},\ \boldsymbol{B}_{\omega1}=\boldsymbol{B}_{\omega2}=\begin{bmatrix} 1 & 0 & 0 \end{bmatrix}^{\mathrm{T}},\ d=\frac{10t_0}{\pi}
$$

同时使用下列隶属度函数描述系统［式 (6-25)］：

$$
\begin{cases}
\mu_1(\boldsymbol{\theta}(t))=(1-\dfrac{1}{1+\exp(-3(\boldsymbol{\theta}(t)-0.5\pi))})\times\dfrac{1}{1+\exp(-3(\boldsymbol{\theta}(t)-0.5\pi))} \\
\mu_2(\boldsymbol{\theta}(t))=1-\mu_1(\boldsymbol{\theta}(t))
\end{cases}
\tag{6-35}
$$

控制器输出选为 $\boldsymbol{z}_1(t)=\boldsymbol{z}_2(t)=\begin{bmatrix}0.01 & 0.1 & 0.01\end{bmatrix}\boldsymbol{x}(t)$，扰动输入选为 $\boldsymbol{\omega}(t)=\sin(0.1t)\exp(-0.1t)$。

在 $\tau_d = 0.1\text{s}$、$\bar{\eta} = 0.2$、$\sigma = 0.05$、$\gamma = 2$ 时，运用定理 6-2 并使用 Matlab LMI 工具箱求解可得：

$$\boldsymbol{V} = \begin{bmatrix} 2.7154 & 12.3916 & 0.9147 \\ 12.3916 & 14.9163 & 4.9258 \\ 0.9147 & 4.9258 & 8.1925 \end{bmatrix} \tag{6-36}$$

$$\boldsymbol{K}_1 = \begin{bmatrix} -3.4693 & -0.8146 & 1.4258 \end{bmatrix} \tag{6-37}$$

$$\boldsymbol{K}_2 = \begin{bmatrix} -3.1946 & -1.9713 & 1.6487 \end{bmatrix} \tag{6-38}$$

取采样周期 h=0.1s，系统［式 (6-33)］的状态信号释放时刻和释放周期如图 6-2 所示。在初始条件 $\begin{bmatrix} -0.5\pi & -0.75\pi & -5 \end{bmatrix}$ 下，结合式 (6-37) 和式 (6-38) 则系统［式 (6-33)］的状态响应如图 6-3 所示。

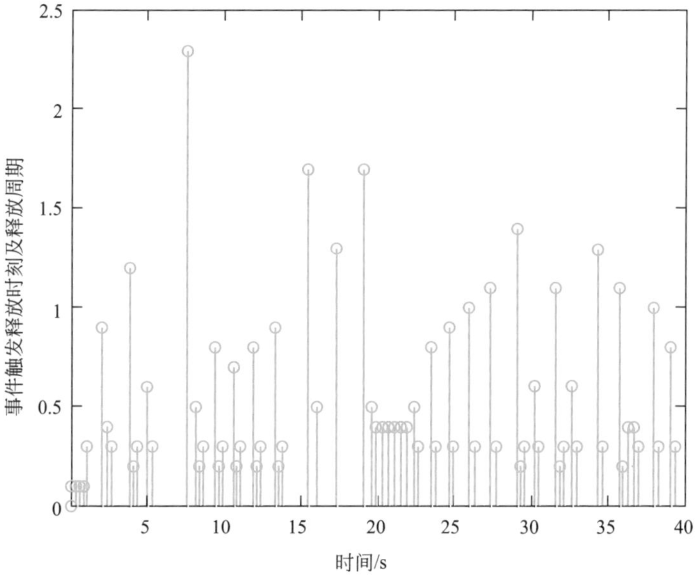

图 6-2　采样信号释放时刻和释放周期

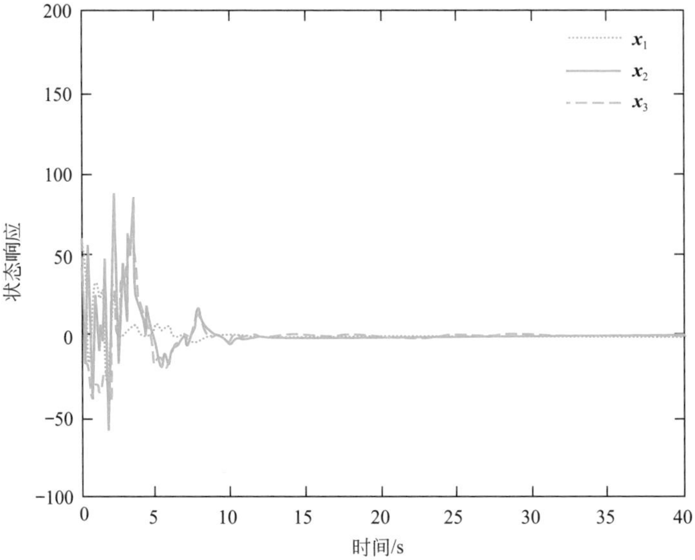

图 6-3　系统状态响应

Digital Wave
Advanced Technology of
Industrial Internet

Intelligent Control and
Filtering of Networked Systems

网络化系统智能控制与滤波

第7章

多丢包时延网络化系统量化H_∞控制

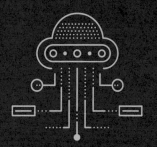

本章研究具有时变时延和多包丢失的 NCSs 量化 H_∞ 控制问题，利用满足 Bernoulli 随机分布的白噪声序列来描述传感器 - 控制器及控制器 - 执行器数据包丢失现象。利用对数量化器来量化测量输出信号及控制输入信号，量化误差描述为扇区有界不确定性。利用 Lyapunov 稳定性理论和线性矩阵不等式（LMI）方法，得到了使得闭环 NCSs 满足一定 H_∞ 性能指标的均方意义下指数稳定充分条件，并给出了基于观测器的时延相关控制器设计方法。

7.1 问题描述

NCSs 中，信号处理和传播过程通过一个繁忙的信道传送数据包，由于通信信道比特率的限制，往往会产生信号传输时延，而且由于网络外部环境的不确定性，这种时延往往是时变的。因此，国内外学者围绕着如何建立更精确的数学模型，来得到更切合实际的使得被控系统稳定的时延相关稳定判据进行了大量的研究。由于网络通信能力的限制，数据包在传输的过程中不可避免地会出现错误或者丢失，虽然很多 NCSs 采用自动重传机制，但是丢包现象还是不可避免，而且重传会严重影响数据的传输速率。如果一个数据包到达下一个通信节点的时间晚于下一个数据包，此时，很自然地会采用最新的数据包来传输，丢弃旧的数据包，因此也会产生丢包现象。为了节省有限的网络带宽和资源，不可避免地要对信号进行量化处理，量化器的引入会出现量化误差，因此，对引入量化器的 NCSs 的稳定性分析和控制策略的设计也具有重要意义。

具有输入及测量通道量化与多包丢失的网络化控制系统的结构如图 7-1 所示。从图中可以看出，利用量化器 1 来量化控制输入信号，量化器 2 来量化测量输出信号，同时考虑传感器 - 控制器及控制器 - 执行器数据包丢失现象。

依据图 7-1，研究如下所示的时延网络化控制系统：

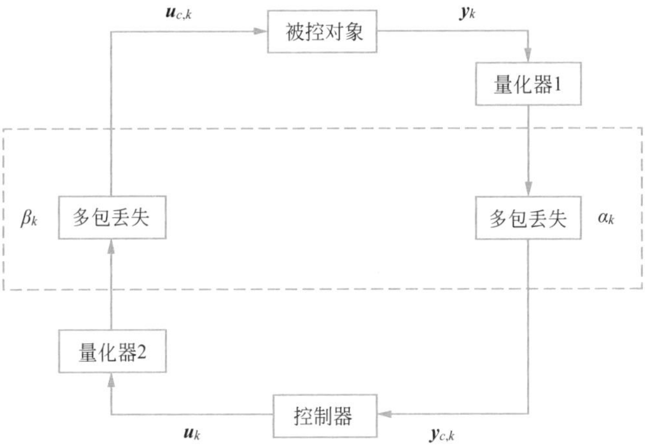

图 7-1　具有量化与多丢包的网络化控制系统结构图

$$\begin{cases} \boldsymbol{x}_{k+1} = \boldsymbol{A}_1\boldsymbol{x}_k + \boldsymbol{A}_2\boldsymbol{x}_{k-d_k} + \boldsymbol{B}_2\boldsymbol{u}_{c,k} + \boldsymbol{B}_1\boldsymbol{w}_k \\ \boldsymbol{z}_k = \boldsymbol{D}\boldsymbol{x}_k \\ \boldsymbol{x}_i = \boldsymbol{\vartheta}_j, j = -d_2, -d_2+1, \cdots, -1, 0 \end{cases} \tag{7-1}$$

式中，$\boldsymbol{x}_k \in \mathbb{R}^n$ 为状态向量；$\boldsymbol{u}_{c,k} \in \mathbb{R}^n$ 为控制输入；$\boldsymbol{w}_k \in \mathbb{R}^r$ 为属于 $L_2[0,\infty]$ 的外部随机扰动；$\boldsymbol{z}(k) \in \mathbb{R}^q$ 为控制输出，$\boldsymbol{A}_1$、$\boldsymbol{A}_2$、$\boldsymbol{B}_1$、$\boldsymbol{B}_2$ 和 $\boldsymbol{D}$ 为已知实常数矩阵；d_k 为满足 $d_1 \leqslant d_k \leqslant d_2$ 的时变时延，d_1 和 d_2 是已知正整数；$\boldsymbol{\vartheta}_j$ 为系统初始条件。

具有量化和多数据包丢失的测量输出可描述为：

$$\begin{cases} \boldsymbol{y}_k = \boldsymbol{C}\boldsymbol{x}_k \\ \boldsymbol{y}_{c,k} = (1-\alpha_k)\boldsymbol{q}(\boldsymbol{y}_k) + \alpha_k \boldsymbol{y}_{c,k-1} \end{cases} \tag{7-2}$$

式中，$\boldsymbol{y}_k \in \mathbb{R}^p$ 为输出向量；$\boldsymbol{y}_{c,k} \in \mathbb{R}^p$ 为测量输出向量；$\boldsymbol{C}$ 为已知矩阵；$\boldsymbol{q}(\boldsymbol{y}_k)$ 为对系统测量信号 $\boldsymbol{y}_k$ 的量化输出信号；随机变量 $\alpha_k \in \mathbb{R}$ 是一个满足 Bernoulli 分布的白噪声序列，其取值为 0 和 1，概率满足：

$$\begin{aligned} Prob\{\alpha_k = 1\} &= E\{\alpha_k\} = \bar{\alpha} \\ Prob\{\alpha_k = 0\} &= E\{1-\alpha_k\} = 1-\bar{\alpha} \end{aligned} \tag{7-3}$$

通过通信信道从控制器传送到系统的具有多丢包的控制输入描述为：

$$\boldsymbol{u}_{c,k} = (1-\beta_k)\boldsymbol{q}(\boldsymbol{u}_k) + \beta_k \boldsymbol{u}_{c,k-1} \tag{7-4}$$

式中，随机变量 $\beta_k \in \mathbb{R}$ 与 α_k 相互独立，满足 Bernoulli 分布，它的概率满足：

$$
\begin{aligned}
&Prob\{\beta_k = 1\} = E\{\beta_k\} = \bar{\beta} \\
&Prob\{\beta_k = 0\} = E\{1-\beta_k\} = 1-\bar{\beta}
\end{aligned}
\tag{7-5}
$$

利用扇形有界方法，定义测量输出量化误差和控制输入量化误差分别为 $\boldsymbol{e}_{1,k}$ 和 $\boldsymbol{e}_{2,k}$，如下所示：

$$
\begin{aligned}
&\boldsymbol{e}_{1,k} = \boldsymbol{q}(\boldsymbol{y}_k) - \boldsymbol{y}_k = \boldsymbol{\Delta}_{1,k}\boldsymbol{y}_k, \boldsymbol{\Delta}_{1,k} \in [-\delta_1, \delta_1] \\
&\boldsymbol{e}_{2,k} = \boldsymbol{q}(u_k) - \boldsymbol{u}_k = \boldsymbol{\Delta}_{2,k}\boldsymbol{u}_k, \boldsymbol{\Delta}_{2,k} \in [-\delta_2, \delta_2]
\end{aligned}
\tag{7-6}
$$

则测量输出 $\boldsymbol{y}_{c,k}$ 和控制输入 $\boldsymbol{u}_{c,k}$ 可表示为：

$$
\begin{cases}
\boldsymbol{y}_{c,k} = (1-\alpha_k)(1+\Delta_{1,k})\boldsymbol{y}_k + \alpha_k \boldsymbol{y}_{c,k-1} \\
\boldsymbol{u}_{c,k} = (1-\beta_k)(1+\Delta_{2,k})\boldsymbol{u}_k + \beta_k \boldsymbol{u}_{c,k-1}
\end{cases}
\tag{7-7}
$$

本章设计如下形式的基于观测器的控制器：

$$
\begin{cases}
\hat{\boldsymbol{x}}_{k+1} = \boldsymbol{A}_1\hat{\boldsymbol{x}}_k + \boldsymbol{B}_2\boldsymbol{u}_{c,k} + \boldsymbol{L}(\boldsymbol{y}_{c,k} - \hat{\boldsymbol{y}}_{c,k}) \\
\hat{\boldsymbol{y}}_{c,k} = \boldsymbol{C}\hat{\boldsymbol{x}}_k
\end{cases}
\tag{7-8}
$$

设计的控制反馈控制器为：

$$
\boldsymbol{u}_k = \boldsymbol{K}\hat{\boldsymbol{x}}_k \tag{7-9}
$$

式中，$\hat{\boldsymbol{x}}_k \in \mathbb{R}^n$ 为 $\boldsymbol{x}_k$ 的估计；$\hat{\boldsymbol{y}}_{c,k} \in \mathbb{R}^p$ 为观测器输出；$\boldsymbol{K} \in \mathbb{R}^{n\times n}$ 和 $\boldsymbol{L} \in \mathbb{R}^{n\times p}$ 分别为待求的控制器增益和观测器增益。

定义估计误差为 $\boldsymbol{e}_k$=$\boldsymbol{x}_k - \hat{\boldsymbol{x}}_k$。因为式 (7-7) 中含有随机参数，分离随机参数与确定性参数，式 (7-7) 可以表示为：

$$
\begin{aligned}
\boldsymbol{y}_{c,k} &= (1-\bar{\alpha})(1+\Delta_{1,k})\boldsymbol{L}\boldsymbol{x}_k + \bar{\alpha}\boldsymbol{y}_{c,k-1} + (\bar{\alpha}-\alpha_k)(1+\Delta_{1,k})\boldsymbol{C}\boldsymbol{x}_k \\
&\quad -(\bar{\alpha}-\alpha_k)\boldsymbol{y}_{c,k-1} \\
\boldsymbol{u}_{c,k} &= (1-\bar{\beta})(1+\Delta_{2,k})\boldsymbol{K}(\boldsymbol{x}_k - \boldsymbol{e}_k) + (\bar{\beta}-\beta_k)(1+\Delta_{2,k})\boldsymbol{K}\boldsymbol{x}_k \\
&\quad +\bar{\beta}\boldsymbol{u}_{c,k-1} - (\bar{\beta}-\beta_k)\boldsymbol{u}_{c,k-1} - (\bar{\beta}-\beta_k)(1+\Delta_{2,k})\boldsymbol{K}\boldsymbol{e}_k
\end{aligned}
\tag{7-10}
$$

根据式 (7-8) ～式 (7-10) 和式 (7-1)，可得闭环系统动态方程为：

$$\begin{cases} \boldsymbol{x}_{k+1}=[\boldsymbol{A}_1+(1-\bar{\beta})(1+\Delta_{2,k})\boldsymbol{B}_2\boldsymbol{K}]\boldsymbol{x}_k-(1-\bar{\beta})(1+\Delta_{2,k})\boldsymbol{B}_2\boldsymbol{K}\boldsymbol{e}_k \\ \quad +(\bar{\beta}-\beta_k)(1+\Delta_k)\boldsymbol{B}_2\boldsymbol{K}\boldsymbol{x}_k-(\bar{\beta}-\beta_k)(1+\Delta_k)\boldsymbol{B}_2\boldsymbol{K}\boldsymbol{e}_k \\ \quad +\bar{\beta}\boldsymbol{B}_2\boldsymbol{u}_{c,k-1}-(\bar{\beta}-\beta_k)\boldsymbol{B}_2\boldsymbol{u}_{c,k-1}+\boldsymbol{A}_2\boldsymbol{x}_{k-d_k}+\boldsymbol{B}_1\boldsymbol{w}_k \\ \boldsymbol{e}_{k+1}=(\boldsymbol{A}_1-\boldsymbol{L}\boldsymbol{C})\boldsymbol{e}_k+\boldsymbol{A}_2\boldsymbol{x}_{k-d_k}+\boldsymbol{B}_1\boldsymbol{w}_k+(\bar{\alpha}-(1-\bar{\alpha})\Delta_{1,k})\boldsymbol{L}\boldsymbol{C}\boldsymbol{x}_k \\ \quad -\bar{\alpha}\boldsymbol{L}\boldsymbol{y}_{c,k-1}(\bar{\alpha}-\alpha_k)(1+\Delta_{1,k})\boldsymbol{L}\boldsymbol{C}\boldsymbol{x}_k-(\bar{\alpha}-\alpha_k)\boldsymbol{L}\boldsymbol{y}_{c,k-1} \end{cases} \tag{7-11}$$

定义 $\boldsymbol{\xi}_k=\begin{bmatrix}\boldsymbol{x}_k^{\mathrm{T}} & \boldsymbol{e}_k^{\mathrm{T}} & \boldsymbol{u}_{c,k-1}^{\mathrm{T}} & \boldsymbol{y}_{c,k-1}^{\mathrm{T}}\end{bmatrix}^{\mathrm{T}}$，由式 (7-10) 和式 (7-11) 可得如下闭环增广系统方程：

$$\boldsymbol{\xi}_{k+1}=(\bar{\boldsymbol{A}}_1+\tilde{\boldsymbol{A}}_1)\boldsymbol{\xi}_k+(\Delta\bar{\boldsymbol{A}}_1+\Delta\tilde{\boldsymbol{A}}_1)\boldsymbol{\xi}_k+\bar{\boldsymbol{A}}_2\bar{\boldsymbol{I}}\boldsymbol{\xi}_{k-d_k}+\bar{\boldsymbol{B}}_1\boldsymbol{w}_k \tag{7-12}$$

式中：

$$\bar{\boldsymbol{A}}_1=\begin{bmatrix} \boldsymbol{A}_1+(1-\bar{\beta})\boldsymbol{B}_2\boldsymbol{K} & -(1-\bar{\beta})\boldsymbol{B}_2\boldsymbol{K} & \bar{\beta}\boldsymbol{B}_2 & 0 \\ \bar{\alpha}\boldsymbol{L}\boldsymbol{C} & \boldsymbol{A}_1-\boldsymbol{L}\boldsymbol{C} & 0 & -\bar{\alpha}\boldsymbol{L} \\ (1-\bar{\beta})\boldsymbol{K} & -(1-\bar{\beta})\boldsymbol{K} & \bar{\beta}\boldsymbol{I} & 0 \\ (1-\bar{\alpha})\boldsymbol{C} & 0 & 0 & \bar{\alpha}\boldsymbol{I} \end{bmatrix}$$

$$\tilde{\boldsymbol{A}}_1=\begin{bmatrix} (\bar{\beta}-\beta_k)\boldsymbol{B}_2\boldsymbol{K} & -(\bar{\beta}-\beta_k)\boldsymbol{B}_2\boldsymbol{K} & -(\bar{\beta}-\beta_k)\boldsymbol{B}_2 & 0 \\ -(\bar{\alpha}-\alpha_k)\boldsymbol{L}\boldsymbol{C} & 0 & 0 & (\bar{\alpha}-\alpha_k)\boldsymbol{L} \\ (\bar{\beta}-\beta_k)\boldsymbol{K} & -(\bar{\beta}-\beta_k)\boldsymbol{K} & -(\bar{\beta}-\beta_k)\boldsymbol{I} & 0 \\ (\bar{\alpha}-\alpha_k)\boldsymbol{C} & 0 & 0 & -(\bar{\alpha}-\alpha_k)\boldsymbol{I} \end{bmatrix}$$

$$\Delta\bar{\boldsymbol{A}}_1=\Delta_k\hat{\boldsymbol{A}}_1,\Delta\tilde{\boldsymbol{A}}_1=\Delta_k\breve{\boldsymbol{A}}_1,\Delta_k=\mathrm{diag}\{\Delta_{2,k},\Delta_{1,k},\Delta_{2,k},\Delta_{1,k}\}$$

$$\hat{\boldsymbol{A}}_1=\begin{bmatrix} (1-\bar{\beta})\boldsymbol{B}_2\boldsymbol{K} & -(1-\bar{\beta})\boldsymbol{B}_2\boldsymbol{K} & 0 & 0 \\ -(1-\bar{\alpha})\boldsymbol{L}\boldsymbol{C} & 0 & 0 & 0 \\ (1-\bar{\beta})\boldsymbol{K} & -(1-\bar{\beta})\boldsymbol{K} & 0 & 0 \\ (1-\bar{\alpha})\boldsymbol{C} & 0 & 0 & 0 \end{bmatrix}$$

$$\breve{\boldsymbol{A}}_1=\begin{bmatrix} (\bar{\beta}-\beta_k)\boldsymbol{B}_2\boldsymbol{K} & -(\bar{\beta}-\beta_k)\boldsymbol{B}_2\boldsymbol{K} & 0 & 0 \\ -(\bar{\alpha}-\alpha_k)\boldsymbol{L}\boldsymbol{C} & 0 & 0 & 0 \\ (\bar{\beta}-\beta_k)\boldsymbol{K} & -(\bar{\beta}-\beta_k)\boldsymbol{K} & 0 & 0 \\ (\bar{\alpha}-\alpha_k)\boldsymbol{C} & 0 & 0 & 0 \end{bmatrix}$$

$$\bar{\boldsymbol{A}}_2=\begin{bmatrix}\boldsymbol{A}_2^{\mathrm{T}} & \boldsymbol{A}_2^{\mathrm{T}} & 0 & 0\end{bmatrix}^{\mathrm{T}},\bar{\boldsymbol{B}}_1=\begin{bmatrix}\boldsymbol{B}_1^{\mathrm{T}} & \boldsymbol{B}_1^{\mathrm{T}} & 0 & 0\end{bmatrix}^{\mathrm{T}},\bar{\boldsymbol{I}}=\begin{bmatrix}\boldsymbol{I} & 0 & 0 & 0\end{bmatrix}$$

注 7-1

从系统［式 (7-12)］中可以看出，系统同时考虑了量化误差、时变时延及多丢包对系统的影响。时变时延上下界分别为 d_1 和 d_2。式 (7-2) 和式 (7-4) 分别用来描述传感器 - 控制器间的测量通道以及控制器 - 执行器间的控制通道随机多包丢失现象。假如当前测量数据在传输过程中丢失，则采用上次测量输出 $\boldsymbol{y}_{c,k-1}$ 进行传输。同样，当控制数据包丢失时，采用上次控制输入 $\boldsymbol{u}_{c,k-1}$ 进行传输。

注 7-2

系统［式 (7-12)］是一个不确定性随机系统，随机变量表示系统随机多丢包概率，测量输出与控制输入量化引起了系统不确定性。因此，引入均方意义下的随机稳定概念。

定义 7-1

如果 $\boldsymbol{w}_k=0$，存在 $\sigma>0$ 和 $\varsigma\in(0,1)$ 使得下式成立：

$$E\{\|\xi_k\|^2\}\leqslant\sigma\varsigma^k E\{\|\xi_0\|^2\},\xi_0\in\mathbb{R}^n,k\in\mathbb{N}^+ \tag{7-13}$$

则称闭环系统［式 (7-12)］均方意义下指数稳定。

本章的目的是设计基于观测器的控制器，使得闭环系统［式 (7-12)］同时满足：

（1）在外部扰动 $\boldsymbol{w}_k=0$ 的情况下，系统［式 (7-12)］是均方意义下指数稳定的。

（2）在零初始条件下，对于给定的正标量 $\gamma>0$ 及所有的非零 $\boldsymbol{w}_k$，滤波误差输出 $\boldsymbol{z}_k$ 满足：

$$\sum_{k=0}^{\infty}E\{\|\boldsymbol{z}_k\|^2\}\leqslant\gamma^2\sum_{k=0}^{\infty}E\{\|\boldsymbol{w}_k\|^2\} \tag{7-14}$$

7.2

稳定性及 H∞性能分析

定理 7-1

给定观测器增益 $\boldsymbol{L}$ 和控制器增益 $\boldsymbol{K}$，量化密度 ρ_1、ρ_2，已知常数 $\bar{\alpha}$ 和 $\bar{\beta}$，当 $\boldsymbol{w}_k$=0 时，如果存在正定矩阵 $\boldsymbol{P}_1$、$\boldsymbol{P}_2$、$\boldsymbol{Q}_1$、$\boldsymbol{Q}_2$ 以及标量 ε>0 使得下述不等式成立：

$$\begin{bmatrix} \boldsymbol{\Omega}_{11} & * & * \\ \boldsymbol{\Omega}_{21} & \boldsymbol{\Omega}_{22} & * \\ 0 & \boldsymbol{\Omega}_{32} & \boldsymbol{\Omega}_{33} \end{bmatrix} < 0 \tag{7-15}$$

则称闭环系统［式 (7-12)］是均方意义下指数稳定的。

式中，

$$\boldsymbol{\Omega}_{11} = \mathrm{diag}\{-\boldsymbol{P}_1+\bar{d}\boldsymbol{R},-\boldsymbol{Q}_1,-\boldsymbol{P}_2,-\boldsymbol{Q}_2,-\boldsymbol{R}\}$$

$$\boldsymbol{\Omega}_{22} = \mathrm{diag}\{-\boldsymbol{P}_1^{-1}+\varepsilon\delta_2^2\boldsymbol{I},-\boldsymbol{Q}_1^{-1}+\varepsilon\delta_1^2\boldsymbol{I},-\boldsymbol{P}_2^{-1}+\varepsilon\delta_2^2\boldsymbol{I},-\boldsymbol{Q}_2^{-1}+\varepsilon\delta_1^2\boldsymbol{I},-\theta_1^{-2}\boldsymbol{P}_1^{-1}+\varepsilon\delta_2^2\boldsymbol{I}$$
$$-\theta_2^{-2}\boldsymbol{Q}_1^{-1}+\varepsilon\delta_1^2\boldsymbol{I},-\theta_1^{-2}\boldsymbol{P}_2^{-1}+\varepsilon\delta_2^2\boldsymbol{I},-\theta_2^{-2}\boldsymbol{Q}_2^{-1}+\varepsilon\delta_1^2\boldsymbol{I}\}$$

$$\boldsymbol{\Omega}_{33} = \mathrm{diag}\{-\varepsilon\boldsymbol{I},-\varepsilon\boldsymbol{I}\},\delta_1 = \frac{1-\rho_1}{1+\rho_1},\ \delta_2 = \frac{1-\rho_2}{1+\rho_2},\ \bar{d}=d_2-d_1+1$$

$$\theta_1 = \sqrt{\bar{\alpha}(1-\bar{\alpha})},\ \theta_2 = \sqrt{\bar{\beta}(1-\bar{\beta})},\boldsymbol{\Omega}_{21} = \begin{bmatrix} \boldsymbol{\Omega}_{211} \\ \boldsymbol{\Omega}_{212} \end{bmatrix},\ \boldsymbol{\Omega}_{32} = \begin{bmatrix} \boldsymbol{\Omega}_{321} & \boldsymbol{\Omega}_{322} \end{bmatrix}$$

$$\boldsymbol{\Omega}_{211} = \begin{bmatrix} \boldsymbol{A}_1+(1-\bar{\beta})\boldsymbol{B}_2\boldsymbol{K} & -(1-\bar{\beta})\boldsymbol{B}_2\boldsymbol{K} & \bar{\beta}\boldsymbol{B}_2 & 0 & \boldsymbol{A}_2 \\ \bar{\alpha}\boldsymbol{L}\boldsymbol{C} & \boldsymbol{A}_1-\boldsymbol{L}\boldsymbol{C} & 0 & -\bar{\alpha}\boldsymbol{L} & \boldsymbol{A}_2 \\ (1-\bar{\beta})\boldsymbol{K} & -(1-\bar{\beta})\boldsymbol{K} & \bar{\beta}\boldsymbol{I} & 0 & 0 \\ (1-\bar{\alpha})\boldsymbol{C} & 0 & 0 & \bar{\alpha}\boldsymbol{I} & 0 \end{bmatrix}$$

$$\boldsymbol{\Omega}_{212} = \begin{bmatrix} \boldsymbol{B}_2\boldsymbol{K} & -\boldsymbol{B}_2\boldsymbol{K} & -\boldsymbol{B}_2 & 0 & 0 \\ -\boldsymbol{L}\boldsymbol{C} & 0 & 0 & \boldsymbol{L} & 0 \\ \boldsymbol{K} & -\boldsymbol{K} & -\boldsymbol{I} & 0 & 0 \\ \boldsymbol{C} & 0 & 0 & -\boldsymbol{I} & 0 \end{bmatrix}$$

$$\boldsymbol{\Omega}_{321}=\begin{bmatrix} (1-\bar{\beta})\boldsymbol{K}^{\mathrm{T}}\boldsymbol{B}_2^{\mathrm{T}} & -(1-\bar{\alpha})\boldsymbol{C}^{\mathrm{T}}\boldsymbol{L}^{\mathrm{T}} & (1-\bar{\beta})\boldsymbol{K}^{\mathrm{T}} & (1-\bar{\alpha})\boldsymbol{C}^{\mathrm{T}} \\ -(1-\bar{\beta})\boldsymbol{K}^{\mathrm{T}}\boldsymbol{B}_2^{\mathrm{T}} & 0 & (1-\bar{\beta})\boldsymbol{K}^{\mathrm{T}} & (1-\bar{\alpha})\boldsymbol{C}^{\mathrm{T}} \end{bmatrix}$$

$$\boldsymbol{\Omega}_{322}=\begin{bmatrix} \boldsymbol{K}^{\mathrm{T}}\boldsymbol{B}_2^{\mathrm{T}} & -\boldsymbol{C}^{\mathrm{T}}\boldsymbol{L}^{\mathrm{T}} & \boldsymbol{K}^{\mathrm{T}} & \boldsymbol{C}^{\mathrm{T}} \\ -\boldsymbol{K}^{\mathrm{T}}\boldsymbol{B}_2^{\mathrm{T}} & 0 & -\boldsymbol{K}^{\mathrm{T}} & 0 \end{bmatrix}$$

证明

取 Lyapunov-Krasovskii 泛函为：

$$\boldsymbol{V}_k=\boldsymbol{V}_{1,k}+\boldsymbol{V}_{2,k}+\boldsymbol{V}_{3,k} \tag{7-16}$$

式中，$\boldsymbol{V}_{1,k}=\boldsymbol{x}_k^{\mathrm{T}}\boldsymbol{P}_1\boldsymbol{x}_k+\boldsymbol{e}_k^{\mathrm{T}}\boldsymbol{Q}_1\boldsymbol{e}_k+\boldsymbol{u}_{c,k-1}^{\mathrm{T}}\boldsymbol{P}_2\boldsymbol{u}_{c,k-1}+\boldsymbol{y}_{c,k-1}^{\mathrm{T}}\boldsymbol{Q}_2\boldsymbol{y}_{c,k-1}$，$\boldsymbol{V}_{2,k}=\sum\limits_{i=k-d_k}^{k-1}\boldsymbol{x}_i^{\mathrm{T}}\boldsymbol{R}\boldsymbol{x}_i$，$\boldsymbol{V}_{3,k}=\sum\limits_{j=k-d_2-1}^{k-d_1}\sum\limits_{i=j}^{k-1}\boldsymbol{x}_i^{\mathrm{T}}\boldsymbol{R}\boldsymbol{x}_i$。

这里 $\boldsymbol{P}_1$、$\boldsymbol{Q}_1$、$\boldsymbol{P}_2$、$\boldsymbol{Q}_2$ 和 $\boldsymbol{R}$ 是已知正定对称矩阵。

然后考虑式 (7-10) 和式 (7-11)，由于 $E\{\bar{\beta}-\beta_k\}^2=\bar{\beta}(1-\bar{\beta})$，$E\{\bar{\alpha}-\alpha_k\}^2=\bar{\alpha}(1-\bar{\alpha})$，当 $\boldsymbol{w}_k$=0 时，对 $\boldsymbol{V}_k$ 沿系统［式 (7-12)］求取差分，并且两端求数学期望，可以得到：

$$E\{\Delta\boldsymbol{V}_k\}=\sum_{i=1}^{3}E\{\Delta\boldsymbol{V}_{i,k}\} \tag{7-17}$$

式中：

$$\begin{aligned} E\{\Delta\boldsymbol{V}_{1,k}\}&=E\{\boldsymbol{V}_{1,k+1}\,|\,\boldsymbol{V}_{1,k}-\boldsymbol{V}_{1,\mathrm{k}}\}=E\{\boldsymbol{x}_{k+1}^{\mathrm{T}}\boldsymbol{P}_1\boldsymbol{x}_{k+1}+\boldsymbol{e}_{k+1}^{\mathrm{T}}\boldsymbol{Q}_1\boldsymbol{e}_{k+1}+\boldsymbol{u}_{c,k}^{\mathrm{T}}\boldsymbol{P}_2\boldsymbol{u}_c \\ &\quad+\boldsymbol{y}_c^{\mathrm{T}}\boldsymbol{Q}_2\boldsymbol{y}_c\}-\boldsymbol{x}_k^{\mathrm{T}}\boldsymbol{P}_1\boldsymbol{x}_k-\boldsymbol{e}_k^{\mathrm{T}}\boldsymbol{Q}_1\boldsymbol{e}_k-\boldsymbol{u}_{c,k-1}^{\mathrm{T}}\boldsymbol{P}_2\boldsymbol{u}_{c,k-1}-\boldsymbol{y}_{c,k-1}^{\mathrm{T}}\boldsymbol{Q}_2\boldsymbol{y}_{c,k-1} \\ &=\boldsymbol{\Pi}_{1,k}^{\mathrm{T}}\boldsymbol{P}_1\boldsymbol{\Pi}_{1,k}+\boldsymbol{\Pi}_{2,k}^{\mathrm{T}}\boldsymbol{Q}_1\boldsymbol{\Pi}_{2,k}+\boldsymbol{\Pi}_{3,k}^{\mathrm{T}}\boldsymbol{P}_2\boldsymbol{\Pi}_{3,k}+\boldsymbol{\Pi}_{4,k}^{\mathrm{T}}\boldsymbol{Q}_2\boldsymbol{\Pi}_{4,k} \\ &\quad+\theta_1^2\boldsymbol{\Pi}_{5,k}^{\mathrm{T}}\boldsymbol{P}_1\boldsymbol{\Pi}_{5,k}+\theta_2^2\boldsymbol{\Pi}_{6,k}^{\mathrm{T}}\boldsymbol{Q}_1\boldsymbol{\Pi}_{6,k}+\theta_1^2\boldsymbol{\Pi}_{7,k}^{\mathrm{T}}\boldsymbol{P}_2\boldsymbol{\Pi}_{7,k} \\ &\quad+\theta_2^2\boldsymbol{\Pi}_{6,k}^{\mathrm{T}}\boldsymbol{Q}_2\boldsymbol{\Pi}_{8,k}-\boldsymbol{x}_k^{\mathrm{T}}\boldsymbol{P}_1\boldsymbol{x}_k-\boldsymbol{e}_k^{\mathrm{T}}\boldsymbol{Q}_1\boldsymbol{e}_k-\boldsymbol{u}_{c,k-1}^{\mathrm{T}}\boldsymbol{P}_2\boldsymbol{u}_{c,k-1} \\ &\quad-\boldsymbol{y}_{c,k-1}^{\mathrm{T}}\boldsymbol{Q}_2\boldsymbol{y}_{c,k-1} \end{aligned} \tag{7-18}$$

$\boldsymbol{\Pi}_{1,k}=[\boldsymbol{A}+(1-\bar{\beta})(1+\Delta_{2,k})\boldsymbol{B}_2\boldsymbol{K}]\boldsymbol{x}_k-(1-\bar{\beta})(1+\Delta_{2,k})\boldsymbol{B}_2\boldsymbol{K}\boldsymbol{e}_k+\bar{\beta}\boldsymbol{B}_2\boldsymbol{u}_{c,k-1}+\boldsymbol{A}_2\boldsymbol{x}_{k-d_k}$，

$\boldsymbol{\Pi}_{2,k}=(\boldsymbol{A}-\boldsymbol{L}\boldsymbol{C})\boldsymbol{e}_k-(1-\bar{\alpha})(1+\Delta_{1,k})\boldsymbol{L}\boldsymbol{C}\boldsymbol{x}_k-\bar{\alpha}\boldsymbol{L}\boldsymbol{y}_{c,k-1}+\boldsymbol{L}\boldsymbol{C}\boldsymbol{x}_k+\boldsymbol{A}_2\boldsymbol{x}_{k-d_k}$，

$$\boldsymbol{\Pi}_{3,k}=(1-\bar{\beta})(1+\Delta_{2,k})\boldsymbol{K}\boldsymbol{x}_k-(1-\bar{\beta})(1+\Delta_{2,k})\boldsymbol{K}\boldsymbol{e}_k+\bar{\beta}\boldsymbol{u}_{c,k-1},$$

$$\boldsymbol{\Pi}_{4,k}=(1-\bar{\alpha})(1+\Delta_{1,k})\boldsymbol{C}\boldsymbol{x}_k+\bar{\alpha}\boldsymbol{y}_{c,k-1},$$

$$\boldsymbol{\Pi}_{5,k}=(1+\Delta_{2,k})\boldsymbol{B}_2\boldsymbol{K}\boldsymbol{x}_k-(1+\Delta_{2,k})\boldsymbol{B}_2\boldsymbol{K}\boldsymbol{e}_k-\boldsymbol{B}_2\boldsymbol{u}_{c,k-1},$$

$$\boldsymbol{\Pi}_{6,k}=-(1+\Delta_{1,k})\boldsymbol{L}\boldsymbol{C}\boldsymbol{x}_k+\boldsymbol{L}\boldsymbol{y}_{c,k-1},$$

$$\boldsymbol{\Pi}_{7,k}=(1+\Delta_{1,k})\boldsymbol{K}\boldsymbol{x}_k-(1+\Delta_{1,k})\boldsymbol{K}\boldsymbol{x}_k-\boldsymbol{u}_{c,k-1},$$

$$\boldsymbol{\Pi}_{8,k}=(1+\Delta_{2,k})\boldsymbol{C}\boldsymbol{x}_k-\boldsymbol{y}_{c,k-1}。$$

同样有：

$$E\{\Delta\boldsymbol{V}_{2,k}\}=E\{\boldsymbol{V}_{2,k+1}|\boldsymbol{V}_{2,k}-\boldsymbol{V}_{2,k}\}\leqslant\boldsymbol{x}_k^{\mathrm{T}}\boldsymbol{R}\boldsymbol{x}_k-\boldsymbol{x}_{k-d_k}^{\mathrm{T}}\boldsymbol{R}\boldsymbol{x}_{k-d_k}+\sum_{i=k-d_2+1}^{k-d_1}\boldsymbol{x}_i^{\mathrm{T}}\boldsymbol{R}\boldsymbol{x}_i \tag{7-19}$$

$$E\{\Delta\boldsymbol{V}_{3,k}\}=E\{\boldsymbol{V}_{3,k+1}|\boldsymbol{V}_{3,k}-\boldsymbol{V}_{3,k}\}\leqslant(d_2-d_1)\boldsymbol{x}_k^{\mathrm{T}}\boldsymbol{R}\boldsymbol{x}_k-\sum_{i=k-d_2+1}^{k-d_1}\boldsymbol{x}_i^{\mathrm{T}}\boldsymbol{R}\boldsymbol{x}_i \tag{7-20}$$

将式 (7-18) ～式 (7-20) 代入式 (7-17) 中，可以得到：

$$E\{\Delta\boldsymbol{V}_k\}\leqslant\boldsymbol{\eta}_k^{\mathrm{T}}\boldsymbol{\Theta}\boldsymbol{\eta}_k \tag{7-21}$$

式中，$\boldsymbol{\eta}_k=\begin{bmatrix}\boldsymbol{\xi}_k^{\mathrm{T}} & \boldsymbol{x}_{k-d_k}^{\mathrm{T}}\end{bmatrix}^{\mathrm{T}}$，且：

$$\boldsymbol{\Theta}=\boldsymbol{\Theta}_{11}-\boldsymbol{\Theta}_{21}^{\mathrm{T}}\boldsymbol{\Theta}_{22}\boldsymbol{\Theta}_{21} \tag{7-22}$$

式中：

$$\boldsymbol{\Theta}_{11}=\boldsymbol{\Omega}_{11},\boldsymbol{\Theta}_{22}=\mathrm{diag}\{-\boldsymbol{P}_1,-\boldsymbol{Q}_1,-\boldsymbol{P}_2,-\boldsymbol{Q}_2,-\theta_1^2\boldsymbol{P}_1,-\theta_2^2\boldsymbol{Q}_1,-\theta_1^2\boldsymbol{P}_2,-\theta_2^2\boldsymbol{Q}_2\}$$

$$\boldsymbol{\Theta}_{21}=\begin{bmatrix}\boldsymbol{\Theta}_{211}\\ \boldsymbol{\Theta}_{212}\end{bmatrix}$$

$$\boldsymbol{\Theta}_{211}=\begin{bmatrix}\boldsymbol{A}+(1-\bar{\beta})(1+\Delta_k)\boldsymbol{B}_2\boldsymbol{K} & -(1-\bar{\beta})(1+\Delta_k)\boldsymbol{B}_2\boldsymbol{K} & \bar{\beta}\boldsymbol{B}_2 & 0 & \boldsymbol{A}_2\\ (1-(1-\bar{\alpha})(1+\Delta_k))\boldsymbol{L}\boldsymbol{C} & \boldsymbol{A}-\boldsymbol{L}\boldsymbol{C} & 0 & -\bar{\alpha}\boldsymbol{L} & \boldsymbol{A}_2\\ (1-\bar{\beta})(1+\Delta_k)\boldsymbol{K} & -(1-\bar{\beta})(1+\Delta_k)\boldsymbol{K} & \bar{\beta}\boldsymbol{I} & 0 & 0\\ (1-\bar{\alpha})(1+\Delta_k)\boldsymbol{C} & 0 & 0 & \bar{\alpha}\boldsymbol{I} & 0\end{bmatrix}$$

$$\boldsymbol{\Theta}_{212}=\begin{bmatrix}(1+\Delta_k)\boldsymbol{B}_2\boldsymbol{K} & -(1+\Delta_k)\boldsymbol{B}_2\boldsymbol{K} & -\boldsymbol{B}_2 & 0 & 0\\ -(1-\bar{\alpha})(1+\Delta_k)\boldsymbol{L}\boldsymbol{C} & 0 & 0 & \boldsymbol{L} & 0\\ (1+\Delta_k)\boldsymbol{K} & -(1+\Delta_k)\boldsymbol{K} & -\boldsymbol{I} & 0 & 0\\ (1+\Delta_k)\boldsymbol{C} & 0 & 0 & -\boldsymbol{I} & 0\end{bmatrix}$$

令 $\hat{\boldsymbol{\Theta}}_{22}=\boldsymbol{\Theta}_{22}^{-1}$，由 Schur 补引理，$\boldsymbol{\Theta}<0$ 等价于：

$$\begin{bmatrix}\boldsymbol{\Theta}_{11} & * \\ \boldsymbol{\Theta}_{21} & \hat{\boldsymbol{\Theta}}_{22}\end{bmatrix}<0 \tag{7-23}$$

式 (7-23) 可以表示为：

$$\begin{bmatrix}\boldsymbol{\Theta}_{11} & * \\ \boldsymbol{\Theta}_{21} & \hat{\boldsymbol{\Theta}}_{22}\end{bmatrix}+\boldsymbol{H}\boldsymbol{E}+\boldsymbol{E}^{\mathrm{T}}\boldsymbol{H}^{\mathrm{T}}<0 \tag{7-24}$$

式中，$\boldsymbol{H}=\mathrm{diag}\{0_{1\times5},\varDelta_{2,k},\varDelta_{1,k},\varDelta_{2,k},\varDelta_{1,k},\varDelta_{2,k},\varDelta_{1,k},\varDelta_{2,k},\varDelta_{1,k}\}$, $\boldsymbol{E}=\begin{bmatrix}0_{2\times5} & \boldsymbol{\Omega}_{32}\end{bmatrix}^{\mathrm{T}}$。

利用 Schur 补引理，注意到 $\|\varDelta_{1,k}\|^2<\delta_1^2$, $\|\varDelta_{2,k}\|^2<\delta_2^2$，由式 (7-24) 可以得到式 (7-15)，因此假如存在正定矩阵 $\boldsymbol{P}_1$、$\boldsymbol{Q}_1$、$\boldsymbol{P}_2$、$\boldsymbol{Q}_2$、$\boldsymbol{R}$ 以及标量 $\varepsilon>0$，满足式 (7-15)，可以得到式 (7-24)，因此 $\boldsymbol{\Theta}<0$。利用定理 7-1，可以得到系统［式 (7-12)］在 $\boldsymbol{w}_k=0$ 时是均方意义下指数稳定的。证毕。

7.3 H∞控制器设计

定理 7-2

给定 $\gamma>0$，量化密度 $\rho>0$，已知正常数 $\bar{\alpha}$ 和 $\bar{\beta}$，如果存在正定对称矩阵 $\boldsymbol{P}_1$、$\boldsymbol{Q}_1$、$\boldsymbol{P}_2$、$\boldsymbol{Q}_2$、$\boldsymbol{X}_1$、$\boldsymbol{Y}_1$、$\boldsymbol{X}_2$、$\boldsymbol{Y}_2$ 以及标量 $\varepsilon>0$ 满足不等式：

$$\begin{bmatrix}\boldsymbol{\Psi}_{11} & * & * & * & * \\ 0 & -\gamma^2\boldsymbol{I} & * & * & * \\ \boldsymbol{\Psi}_{31} & \boldsymbol{\Psi}_{31} & \boldsymbol{\Psi}_{33} & * & * \\ 0 & 0 & \boldsymbol{\Psi}_{43} & \boldsymbol{\Psi}_{44} & * \\ \boldsymbol{\Psi}_{51} & 0 & 0 & 0 & -\boldsymbol{I}\end{bmatrix}<0 \tag{7-25}$$

及如下约束条件：

$$\boldsymbol{X}_i\boldsymbol{P}_i=\boldsymbol{I},\ \boldsymbol{Y}_i\boldsymbol{Q}_i=\boldsymbol{I},\ i=(1,2) \tag{7-26}$$

则系统［式 (7-12)］均方意义下指数稳定并满足给定的 H∞性能指标，并且通过求解不等式可以得到控制器参数 $\boldsymbol{K}$ 以及观测器参数 $\boldsymbol{L}$。

式中：

$$\boldsymbol{\Psi}_{11}=\boldsymbol{\Omega}_{11},\boldsymbol{\Psi}_{31}=\boldsymbol{\Omega}_{21},\boldsymbol{\Psi}_{43}=\boldsymbol{\Omega}_{32},\boldsymbol{\Psi}_{44}=\boldsymbol{\Omega}_{33}$$

$$\boldsymbol{\Psi}_{33}=\mathrm{diag}\{-\boldsymbol{X}_1+\varepsilon\delta_2^2,-\boldsymbol{Y}_1+\varepsilon\delta_1^2,-\boldsymbol{X}_2+\varepsilon\delta_2^2$$
$$-\boldsymbol{Y}_2+\varepsilon\delta_1^2,-\theta_1^{-2}\boldsymbol{X}_1+\varepsilon\delta_2^2,-\theta_2^{-2}\boldsymbol{Y}_1+\varepsilon\delta_1^2,-\theta_1^{-2}\boldsymbol{X}_2+\varepsilon\delta_2^2,-\theta_2^{-2}\boldsymbol{Y}_2+\varepsilon\delta_1^2\}$$

$$\boldsymbol{\Psi}_{32}=\begin{bmatrix}\boldsymbol{B}_1^{\mathrm{T}} & \boldsymbol{B}_1^{\mathrm{T}} & \boldsymbol{0}_{1\times 6}\end{bmatrix}^{\mathrm{T}},\boldsymbol{\Psi}_{51}=\begin{bmatrix}\boldsymbol{D} & \boldsymbol{0}_{1\times 4}\end{bmatrix}$$

证明

对于任意的非零 $\boldsymbol{w}_k$，由式 (7-12) 和式 (7-17) 可以得到：

$$E\{\boldsymbol{V}_{k+1}\,|\,\boldsymbol{V}_k\}-\boldsymbol{V}_k+E\{\boldsymbol{z}_k^{\mathrm{T}}\boldsymbol{z}_k\}-\gamma^2E\{\boldsymbol{w}_k^{\mathrm{T}}\boldsymbol{w}_k\}=E\left\{\begin{bmatrix}\boldsymbol{\eta}_k\\ \boldsymbol{w}_k\end{bmatrix}^{\mathrm{T}}\boldsymbol{\Omega}\begin{bmatrix}\boldsymbol{\eta}_k\\ \boldsymbol{w}_k\end{bmatrix}\right\} \tag{7-27}$$

式中：

$$\boldsymbol{\Omega}=\begin{bmatrix}\boldsymbol{\Theta}+\boldsymbol{\Psi}_{51}^{\mathrm{T}}\boldsymbol{\Psi}_{51} & *\\ \boldsymbol{B}_1^{\mathrm{T}}\boldsymbol{P}_1\boldsymbol{B}_3+\boldsymbol{B}_1^{\mathrm{T}}\boldsymbol{Q}_1\boldsymbol{B}_4 & \boldsymbol{B}_1^{\mathrm{T}}(\boldsymbol{P}_1+\boldsymbol{Q}_1)\boldsymbol{B}_1-\gamma^2\boldsymbol{I}\end{bmatrix}$$

$$\boldsymbol{B}_3=\begin{bmatrix}\boldsymbol{A}_1+(1-\bar{\beta})\boldsymbol{B}_2\boldsymbol{K} & -(1-\bar{\beta})\boldsymbol{B}_2\boldsymbol{K} & \bar{\beta}\boldsymbol{B}_2 & 0 & \boldsymbol{A}_2\end{bmatrix}$$

$$\boldsymbol{B}_4=\begin{bmatrix}\bar{\alpha}\boldsymbol{LC} & \boldsymbol{A}_1-\boldsymbol{LC} & 0 & -\bar{\alpha}\boldsymbol{L} & \boldsymbol{A}_2\end{bmatrix}$$

利用 Schur 补引理和定理 7-1，定义 $\boldsymbol{X}_1=\boldsymbol{P}_1^{-1}$， $\boldsymbol{X}_2=\boldsymbol{P}_2^{-1}$, $\boldsymbol{Y}_1=\boldsymbol{Q}_1^{-1}$ 和 $\boldsymbol{Y}_2=\boldsymbol{Q}_2^{-1}$，可以得到式 (7-25) 和式 (7-26)，即 $\boldsymbol{\Omega}<0$，因此有：

$$E\{\boldsymbol{V}_{k+1}\,|\,\boldsymbol{V}_k\}-\boldsymbol{V}_k+E\{\boldsymbol{z}_k^{\mathrm{T}}\boldsymbol{z}_k\}-\gamma^2E\{\boldsymbol{w}_k^{\mathrm{T}}\boldsymbol{w}_k\}<0 \tag{7-28}$$

在零初始条件下，对式 (7-28) 的两端从 k=0 到∞求和，可以得到：

$$\sum_{k=0}^{\infty}E\|\boldsymbol{z}_k\|^2<\gamma^2\sum_{k=0}^{\infty}E\|\boldsymbol{w}_k\|^2+E\{\boldsymbol{V}_0\}-E\{\boldsymbol{V}_\infty\} \tag{7-29}$$

因此在零初始条件 $\boldsymbol{\xi}_0=0$ 下，有：

$$\sum_{k=0}^{\infty}E\left\{\|\boldsymbol{z}_k\|^2\right\}<\gamma^2\sum_{k=0}^{\infty}E\left\{\|\boldsymbol{w}_k\|^2\right\} \tag{7-30}$$

证毕。

注意到由于存在约束条件式 (7-26)，定理 7-2 不是标准的线性矩阵不等式，因此不能直接通过 Matlab LMI 工具箱求解。采用文献 [73] 中的锥补线性化算法（CCL）将非线性矩阵不等，式 (7-25) 转化为求解下面的最优化问题：

$\min \operatorname{tr}(\boldsymbol{X}_i\boldsymbol{P}_i+\boldsymbol{Y}_i\boldsymbol{Q}_i), i=(1,2)$，s.t.式(7-25) 和下列不等式成立：

$$\begin{bmatrix}\boldsymbol{X}_i & \boldsymbol{I}\\ \boldsymbol{I} & \boldsymbol{P}_i\end{bmatrix}\geqslant 0,\begin{bmatrix}\boldsymbol{Y}_i & \boldsymbol{I}\\ \boldsymbol{I} & \boldsymbol{Q}_i\end{bmatrix}\geqslant 0 \tag{7-31}$$

最优 H_∞问题可以通过求解如下的凸优化问题给出：

$$\min_{\boldsymbol{P}_i,\boldsymbol{Q}_i,\boldsymbol{X}_i,\boldsymbol{Y}_i,\boldsymbol{R},\varepsilon,i=(1,2)} \gamma, \text{ s.t. 式 (7-25) 和式 (7-31)} \tag{7-32}$$

本章研究了具有时变时延与多包丢失的 NCSs 的量化 H_∞控制，利用对数量化器来量化测量输出信号和控制输入信号，同时考虑了时变时延及传感器 - 控制器以及控制器 - 执行器网络通道中的多包丢失现象，给出了系统均方下指数稳定且满足一定 H_∞性能的条件，并设计了基于观测器的 H_∞控制器。

下面通过数值仿真结果验证本章所提设计方法的有效性。

7.4
仿真实例

考虑系统［式 (7-1)］，系统参数如下：$\boldsymbol{A}_1=\begin{bmatrix}0.5 & -0.4\\ 0.6 & 0.8\end{bmatrix}$，$\boldsymbol{A}_2=\begin{bmatrix}-0.1 & 0.2\\ 0.3 & 0.1\end{bmatrix}$，$\boldsymbol{B}_1=\begin{bmatrix}0.2\\ -0.5\end{bmatrix}$，$\boldsymbol{B}_2=\begin{bmatrix}0.1 & 0\\ -0.1 & 0.2\end{bmatrix}$，$\boldsymbol{C}=\begin{bmatrix}0.5 & 0.2\\ 0.1 & -0.6\end{bmatrix}$，$\boldsymbol{D}=\begin{bmatrix}0.1\\ -0.2\end{bmatrix}$，$d_k=2+\dfrac{1+(-1)^k}{2}$。

取 $\bar{\alpha}=0.1$，$\bar{\beta}=0.15$，量化密度 $\rho_1=0.85$，$\rho_2=0.8$，经计算容易得到，时变时延 d_k 满足 $d_1=2$，$d_2=3$，假定 $\gamma=0.96$，利用 CCL 算法求解式 (7-25) 和式 (7-31)，可以得到：

$$\boldsymbol{K}=\begin{bmatrix}-0.0039 & 0.0989\\-0.2502 & -0.1831\end{bmatrix},\ \boldsymbol{L}=\begin{bmatrix}0.4210 & 0.9562\\1.1119 & -0.1255\end{bmatrix}$$

假设扰动输出为 $\boldsymbol{w}_k=\dfrac{1}{0.1+k^2}$，系统初始条件为 $\boldsymbol{x}_0=\begin{bmatrix}0.15 & -0.3\end{bmatrix}^{\mathrm{T}}$，$\hat{\boldsymbol{x}}_0=\begin{bmatrix}-0.2 & 0.5\end{bmatrix}^{\mathrm{T}}$，则状态响应如图 7-2 所示。

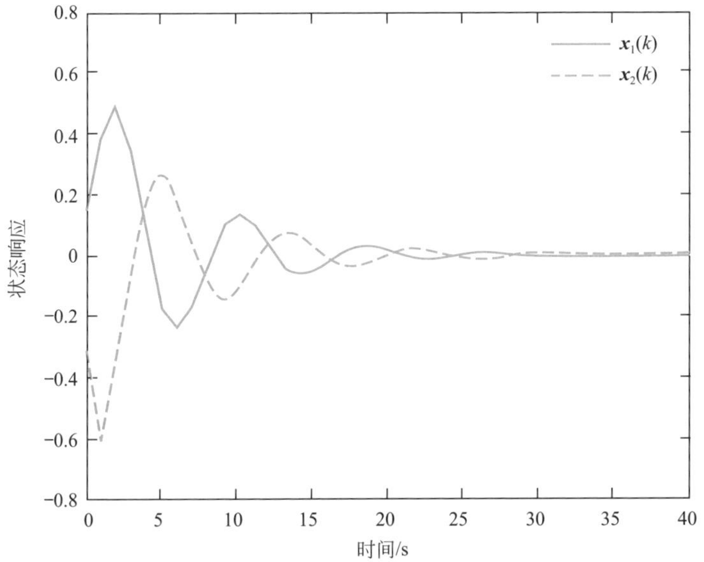

图 7-2　γ=0.96 时的状态响应

利用 LMI 工具箱对优化问题［式 (7-32)］寻优得到最优性能指标 $\gamma_{\min}=0.3104$，并可计算 $\dfrac{\|\boldsymbol{z}_k\|_2}{\|\boldsymbol{w}_k\|_2}=0.2451<\gamma_{\min}$，说明本章提出的方法是可行的。且有：

$$\boldsymbol{K}=\begin{bmatrix}0.0001 & 0.1026\\-0.2671 & -0.1590\end{bmatrix},\ \boldsymbol{L}=\begin{bmatrix}0.4117 & 1.0587\\1.2572 & -0.1072\end{bmatrix}$$

最优性能指标 $\gamma_{\min}=0.3104$ 时系统状态响应如图 7-3 所示。

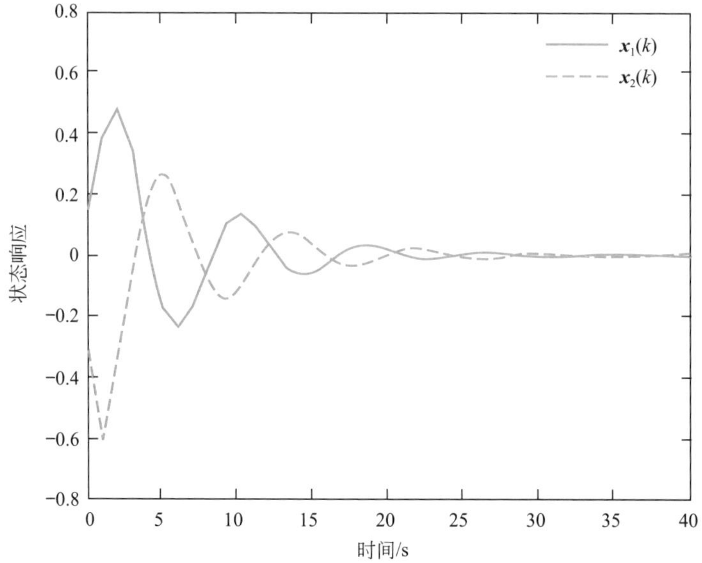

图 7-3　γ_{min}=0.3104 时状态响应

Digital Wave
Advanced Technology of
Industrial Internet

Intelligent Control and
Filtering of Networked Systems

网络化系统智能控制与滤波

第 8 章

分布式时延非线性网络化系统 H_∞ 滤波

本章针对具有随机发生的分布式时延、传感器饱和的非线性随机系统，设计了一种 H_∞ 滤波器。采样后的信号经过网络进行传输，并且发生数据包丢失。利用李雅普诺夫理论分析系统的稳定性，然后在系统稳定的基础上研究其 H_∞ 性能。通过引入 LMI 来求出系统的可行解，并设计出有效的 H_∞ 滤波器。

8.1 问题描述

传感器饱和、非线性和随机现象在控制工程领域受到越来越多的关注，解决此类问题，卡尔曼滤波和 H_∞ 滤波是主要的研究方法。与卡尔曼滤波相比，H_∞ 滤波更具优势，因为它不需要知道噪声的统计学特性，而且保证了估计误差的能量增益低于一个给定的扰动水平。所以，越来越多的学者开始研究 H_∞ 滤波问题。

考虑下列离散 - 时间 NCSs 的数学模型：

$$\begin{cases} \boldsymbol{x}(k+1)=\boldsymbol{A}\boldsymbol{x}(k)+\boldsymbol{B}\sum_{i=1}^{q}\beta_i\boldsymbol{x}(k-\tau_i(k))+\delta(k)f(\boldsymbol{x}(k))+\boldsymbol{D}_1\boldsymbol{w}(k) \\ \boldsymbol{y}(k)=\boldsymbol{C}\boldsymbol{x}(k) \\ \boldsymbol{y}_\phi(k)=\phi(\boldsymbol{y}(k))+\boldsymbol{D}_2\boldsymbol{w}(k) \\ \boldsymbol{z}(k)=\boldsymbol{L}\boldsymbol{x}(k) \end{cases} \tag{8-1}$$

式中，$\boldsymbol{x}(k)\in\mathbb{R}^n$ 为状态变量；$\boldsymbol{y}(k)\in\mathbb{R}^p$ 为系统输出；$\boldsymbol{w}(k)\in\mathbb{R}^q$ 为干扰输入，并且属于 $L_2[0,\infty]$，$\boldsymbol{y}_\phi(k)$ 为系统经过饱和后的输出；$\boldsymbol{\phi}(\cdot)$ 为饱和函数；$\boldsymbol{A}$、$\boldsymbol{B}$、$\boldsymbol{C}$、$\boldsymbol{D}_1$、$\boldsymbol{D}_2$ 和 $\boldsymbol{L}$ 为已知的满足一定维数的正常数矩阵；$\sum_{i=1}^{q}\beta_i(k)\boldsymbol{x}(k-\tau_i(k))$ 为分布式时延，随机的时变通信时延 $\tau_i(k)(i=1,2,\cdots,q)$ 满足 $d_{\mathrm{m}}\leqslant\tau_i(k)\leqslant d_{\mathrm{M}}$，$d_{\mathrm{m}}$ 和 d_{M} 都是非负的标量。

随机变量 $\beta_i(k)\in\mathbb{R}^n(i=1,2\cdots,q)$ 满足下列的概率分布：

$$Prob\{\beta_i(k)=1\}=E\{\beta_i(k)\}=\bar{\beta}_i$$

$$Prob\{\beta_i(k)=0\}=E\{1-\beta_i(k)\}=1-\bar{\beta}_i$$

非线性随机函数 $\boldsymbol{f}(\cdot)$ 满足：

$$[\boldsymbol{f}(x)-\boldsymbol{f}(y)-\boldsymbol{R}_1(x-y)]^{\mathrm{T}}[\boldsymbol{f}(x)-\boldsymbol{f}(y)-\boldsymbol{R}_2(x-y)]\leqslant 0 \tag{8-2}$$

式中，$\boldsymbol{R}_1,\boldsymbol{R}_2\in\mathbb{R}^{n\times n}$，且 $\boldsymbol{R}_1-\boldsymbol{R}_2$ 是已知的正定矩阵，非线性函数属于闭区间 $[\boldsymbol{R}_1,\boldsymbol{R}_2]$。

取值为 0 或 1 的随机变量 $\delta(k)$ 满足：

$$Prob\{\delta(k)=1\}=E\{\delta(k)\}=\bar{\delta}$$

$$Prob\{\delta(k)=0\}=E\{1-\delta(k)\}=1-\bar{\delta}$$

本节内容将考虑传感器饱和 / 非线性带来的影响，引入传感器饱和函数 $\boldsymbol{\phi}(\cdot)$，$\boldsymbol{\phi}(\cdot)\in[\boldsymbol{K}_1,\boldsymbol{K}_2]$，其中，$\boldsymbol{K}_1\in\mathbb{R}^{p\times p}$、$\boldsymbol{K}_2\in\mathbb{R}^{p\times p}$ 是给定的对角矩阵，并且满足 $\boldsymbol{K}_1\geqslant 0$，$\boldsymbol{K}_2\geqslant 0$，$\boldsymbol{K}_2>\boldsymbol{K}_1$。

饱和函数 $\boldsymbol{\phi}(\cdot)$ 满足下列不等式：

$$[\boldsymbol{\phi}(\boldsymbol{y}(k))-\boldsymbol{K}_1\boldsymbol{y}(k)]^{\mathrm{T}}[\boldsymbol{\phi}(\boldsymbol{y}(k))-\boldsymbol{K}_2\boldsymbol{y}(k)]\leqslant 0,\forall\boldsymbol{y}(k)\in\mathbb{R}^q \tag{8-3}$$

根据式 (8-3)，非线性函数 $\boldsymbol{\phi}(\boldsymbol{y}(k))$ 可以分解为线性部分和非线性部分：

$$\boldsymbol{\phi}(\boldsymbol{y}(k))=\boldsymbol{\phi}_s(\boldsymbol{y}(k))+\boldsymbol{K}_1\boldsymbol{y}(k) \tag{8-4}$$

非线性部分 $\boldsymbol{\phi}_s(\boldsymbol{y}(k))\in\boldsymbol{\Phi}_s$，其中 $\boldsymbol{\Phi}_s$ 满足下式：

$$\boldsymbol{\Phi}_s\overset{\Delta}{=}\{\boldsymbol{\phi}_s:\boldsymbol{\phi}_s^{\mathrm{T}}(\boldsymbol{y}(k))[\boldsymbol{\phi}_s(\boldsymbol{y}(k))-\bar{\boldsymbol{K}}\boldsymbol{y}(k)]\leqslant 0\},\bar{\boldsymbol{K}}=\boldsymbol{K}_2-\boldsymbol{K}_1 \tag{8-5}$$

本章中，具有随机丢包的测量输出可以描述为：

$$\boldsymbol{y}_f(k)=\alpha(k)\boldsymbol{y}_\phi(k) \tag{8-6}$$

随机变量 $\alpha(k)\in\mathbb{R}^n$ 是一个伯努利白噪声序列，并且满足以下的概率分布：

$$Prob\{\alpha(k)=1\}=E\{\alpha(k)\}=\bar{\alpha}$$

$$Prob\{\alpha(k)=0\}=E\{1-\alpha(k)\}=1-\bar{\alpha}$$

根据式 (8-4)、式 (8-6) 可以改写为：

$$\boldsymbol{y}_f(k)=\alpha(k)[\boldsymbol{\phi}_s(\boldsymbol{y}(k))+\boldsymbol{K}_1\boldsymbol{y}(k)+\boldsymbol{D}_2\boldsymbol{w}(k)] \tag{8-7}$$

考虑下列全阶滤波器：

$$\begin{cases}\hat{\boldsymbol{x}}(k+1)=\boldsymbol{A}_f\hat{x}(k)+\boldsymbol{B}_f\boldsymbol{y}_f(k)\\ \hat{z}(k)=\boldsymbol{L}_f\hat{\boldsymbol{x}}(k)\end{cases} \tag{8-8}$$

式中，$\hat{\boldsymbol{x}}(k)$ 为状态估计；$\hat{\boldsymbol{z}}(k)$ 为 $\boldsymbol{z}(k)$ 的估计；$\boldsymbol{A}_f$、$\boldsymbol{B}_f$ 和 $\boldsymbol{L}_f$ 为待求的滤波器参数。

定义 $\boldsymbol{\eta}(k)=\left[\boldsymbol{x}^{\mathrm{T}}(k) \quad \hat{\boldsymbol{x}}^{\mathrm{T}}(k)\right]^{\mathrm{T}}, \tilde{\boldsymbol{z}}(k)=\boldsymbol{z}(k)-\hat{\boldsymbol{z}}(k)$。根据式 (8-7)、式 (8-8) 和式 (8-1) 分离出随机变量，可以得到如下的滤波动态系统：

$$\begin{cases}\boldsymbol{\eta}(k+1)=\bar{\boldsymbol{A}}\boldsymbol{\eta}(k)+(\alpha(k)-\bar{\alpha})\tilde{\boldsymbol{A}}\boldsymbol{\eta}(k)+\bar{\boldsymbol{B}}\boldsymbol{\phi}_s(\boldsymbol{y}(k))+(\alpha(k)-\bar{\alpha})\tilde{\boldsymbol{B}}\boldsymbol{\phi}_s(\boldsymbol{y}(k)) \\ \qquad +\bar{\boldsymbol{D}}\boldsymbol{w}(k)+\bar{\boldsymbol{C}}\boldsymbol{f}(\boldsymbol{x}(k))+(\delta(k)-\bar{\delta})\tilde{\boldsymbol{C}}\boldsymbol{f}(\boldsymbol{x}(k)) \\ \qquad +(\alpha(k)-\bar{\alpha})\tilde{\boldsymbol{D}}\boldsymbol{w}(k)+\sum_{i=1}^{q}\bar{\boldsymbol{A}}_{di}\boldsymbol{\eta}(k-\tau_i(k))+\sum_{i=1}^{q}\tilde{\boldsymbol{A}}_{di}\boldsymbol{\eta}(k-\tau_i(k)) \\ \tilde{\boldsymbol{z}}(k)=\bar{\boldsymbol{L}}\boldsymbol{\eta}(k)\end{cases} \tag{8-9}$$

式中：

$$\bar{\boldsymbol{A}}=\begin{bmatrix}\boldsymbol{A} & 0 \\ \bar{\alpha}\boldsymbol{B}_f\boldsymbol{K}_1\boldsymbol{C} & \boldsymbol{A}_f\end{bmatrix},\ \tilde{\boldsymbol{A}}=\begin{bmatrix}0 & 0 \\ \boldsymbol{B}_f\boldsymbol{K}_1\boldsymbol{C} & 0\end{bmatrix},\ \bar{\boldsymbol{A}}_{di}=\begin{bmatrix}\bar{\beta}_i\boldsymbol{B} & 0 \\ 0 & 0\end{bmatrix}$$

$$\tilde{\boldsymbol{A}}_{di}=\begin{bmatrix}(\beta_i(k)-\bar{\beta}_i)\boldsymbol{B} & 0 \\ 0 & 0\end{bmatrix},\ \bar{\boldsymbol{B}}=\begin{bmatrix}0 \\ \bar{\alpha}\boldsymbol{B}_f\end{bmatrix},\ \tilde{\boldsymbol{B}}=\begin{bmatrix}0 \\ \boldsymbol{B}_f\end{bmatrix},\ \bar{\boldsymbol{C}}=\begin{bmatrix}\bar{\delta}\boldsymbol{I} \\ 0\end{bmatrix}$$

$$\tilde{\boldsymbol{C}}=\begin{bmatrix}\boldsymbol{I} \\ 0\end{bmatrix},\ \bar{\boldsymbol{D}}=\begin{bmatrix}\boldsymbol{D}_1 \\ \bar{\alpha}\boldsymbol{B}_f\boldsymbol{D}_2\end{bmatrix},\ \tilde{\boldsymbol{D}}=\begin{bmatrix}0 \\ \boldsymbol{B}_f\boldsymbol{D}_2\end{bmatrix},\ \bar{\boldsymbol{L}}=\begin{bmatrix}\boldsymbol{L} & -\boldsymbol{L}_f\end{bmatrix}$$

注 8-1　滤波动态系统［式 (8-9)］包含随机变量，所以其为随机时延系统。因此，在分析系统稳定性之前先引入以下定义。

定义 8-1

当 $\boldsymbol{w}(k)=0$ 时，如果存在常量 $\alpha>0$ 和 $\tau\in(0,1)$，满足 $E\{\|\boldsymbol{\eta}_k\|^2\}\leqslant \alpha\tau^k E\{\|\boldsymbol{\eta}_0\|^2\}$，则滤波动态系统［式 (8-9)］是均方意义下指数稳定的。

基于定义 8-1，本章的目标是为系统［式 (8-1)］设计一个 H_∞ 滤波器，使得滤波动态系统［式 (8-9)］是均方意义下指数稳定的，并且达到给定的 H_∞ 性能指标，也就是同时满足下面两个条件：

（1）滤波系统［式(8-9)］是均方意义下指数稳定的。

（2）在零初始条件下，对于任何非零的 $\boldsymbol{w}(k)$，滤波误差 $\tilde{\boldsymbol{z}}(k)$ 满足：

$$\sum_{k=0}^{+\infty}E\{\|\tilde{\boldsymbol{z}}(k)\|^2\}\leqslant\gamma^2\sum_{k=0}^{+\infty}E\{\|\tilde{\boldsymbol{w}}(k)\|^2\} \tag{8-10}$$

式中，$\gamma>0$ 为给定的标量。

8.2 稳定性及 H∞性能分析

定理 8-1

对于给定的正标量 $\bar{\alpha}$、$\bar{\beta}_i(i=1,2,\cdots,q)$ 和 $\bar{\delta}$，给定适维矩阵 $\boldsymbol{A}_f$、$\boldsymbol{B}_f$ 和 $\boldsymbol{L}_f$，如果存在正定矩阵 $\boldsymbol{P}>0$、$\boldsymbol{Q}_j>0(j=1,2,\cdots,q)$ 和正标量 λ_1 使得式(8-11)成立，那么滤波动态系统［式(8-9)］是均方意义下指数稳定的。

$$\boldsymbol{\Omega}_1=\begin{bmatrix}\boldsymbol{\Omega}_{11} & * & * \\ \boldsymbol{\Omega}_{21} & \boldsymbol{\Omega}_{22} & * \\ \boldsymbol{\Omega}_{31} & \boldsymbol{\Omega}_{32} & \boldsymbol{\Omega}_{33}\end{bmatrix}<0 \tag{8-11}$$

式中：

$$\boldsymbol{\Omega}_{11}=\begin{bmatrix}\boldsymbol{\Omega}_{111} & * \\ \boldsymbol{\Omega}_{121} & \boldsymbol{\Omega}_{122}\end{bmatrix}$$

$$\boldsymbol{\Omega}_{111}=\bar{\boldsymbol{A}}^{\mathrm{T}}\boldsymbol{P}\bar{\boldsymbol{A}}+\alpha_1{}^2\tilde{\boldsymbol{A}}^{\mathrm{T}}\boldsymbol{P}\tilde{\boldsymbol{A}}-\boldsymbol{P}-\lambda_1\tilde{\boldsymbol{G}}^{\mathrm{T}}\tilde{\boldsymbol{R}}_1\boldsymbol{G}+\sum_{i=1}^{q}(d_{\mathrm{M}}-d_{\mathrm{m}}+1)\boldsymbol{Q}_j$$

$$\boldsymbol{\Omega}_{121}=\bar{\boldsymbol{B}}^{\mathrm{T}}\boldsymbol{P}\bar{\boldsymbol{A}}+\alpha_1{}^2\tilde{\boldsymbol{B}}^{\mathrm{T}}\boldsymbol{P}\tilde{\boldsymbol{A}}+\bar{\boldsymbol{K}}\hat{\boldsymbol{C}},\boldsymbol{\Omega}_{122}=\bar{\boldsymbol{B}}^{\mathrm{T}}\boldsymbol{P}\bar{\boldsymbol{B}}+\alpha_1{}^2\tilde{\boldsymbol{B}}^{\mathrm{T}}\boldsymbol{P}\tilde{\boldsymbol{B}}-2\boldsymbol{I}$$

$$\boldsymbol{\Omega}_{22}=\mathrm{diag}\{-\boldsymbol{Q}_1+\tilde{\boldsymbol{A}}_1,-\boldsymbol{Q}_2+\tilde{\boldsymbol{A}}_2,\cdots,-\boldsymbol{Q}_q+\tilde{\boldsymbol{A}}_q\}+\hat{\boldsymbol{Z}}^{\mathrm{T}}\boldsymbol{P}\hat{\boldsymbol{Z}}$$

$$\boldsymbol{\Omega}_{33}=\bar{\boldsymbol{C}}^{\mathrm{T}}\boldsymbol{P}\bar{\boldsymbol{C}}+\delta_1{}^2\tilde{\boldsymbol{C}}^{\mathrm{T}}\boldsymbol{P}\tilde{\boldsymbol{C}}-\lambda_1\boldsymbol{I}$$

$$\alpha_1{}^2=\bar{\alpha}(1-\bar{\alpha}),\delta_1{}^2=\bar{\delta}(1-\bar{\delta}),\boldsymbol{\Omega}_{21}=\begin{bmatrix}\boldsymbol{\Omega}_{211} & \boldsymbol{\Omega}_{212}\end{bmatrix}$$

$$\boldsymbol{\Omega}_{211}=\hat{\boldsymbol{Z}}^{\mathrm{T}}\boldsymbol{P}\bar{\boldsymbol{A}},\boldsymbol{\Omega}_{212}=\hat{\boldsymbol{Z}}^{\mathrm{T}}\boldsymbol{P}\bar{\boldsymbol{B}}$$

$$\boldsymbol{\Omega}_{31}=\left[\bar{\boldsymbol{C}}^{\mathrm{T}}\boldsymbol{P}\bar{\boldsymbol{A}}-\lambda_1\tilde{\boldsymbol{R}}_2{}^{\mathrm{T}}\boldsymbol{G}\quad \bar{\boldsymbol{C}}^{\mathrm{T}}\boldsymbol{P}\bar{\boldsymbol{B}}\right],\boldsymbol{\Omega}_{32}=\bar{\boldsymbol{C}}^{\mathrm{T}}\boldsymbol{P}\hat{\boldsymbol{Z}},\hat{\boldsymbol{Z}}=[\bar{\boldsymbol{A}}_{d1},\bar{\boldsymbol{A}}_{d2},\cdots,\bar{\boldsymbol{A}}_{dq}]$$

$$\tilde{\boldsymbol{A}}_i=\bar{\beta}_i(1-\bar{\beta}_i)\hat{\boldsymbol{A}}_d^{\mathrm{T}}\boldsymbol{P}\hat{\boldsymbol{A}}_d,\tilde{\boldsymbol{R}}_1=(\boldsymbol{R}_1^{\mathrm{T}}\boldsymbol{R}_2+\boldsymbol{R}_2^{\mathrm{T}}\boldsymbol{R}_1)/2,\tilde{\boldsymbol{R}}_2=-(\boldsymbol{R}_1^{\mathrm{T}}+\boldsymbol{R}_2^{\mathrm{T}})/2$$

$$\hat{\boldsymbol{A}}_d=\begin{bmatrix}\boldsymbol{B} & 0\\ 0 & 0\end{bmatrix},\boldsymbol{G}=\begin{bmatrix}\boldsymbol{I} & 0\end{bmatrix},\hat{\boldsymbol{C}}=\begin{bmatrix}\boldsymbol{C} & 0\end{bmatrix}$$

证明

为了证明系统［式 (8-9)］均方意义下的指数稳定性，采用如下的 Lyapunov 函数：

$$\boldsymbol{V}(k)=\sum_{i=1}^{3}\boldsymbol{V}_i(k) \tag{8-12}$$

式中：

$$\boldsymbol{V}_1(k)=\boldsymbol{\eta}^{\mathrm{T}}(k)\boldsymbol{P}\boldsymbol{\eta}(k),\ \boldsymbol{V}_2(k)=\sum_{j=1}^{q}\sum_{i=k-\tau_i(k)}^{k-1}\boldsymbol{\eta}^{\mathrm{T}}(i)\boldsymbol{Q}_j\boldsymbol{\eta}(i)$$

$$\boldsymbol{V}_3(k)=\sum_{j=1}^{q}\sum_{m=-d_{\mathrm{M}}+1}^{-d_{\mathrm{m}}}\sum_{i=k+m}^{k-1}\boldsymbol{\eta}^{\mathrm{T}}(i)\boldsymbol{Q}_j\boldsymbol{\eta}(i)$$

计算出函数 $\boldsymbol{V}(k)$ 在 $\boldsymbol{w}(k)=0$ 时的差分，并对差分求取数学期望，可以得到：

$$E\{\Delta\boldsymbol{V}(k)\}=E\{\boldsymbol{V}(k+1)-\boldsymbol{V}(k)\}=\sum_{i=1}^{3}E\{\Delta\boldsymbol{V}_i(k)\} \tag{8-13}$$

式中：

$$\begin{aligned}E\{\Delta\boldsymbol{V}_1(k)\}&=E\{\boldsymbol{V}_1(k+1)/\boldsymbol{V}_1(k)\}-\boldsymbol{V}_1(k)\\&=\boldsymbol{\eta}^{\mathrm{T}}(k)\bar{\boldsymbol{A}}^{\mathrm{T}}\boldsymbol{P}\bar{\boldsymbol{A}}\boldsymbol{\eta}(k)+2\boldsymbol{\eta}^{\mathrm{T}}(k)\bar{\boldsymbol{A}}^{\mathrm{T}}\boldsymbol{P}\bar{\boldsymbol{B}}\boldsymbol{\phi}_s(k)+2\boldsymbol{\eta}^{\mathrm{T}}(k)\bar{\boldsymbol{A}}^{\mathrm{T}}\boldsymbol{P}\\&\quad[\sum_{i=1}^{q}\bar{\boldsymbol{A}}_{di}\boldsymbol{\eta}(k-\tau_i(k))]+2\boldsymbol{\eta}^{\mathrm{T}}(k)\bar{\boldsymbol{A}}^{\mathrm{T}}\boldsymbol{P}\bar{\boldsymbol{C}}\boldsymbol{f}(\boldsymbol{x}(k))+\boldsymbol{\phi}_s{}^{\mathrm{T}}(\boldsymbol{y}_k)\\&\quad\bar{\boldsymbol{B}}^{\mathrm{T}}\boldsymbol{P}\bar{\boldsymbol{B}}\boldsymbol{\phi}_s(\boldsymbol{y}_k)+2\boldsymbol{\phi}_s{}^{\mathrm{T}}(\boldsymbol{y}_k)\bar{\boldsymbol{B}}^{\mathrm{T}}\boldsymbol{P}\bar{\boldsymbol{C}}\boldsymbol{f}(\boldsymbol{x}(k))+2\boldsymbol{\phi}_s{}^{\mathrm{T}}(\boldsymbol{y}_k)\\&\quad\bar{\boldsymbol{B}}^{\mathrm{T}}\boldsymbol{P}[\sum_{i=1}^{q}\bar{\boldsymbol{A}}_{di}\boldsymbol{\eta}(k-\tau_i(k))]+[\sum_{i=1}^{q}\bar{\boldsymbol{A}}_{di}\boldsymbol{\eta}(k-\tau_i(k))]^{\mathrm{T}}\end{aligned}$$

$$
\begin{aligned}
&\boldsymbol{P}[\sum_{i=1}^{q}\bar{\boldsymbol{A}}_{di}\boldsymbol{\eta}(k-\tau_i(k))]+2[\sum_{i=1}^{q}\bar{\boldsymbol{A}}_{di}\boldsymbol{\eta}(k-\tau_i(k))]^{\mathrm{T}}\boldsymbol{P}\bar{\boldsymbol{C}}\boldsymbol{f}(\boldsymbol{x}(k))\\
&+\alpha_1^{\ 2}\boldsymbol{\eta}^{\mathrm{T}}(k)\tilde{\boldsymbol{A}}^{\mathrm{T}}\boldsymbol{P}\tilde{\boldsymbol{A}}\boldsymbol{\eta}(k)+\boldsymbol{f}^{\mathrm{T}}(\boldsymbol{x}(k))\bar{\boldsymbol{C}}^{\mathrm{T}}\boldsymbol{P}\bar{\boldsymbol{C}}\boldsymbol{f}(\boldsymbol{x}(k))\\
&+\delta_1^{\ 2}\boldsymbol{f}^{\mathrm{T}}(\boldsymbol{x}(k))\tilde{\boldsymbol{C}}^{\mathrm{T}}\boldsymbol{P}\tilde{\boldsymbol{C}}\boldsymbol{f}(\boldsymbol{x}(k))+2\alpha_1^{\ 2}\boldsymbol{\eta}^{\mathrm{T}}(k)\tilde{\boldsymbol{A}}^{\mathrm{T}}\boldsymbol{P}\tilde{\boldsymbol{B}}\boldsymbol{\phi}_s(k) \qquad (8\text{-}14)\\
&+\alpha_1^{\ 2}\boldsymbol{\phi}_s^{\ \mathrm{T}}(\boldsymbol{y}_k)\tilde{\boldsymbol{B}}^{\mathrm{T}}\boldsymbol{P}\tilde{\boldsymbol{B}}\boldsymbol{\phi}_s(\boldsymbol{y}_k)+[\sum_{i=1}^{q}\tilde{\boldsymbol{A}}_{di}\boldsymbol{\eta}(k-\tau_i(k))]^{\mathrm{T}}\\
&\boldsymbol{P}[\sum_{i=1}^{q}\tilde{\boldsymbol{A}}_{di}\boldsymbol{\eta}(k-\tau_i(k))]-\boldsymbol{\eta}^{\mathrm{T}}(k)\boldsymbol{P}\boldsymbol{\eta}(k)
\end{aligned}
$$

$$
\begin{aligned}
E\{\Delta\boldsymbol{V}_2(k)\}&=E\{\boldsymbol{V}_2(k+1)/\boldsymbol{V}_2(k)\}-\boldsymbol{V}_2(k)\\
&\leqslant\sum_{j=1}^{q}\{\boldsymbol{\eta}^{\mathrm{T}}(k)\boldsymbol{Q}_j\boldsymbol{\eta}(k)-\boldsymbol{\eta}^{\mathrm{T}}(k-\tau_j(k))\boldsymbol{Q}_j\boldsymbol{\eta}(k-\tau_j(k)) \qquad (8\text{-}15)\\
&\quad+\sum_{i=k-d_{\mathrm{M}}+1}^{k-d_{\mathrm{m}}}\boldsymbol{\eta}^{\mathrm{T}}(i)\boldsymbol{Q}_j\boldsymbol{\eta}(i)\}
\end{aligned}
$$

$$
\begin{aligned}
E\{\Delta\boldsymbol{V}_3(k)\}&=E\{\boldsymbol{V}_3(k+1)/\boldsymbol{V}_3(k)\}-\boldsymbol{V}_3(k)\\
&=\sum_{j=1}^{q}\{(d_{\mathrm{M}}-d_{\mathrm{m}})\boldsymbol{\eta}^{\mathrm{T}}(k)\boldsymbol{Q}_j\boldsymbol{\eta}(k)-\sum_{i=k-d_{\mathrm{M}}+1}^{k-d_{\mathrm{m}}}\boldsymbol{\eta}^{\mathrm{T}}(i)\boldsymbol{Q}_j\boldsymbol{\eta}(i)\} \qquad (8\text{-}16)
\end{aligned}
$$

由式 (8-5) 得出饱和函数 $\boldsymbol{\phi}_s(\boldsymbol{y}_k)$ 满足：

$$
-2\boldsymbol{\phi}_s^{\ \mathrm{T}}(\boldsymbol{y}_k)\boldsymbol{\phi}_s(\boldsymbol{y}_k)+2\boldsymbol{\phi}_s^{\ \mathrm{T}}(\boldsymbol{y}_k)\bar{\boldsymbol{K}}\boldsymbol{y}_k>0 \qquad (8\text{-}17)
$$

经过计算，式 (8-17) 可改写为：

$$
-2\boldsymbol{\phi}_s^{\ \mathrm{T}}(\boldsymbol{y}_k)\boldsymbol{\phi}_s(\boldsymbol{y}_k)+2\boldsymbol{\phi}_s^{\ \mathrm{T}}(\boldsymbol{y}_k)\bar{\boldsymbol{K}}\hat{\boldsymbol{C}}\boldsymbol{\eta}(k)>0 \qquad (8\text{-}18)
$$

综合式 (8-13) ～式 (8-16) 和式 (8-18)，可以得到：

$$
\begin{aligned}
E\{\Delta\boldsymbol{V}(k)\}\leqslant\ &\boldsymbol{\eta}^{\mathrm{T}}(k)[\bar{\boldsymbol{A}}^{\mathrm{T}}\boldsymbol{P}\bar{\boldsymbol{A}}+\alpha_1^{\ 2}\bar{\boldsymbol{A}}^{\mathrm{T}}\boldsymbol{P}\tilde{\boldsymbol{A}}+\sum_{j=1}^{q}(d_{\mathrm{M}}-d_{\mathrm{m}}+1)\boldsymbol{Q}_j-\boldsymbol{P}]\boldsymbol{\eta}(k)\\
&+2\boldsymbol{\eta}^{\mathrm{T}}(k)[\bar{\boldsymbol{A}}^{\mathrm{T}}\boldsymbol{P}\bar{\boldsymbol{B}}+\alpha_1^{\ 2}\bar{\boldsymbol{A}}^{\mathrm{T}}\boldsymbol{P}\tilde{\boldsymbol{B}}+\hat{\boldsymbol{C}}^{\mathrm{T}}\boldsymbol{K}^{\mathrm{T}}]\boldsymbol{\phi}_s(\boldsymbol{y}_k)+2\boldsymbol{\eta}^{\mathrm{T}}(k)\\
&[\bar{\boldsymbol{A}}^{\mathrm{T}}\boldsymbol{P}\sum_{i=1}^{q}\bar{\boldsymbol{A}}_{di}]\boldsymbol{\eta}(k-\tau_i(k))+2\boldsymbol{\eta}^{\mathrm{T}}(k)[\bar{\boldsymbol{A}}^{\mathrm{T}}\boldsymbol{P}\boldsymbol{C}]\boldsymbol{f}(\boldsymbol{x}(k))\\
&+\boldsymbol{\phi}_s^{\mathrm{T}}(\boldsymbol{y}_k)[\bar{\boldsymbol{B}}^{\mathrm{T}}\boldsymbol{P}\bar{\boldsymbol{B}}+\alpha_1^2\tilde{\boldsymbol{B}}^{\mathrm{T}}\boldsymbol{P}\tilde{\boldsymbol{B}}-2\boldsymbol{I}]\boldsymbol{\phi}_s(\boldsymbol{y}_k)
\end{aligned}
$$

$$
\begin{aligned}
&+2\boldsymbol{\phi}_s^{\mathrm{T}}(\boldsymbol{y}_k)[\bar{\boldsymbol{B}}^{\mathrm{T}}\boldsymbol{P}\sum_{i=1}^{q}\bar{\boldsymbol{A}}_{di}]\boldsymbol{\eta}(k-\tau_i(k))+2\boldsymbol{\phi}_s^{\mathrm{T}}(\boldsymbol{y}_k)[\bar{\boldsymbol{B}}^{\mathrm{T}}\boldsymbol{P}\bar{\boldsymbol{C}}]\boldsymbol{f}(\boldsymbol{x}(k))\\
&+\sum_{i=1}^{q}\sum_{j=1}^{q}[\boldsymbol{\eta}^{\mathrm{T}}(k-\tau_i(k))(\bar{\boldsymbol{A}}_{di}^{\mathrm{T}}\boldsymbol{P}\bar{\boldsymbol{A}}_{di})\boldsymbol{\eta}(k-\tau_i(k))]\\
&+\sum_{i=1}^{q}\boldsymbol{\eta}^{\mathrm{T}}(k-\tau_i(k))(\tilde{\boldsymbol{A}}_{di}^{\mathrm{T}}\boldsymbol{P}\tilde{\boldsymbol{A}}_{di})\boldsymbol{\eta}(k-\tau_i(k))+2\boldsymbol{\eta}^{\mathrm{T}}(k-\tau_i(k))\\
&[\sum_{i=1}^{q}\bar{\boldsymbol{A}}_{di}^{\mathrm{T}}\boldsymbol{P}\bar{\boldsymbol{C}}]\boldsymbol{f}(\boldsymbol{x}(k))+\boldsymbol{f}^{\mathrm{T}}(\boldsymbol{x}(k))[\bar{\boldsymbol{C}}^{\mathrm{T}}\boldsymbol{P}\bar{\boldsymbol{C}}+\delta_1{}^2\tilde{\boldsymbol{C}}^{\mathrm{T}}\boldsymbol{P}\tilde{\boldsymbol{C}}]\boldsymbol{f}(\boldsymbol{x}(k))\\
&-\sum_{i=1}^{q}\{\boldsymbol{\eta}^{\mathrm{T}}(k-\tau_i(k))\boldsymbol{Q}_j\boldsymbol{\eta}(k-\tau_i(k))\}
\end{aligned}
\tag{8-19}
$$

对 $\tilde{\boldsymbol{A}}_{di}^{\mathrm{T}}\boldsymbol{P}\tilde{\boldsymbol{A}}_{di}$ 求数学期望，并且分离出随机变量 $\beta_i(k)$ 得到：

$$
\begin{aligned}
E\{\tilde{\boldsymbol{A}}_{di}^{\mathrm{T}}\boldsymbol{P}\tilde{\boldsymbol{A}}_{di}\}&=E\left\{\begin{bmatrix}\tilde{\beta}_i(k)\boldsymbol{B} & 0\\ 0 & 0\end{bmatrix}^{\mathrm{T}}\boldsymbol{P}\begin{bmatrix}\tilde{\beta}_i(k)\boldsymbol{B} & 0\\ 0 & 0\end{bmatrix}\right\}\\
&=\bar{\beta}_i(1-\bar{\beta}_i)\begin{bmatrix}\boldsymbol{B} & 0\\ 0 & 0\end{bmatrix}^{\mathrm{T}}\boldsymbol{P}\begin{bmatrix}\boldsymbol{B} & 0\\ 0 & 0\end{bmatrix}\\
&=\bar{\beta}_i(1-\bar{\beta}_i)\hat{\boldsymbol{A}}_d^{\mathrm{T}}\boldsymbol{P}\tilde{\boldsymbol{A}}_d
\end{aligned}
\tag{8-20}
$$

式中，$\hat{\boldsymbol{A}}_d$ 在式 (8-11) 中已定义。注意到式 (8-2) 可以推出下面的不等式成立：

$$
\begin{bmatrix}\boldsymbol{\eta}(k)\\ \boldsymbol{f}(\boldsymbol{x}(k))\end{bmatrix}^{\mathrm{T}}\begin{bmatrix}\boldsymbol{G}^{\mathrm{T}}\tilde{\boldsymbol{R}}_1\boldsymbol{G} & *\\ \tilde{\boldsymbol{R}}_2^{\mathrm{T}}\boldsymbol{G} & \boldsymbol{I}\end{bmatrix}\begin{bmatrix}\boldsymbol{\eta}(k)\\ \boldsymbol{f}(\boldsymbol{x}(k))\end{bmatrix}\leqslant 0
\tag{8-21}
$$

定义 $\boldsymbol{\xi}(k)=[\boldsymbol{\eta}^{\mathrm{T}}(k)\quad \boldsymbol{\phi}_s^{\mathrm{T}}(\boldsymbol{y}_k)\quad \boldsymbol{\eta}^{\mathrm{T}}(k-\tau_1(k))\quad \cdots\quad \boldsymbol{\eta}^{\mathrm{T}}(k-\tau_q(k))\quad \boldsymbol{f}(\boldsymbol{x}(k))^{\mathrm{T}}]^{\mathrm{T}}$，联合式 (8-19) ～式 (8-21)，可得：

$$
E\{\Delta\boldsymbol{V}(k)\}\leqslant\boldsymbol{\xi}^{\mathrm{T}}(k)\boldsymbol{\Omega}_1\boldsymbol{\xi}(k)
\tag{8-22}
$$

因此，对于任何非零的 $\boldsymbol{\xi}(k)$，有 $\Delta\boldsymbol{V}(k)<0$。由此可得：

$$
E\{\Delta\boldsymbol{V}(k+1)/\boldsymbol{V}(k)\}-\boldsymbol{V}(k)\leqslant-\lambda_{\min}(-\boldsymbol{\Omega}_1)\boldsymbol{\xi}^{\mathrm{T}}(k)\boldsymbol{\xi}(k)
$$

其中：

$$
0<\alpha<\min\{\lambda_{\min}(-\boldsymbol{\Omega}_1),\sigma\},\ \sigma:=\max\{\lambda_{\max}(\boldsymbol{P}),\lambda_{\max}(\boldsymbol{Q}_1),\cdots,\lambda_{\max}(\boldsymbol{Q}_q)\}
$$

即：

$$\Delta \boldsymbol{V}(k) < -\alpha \boldsymbol{\eta}^{\mathrm{T}}(k)\boldsymbol{\eta}(k) < -\frac{\alpha}{\sigma}\boldsymbol{V}(k) = -\psi \boldsymbol{V}(k)$$

故可从定义 8-1 中得出滤波动态系统［式 (8-9)］是均方意义下指数稳定的。证毕。

接下来对滤波动态系统［式 (8-9)］进行 H_∞性能分析。

定理 8-2

$\boldsymbol{A}_f$、$\boldsymbol{B}_f$和$\boldsymbol{L}_f$为给定的适当维数的矩阵，给定正标量$\bar{\alpha}$、$\bar{\beta}_i(i=1,2,\cdots,q)$和$\bar{\delta}$，在扰动非零的情况下，如果存在正定矩阵$\boldsymbol{P}>0$、$\boldsymbol{Q}_j>0(j=1,2,\cdots,q)$和正标量$\lambda_1$使得式 (8-23) 成立，那么滤波动态系统［式 (8-9)］是均方意义下指数稳定的，且达到一定的 H_∞性能指标。

$$\boldsymbol{\Omega}_2 = \begin{bmatrix} \boldsymbol{\Phi}_{11} & * & * & * \\ \boldsymbol{\Omega}_{21} & \boldsymbol{\Omega}_{22} & * & * \\ \boldsymbol{\Omega}_{31} & \boldsymbol{\Omega}_{32} & \boldsymbol{\Omega}_{33} & * \\ \boldsymbol{\Omega}_{41} & \boldsymbol{\Omega}_{42} & \boldsymbol{\Omega}_{43} & \boldsymbol{\Omega}_{44} \end{bmatrix} < 0 \qquad (8\text{-}23)$$

式中：

$$\boldsymbol{\Phi}_{11} = \begin{bmatrix} \boldsymbol{\Omega}_{111} + \bar{\boldsymbol{L}}^{\mathrm{T}}\bar{\boldsymbol{L}} & * \\ \boldsymbol{\Omega}_{121} & \boldsymbol{\Omega}_{122} \end{bmatrix}$$

$$\boldsymbol{\Omega}_{41} = \begin{bmatrix} \bar{\boldsymbol{D}}^{\mathrm{T}}\boldsymbol{P}\bar{\boldsymbol{A}} + \alpha_1^2\tilde{\boldsymbol{D}}^{\mathrm{T}}\boldsymbol{P}\tilde{\boldsymbol{A}} & \bar{\boldsymbol{D}}^{\mathrm{T}}\boldsymbol{P}\bar{\boldsymbol{B}} + \alpha_1^2\tilde{\boldsymbol{D}}^{\mathrm{T}}\boldsymbol{P}\tilde{\boldsymbol{B}} \end{bmatrix}$$

$$\boldsymbol{\Omega}_{42} = \bar{\boldsymbol{D}}^{\mathrm{T}}\boldsymbol{P}\hat{\boldsymbol{Z}}, \boldsymbol{\Omega}_{43} = \bar{\boldsymbol{D}}^{\mathrm{T}}\boldsymbol{P}\bar{\boldsymbol{C}}, \boldsymbol{\Omega}_{44} = \bar{\boldsymbol{D}}^{\mathrm{T}}\boldsymbol{P}\bar{\boldsymbol{D}} + \alpha_1^2\tilde{\boldsymbol{D}}^{\mathrm{T}}\boldsymbol{P}\tilde{\boldsymbol{D}} - \gamma^2\boldsymbol{I}$$

证明

显然，$\boldsymbol{\Omega}_2<0$意味着$\boldsymbol{\Omega}_1<0$，且根据定理 8-1，滤波动态系统［式 (8-9)］是均方意义下指数稳定的，引入相似的 Lyapunov 函数，不等式 (8-24) 可以通过类似的计算获得。

$$\begin{aligned} &E\{\boldsymbol{V}(k+1)/\boldsymbol{V}(k)\} - E\{\boldsymbol{V}(k)\} + E\{\tilde{\boldsymbol{z}}^{\mathrm{T}}(k)\tilde{\boldsymbol{z}}(k)\} - \gamma^2 E\{\boldsymbol{w}^{\mathrm{T}}(k)\boldsymbol{w}(k)\} \\ &= E\{\boldsymbol{\xi}_1^{\mathrm{T}}(k)\boldsymbol{\Omega}_2\boldsymbol{\xi}_1(k)\} < 0 \end{aligned} \qquad (8\text{-}24)$$

式中，$\xi_1(k)$ 的定义如下：

$$\boldsymbol{\xi}_1(k)=\left[\boldsymbol{\xi}^{\mathrm{T}}(k) \quad \boldsymbol{w}^{\mathrm{T}}(k)\right]^{\mathrm{T}} \tag{8-25}$$

在零初始条件下，将式 (8-24) 中的变量 k 从 0 加到∞，可以得到

$$\sum_{k=0}^{\infty}E\{\|\tilde{z}(k)\|\}^2<\gamma^2\sum_{k=0}^{\infty}E\{\|\boldsymbol{w}(k)\|\}^2+E\{\boldsymbol{V}(0)\}-E\{\boldsymbol{V}(\infty)\} \tag{8-26}$$

考虑初始状态为零时，有：

$$\sum_{k=0}^{\infty}E\{\|\tilde{z}(k)\|^2\}<\gamma^2\sum_{k=0}^{\infty}E\{\|\boldsymbol{w}(k)\|^2\} \tag{8-27}$$

接下来，将在上述性能分析的基础上讨论滤波器的设计问题。目的是设计一个滤波器使滤波动态系统［式 (8-9)］能渐近稳定并且满足给定的 H_∞性能指标。

8.3 H_∞滤波器设计

定理 8-3

给定正标量 $\bar{\alpha}$、$\bar{\beta}_i(i=1,2,\cdots,q)$ 和 $\bar{\delta}$，在扰动非零的情况下，如果存在正定矩阵 $\boldsymbol{P}>0$、$\boldsymbol{Q}_j>0(j=1,2,\cdots,q)$，正标量 λ_1，合适维数的矩阵 $\boldsymbol{X}$ 和 $\boldsymbol{L}_f$ 使得式 (8-28) 成立，那么滤波动态系统［式 (8-9)］是均方意义下指数稳定的，且达到一定的 H_∞性能指标。

$$\boldsymbol{\Lambda}=\begin{bmatrix}\boldsymbol{\Lambda}_{11} & * & * & * \\ 0 & \boldsymbol{\Lambda}_{22} & * & * \\ \boldsymbol{\Lambda}_{31} & 0 & \boldsymbol{\Lambda}_{33} & * \\ \boldsymbol{\Lambda}_{41} & \boldsymbol{\Lambda}_{42} & \boldsymbol{\Lambda}_{43} & \boldsymbol{\Lambda}_{44}\end{bmatrix}<0 \tag{8-28}$$

式中：

$$\boldsymbol{\Lambda}_{11}=\begin{bmatrix}\sum_{i=1}^{q}(d_{\mathrm{M}}-d_{\mathrm{m}}+1)\boldsymbol{Q}_j-\boldsymbol{P}-\lambda_1\tilde{\boldsymbol{G}}^{\mathrm{T}}\tilde{\boldsymbol{R}}_1\boldsymbol{G} & * \\ \bar{\boldsymbol{K}}\hat{\boldsymbol{C}} & -2\boldsymbol{I}\end{bmatrix}$$

$$\Lambda_{22}=\boldsymbol{\Omega}_{22}-\hat{\boldsymbol{Z}}^{\mathrm{T}}\boldsymbol{P}\hat{\boldsymbol{Z}},\Lambda_{31}=\begin{bmatrix}-\lambda_1\tilde{\boldsymbol{R}}_2{}^{\mathrm{T}}\boldsymbol{G} & 0\\ 0 & 0\end{bmatrix},\Lambda_{33}=\begin{bmatrix}-\lambda_1\boldsymbol{I} & 0\\ 0 & -\gamma^2\boldsymbol{I}\end{bmatrix}$$

$$\Lambda_{41}=\begin{bmatrix}\hat{\boldsymbol{L}}_0+\boldsymbol{L}_f\hat{\boldsymbol{R}}_3 & 0\\ \boldsymbol{P}\hat{\boldsymbol{A}}_0+\boldsymbol{X}\hat{\boldsymbol{R}}_1 & \boldsymbol{X}\hat{\boldsymbol{B}}_1\\ \alpha_1\boldsymbol{X}\hat{\boldsymbol{R}}_2 & \alpha_1\boldsymbol{X}\hat{\boldsymbol{B}}_2\\ 0 & 0\end{bmatrix},\Lambda_{42}=\begin{bmatrix}0\\ \boldsymbol{P}\hat{\boldsymbol{Z}}\\ 0\\ 0\end{bmatrix},\Lambda_{44}=\mathrm{diag}\{-\boldsymbol{I},-\boldsymbol{P},-\boldsymbol{P},-\boldsymbol{P}\}$$

$$\Lambda_{43}=\begin{bmatrix}0 & 0\\ \boldsymbol{P}\bar{\boldsymbol{C}} & \boldsymbol{P}\hat{\boldsymbol{D}}_0+\boldsymbol{X}\hat{\boldsymbol{D}}_1\\ 0 & \alpha_1\boldsymbol{X}\hat{\boldsymbol{D}}_2\\ \delta_1\boldsymbol{P}\tilde{\boldsymbol{C}} & 0\end{bmatrix},\hat{\boldsymbol{A}}_0=\begin{bmatrix}\boldsymbol{A} & 0\\ 0 & 0\end{bmatrix},\hat{\boldsymbol{E}}=\begin{bmatrix}0\\ \boldsymbol{I}\end{bmatrix},\hat{\boldsymbol{R}}_1=\begin{bmatrix}0 & \boldsymbol{I}\\ \bar{\alpha}\boldsymbol{K}_1\boldsymbol{C} & 0\end{bmatrix}$$

$$\hat{\boldsymbol{L}}_0=\begin{bmatrix}\boldsymbol{L} & 0\end{bmatrix},\hat{\boldsymbol{R}}_3=\begin{bmatrix}0 & -\boldsymbol{I}\end{bmatrix},\boldsymbol{K}=\begin{bmatrix}\boldsymbol{A}_f & \boldsymbol{B}_f\end{bmatrix},\hat{\boldsymbol{R}}_2=\begin{bmatrix}0 & 0\\ \boldsymbol{K}_1\boldsymbol{C} & 0\end{bmatrix},\hat{\boldsymbol{B}}_1=\begin{bmatrix}0\\ \bar{\alpha}\boldsymbol{I}\end{bmatrix}$$

$$\hat{\boldsymbol{B}}_2=\begin{bmatrix}0\\ \boldsymbol{I}\end{bmatrix},\hat{\boldsymbol{D}}_0=\begin{bmatrix}\boldsymbol{D}_1\\ 0\end{bmatrix},\hat{\boldsymbol{D}}_1=\begin{bmatrix}0\\ \bar{\alpha}\boldsymbol{D}_2\end{bmatrix},\hat{\boldsymbol{D}}_2=\begin{bmatrix}0\\ \boldsymbol{D}_2\end{bmatrix}$$

滤波器参数可以通过下式进行计算：

$$\boldsymbol{K}=\begin{bmatrix}\boldsymbol{A}_f & \boldsymbol{B}_f\end{bmatrix}=[\hat{\boldsymbol{E}}^{\mathrm{T}}\boldsymbol{P}\hat{\boldsymbol{E}}]^{-1}\hat{\boldsymbol{E}}^{\mathrm{T}}\boldsymbol{X} \tag{8-29}$$

证明

注意到式 (8-23) 可以重写成下式：

$$\begin{bmatrix}\boldsymbol{\Omega}_{111}-\alpha_1{}^2\tilde{\boldsymbol{A}}^{\mathrm{T}}\boldsymbol{P}\tilde{\boldsymbol{A}}+\bar{\boldsymbol{L}}^{\mathrm{T}}\bar{\boldsymbol{L}} & * & * & * & *\\ \bar{\boldsymbol{B}}^{\mathrm{T}}\boldsymbol{P}\bar{\boldsymbol{A}} & \bar{\boldsymbol{B}}^{\mathrm{T}}\boldsymbol{P}\bar{\boldsymbol{B}} & * & * & *\\ \hat{\boldsymbol{Z}}^{\mathrm{T}}\boldsymbol{P}\bar{\boldsymbol{A}} & \hat{\boldsymbol{Z}}^{\mathrm{T}}\boldsymbol{P}\bar{\boldsymbol{B}} & \boldsymbol{\Omega}_{22} & * & *\\ \bar{\boldsymbol{C}}^{\mathrm{T}}\boldsymbol{P}\bar{\boldsymbol{A}}-\lambda_1\tilde{\boldsymbol{R}}_2{}^{\mathrm{T}}\boldsymbol{G} & \bar{\boldsymbol{C}}^{\mathrm{T}}\boldsymbol{P}\bar{\boldsymbol{B}} & \bar{\boldsymbol{C}}^{\mathrm{T}}\boldsymbol{P}\hat{\boldsymbol{Z}} & \bar{\boldsymbol{C}}^{\mathrm{T}}\boldsymbol{P}\bar{\boldsymbol{C}}-\lambda_1\boldsymbol{I} & *\\ \bar{\boldsymbol{D}}^{\mathrm{T}}\boldsymbol{P}\bar{\boldsymbol{A}} & \bar{\boldsymbol{D}}^{\mathrm{T}}\boldsymbol{P}\bar{\boldsymbol{B}} & \bar{\boldsymbol{D}}^{\mathrm{T}}\boldsymbol{P}\hat{\boldsymbol{Z}} & \bar{\boldsymbol{D}}^{\mathrm{T}}\boldsymbol{P}\bar{\boldsymbol{C}} & \bar{\boldsymbol{D}}^{\mathrm{T}}\boldsymbol{P}\bar{\boldsymbol{D}}-\gamma^2\boldsymbol{I}\end{bmatrix}$$

$$+\begin{bmatrix}\alpha_1\tilde{\boldsymbol{A}}^{\mathrm{T}}\boldsymbol{P}\\ \alpha_1\tilde{\boldsymbol{B}}^{\mathrm{T}}\boldsymbol{P}\\ 0\\ 0\\ \alpha_1\tilde{\boldsymbol{D}}^{\mathrm{T}}\boldsymbol{P}\end{bmatrix}\boldsymbol{P}^{-1}\begin{bmatrix}\alpha_1\boldsymbol{P}\tilde{\boldsymbol{A}} & \alpha_1\boldsymbol{P}\tilde{\boldsymbol{B}} & 0 & 0 & \alpha_1\boldsymbol{P}\tilde{\boldsymbol{D}}\end{bmatrix}$$

$$
+\begin{bmatrix} 0 \\ 0 \\ 0 \\ \delta_1\tilde{\boldsymbol{C}}^{\mathrm{T}}\boldsymbol{P} \\ 0 \end{bmatrix}\boldsymbol{P}^{-1}\begin{bmatrix} 0 & 0 & 0 & \delta_1\boldsymbol{P}\tilde{\boldsymbol{C}} & 0 \end{bmatrix}<0 \tag{8-30}
$$

根据 Schur 补引理，上式等价于：

$$
\boldsymbol{\Gamma}=\begin{bmatrix} \boldsymbol{\Gamma}_{11} & * & * & * \\ 0 & \boldsymbol{\Gamma}_{22} & * & * \\ \boldsymbol{\Gamma}_{31} & 0 & \boldsymbol{\Gamma}_{33} & * \\ \boldsymbol{\Gamma}_{41} & \boldsymbol{\Gamma}_{42} & \boldsymbol{\Gamma}_{43} & \boldsymbol{\Gamma}_{44} \end{bmatrix}<0 \tag{8-31}
$$

式中：

$$
\boldsymbol{\Gamma}_{11}=\boldsymbol{\Lambda}_{11},\boldsymbol{\Gamma}_{22}=\boldsymbol{\Lambda}_{22},\boldsymbol{\Gamma}_{31}=\boldsymbol{\Lambda}_{31},\boldsymbol{\Gamma}_{33}=\boldsymbol{\Lambda}_{33},\boldsymbol{\Gamma}_{42}=\boldsymbol{\Lambda}_{42},\boldsymbol{\Gamma}_{44}=\boldsymbol{\Lambda}_{44}
$$

$$
\boldsymbol{\Gamma}_{41}=\begin{bmatrix} \bar{\boldsymbol{L}} & 0 \\ \boldsymbol{P}\bar{\boldsymbol{A}} & \boldsymbol{P}\bar{\boldsymbol{B}} \\ \alpha_1\boldsymbol{P}\tilde{\boldsymbol{A}} & \alpha_1\boldsymbol{P}\tilde{\boldsymbol{B}} \\ 0 & 0 \end{bmatrix},\boldsymbol{\Gamma}_{42}=\begin{bmatrix} 0 & 0 \\ \boldsymbol{P}\bar{\boldsymbol{C}} & \boldsymbol{P}\bar{\boldsymbol{D}} \\ 0 & \alpha_1\boldsymbol{P}\tilde{\boldsymbol{D}} \\ \delta_1\boldsymbol{P}\tilde{\boldsymbol{C}} & 0 \end{bmatrix}
$$

为避免拆分矩阵 $\boldsymbol{P}$ 和 $\boldsymbol{Q}_j(j=1,2,\cdots,q)$，带有参数 $\boldsymbol{A}_f$、$\boldsymbol{B}_f$ 和 $\boldsymbol{L}_f$ 的矩阵可改写成：

$$
\begin{aligned} &\bar{\boldsymbol{A}}=\hat{\boldsymbol{A}}_0+\hat{\boldsymbol{E}}\boldsymbol{K}\hat{\boldsymbol{R}}_1,\bar{\boldsymbol{L}}=\hat{\boldsymbol{L}}_0+\boldsymbol{L}_f\hat{\boldsymbol{R}}_3,\tilde{\boldsymbol{A}}=\hat{\boldsymbol{E}}\boldsymbol{K}\hat{\boldsymbol{R}}_2,\bar{\boldsymbol{B}}=\hat{\boldsymbol{E}}\boldsymbol{K}\hat{\boldsymbol{B}}_1 \\ &\tilde{\boldsymbol{B}}=\hat{\boldsymbol{E}}\boldsymbol{K}\hat{\boldsymbol{B}}_2,\bar{\boldsymbol{D}}=\hat{\boldsymbol{D}}_0+\hat{\boldsymbol{E}}\boldsymbol{K}\hat{\boldsymbol{D}}_1,\tilde{\boldsymbol{D}}=\hat{\boldsymbol{E}}\boldsymbol{K}\hat{\boldsymbol{D}}_2,\boldsymbol{X}=\boldsymbol{P}\hat{\boldsymbol{E}}\boldsymbol{K} \end{aligned} \tag{8-32}
$$

将上述矩阵形式应用到式 (8-30) 中，并进行一些计算，可得到式 (8-28)。证毕。

本节研究具有随机发生分布式时延、随机非线性、传感器饱和与丢包的网络化控制系统，并且为其设计了一个滤波器。首先，给出了一个具有分布式时延和非线性的数学模型，并且在此基础上分析丢包和传感器饱和现象，通过引入 LMI 来得出滤波器的稳定性、性能分析和滤波器设计条件。

下面将用一个数字仿真来证明本章所提设计方法的有效性。

8.4 仿真实例

考虑系统［式(8-1)］，系统参数如下：

$$\boldsymbol{A}=\begin{bmatrix}0.2 & 0 & 0.1\\ 0.1 & -0.3 & 0.1\\ 0.1 & 0 & -0.2\end{bmatrix},\boldsymbol{B}=\begin{bmatrix}0.2 & 0 & 0.1\\ 0.1 & -0.3 & 0.1\\ 0.1 & 0 & 0.2\end{bmatrix},\boldsymbol{C}=\begin{bmatrix}1 & 0.8 & 0.7\\ -0.6 & 0.9 & 0.6\\ 0.2 & 0.1 & 0.1\end{bmatrix}$$

$$\boldsymbol{D}_1=\begin{bmatrix}-0.2 & 0 & 0.1\\ -0.1 & 0.1 & 0.1\\ 0 & 0.2 & 0.1\end{bmatrix},\boldsymbol{D}_2=\begin{bmatrix}0.9 & -0.6 & 0.1\\ 0.5 & 0.8 & 0.1\\ 0.2 & 0.3 & 0.1\end{bmatrix},\boldsymbol{R}_1=\begin{bmatrix}0.2 & 0.1 & 0.2\\ 0.1 & 0.3 & 0\\ -0.1 & 0.1 & 0.3\end{bmatrix}$$

$$\boldsymbol{R}_2=\begin{bmatrix}-0.2 & 0.1 & 0\\ 0.1 & -0.3 & -0.1\\ -0.1 & 0 & -0.3\end{bmatrix},\boldsymbol{L}=\begin{bmatrix}-0.1 & 0 & 0.1\end{bmatrix}$$

假设 q=2，随机变量 $\bar{\alpha}=E\{\alpha(k)\}=0.1$，$\bar{\delta}=E\{\delta(k)\}=0.1$，$\bar{\beta}_1=E\{\beta_1(k)\}=0.8$，$\bar{\beta}_2=E\{\beta_2(k)\}=0.6$，时变通信时延满足 $2\leqslant\tau_i(k)\leqslant 3$ $(i=1,2)$，非线性函数 $\boldsymbol{f}(\boldsymbol{x}(k))=0.4\sin(\boldsymbol{x}(k))$。

测量输出的数学表达式为：

$$\boldsymbol{y}_f(k)=\alpha(k)[\boldsymbol{\phi}_s(\boldsymbol{y}_k)+\boldsymbol{K}\boldsymbol{y}_k+\boldsymbol{D}_2\boldsymbol{w}(k)]$$

其中传感器非线性的数学表达式为：

$$\boldsymbol{\phi}_s(\boldsymbol{y}_k)=\frac{\boldsymbol{K}_1+\boldsymbol{K}_2}{2}\boldsymbol{y}(k)+\frac{\boldsymbol{K}_2-\boldsymbol{K}_1}{2}\sin(\boldsymbol{x}(k))$$

式中，$\boldsymbol{K}_1=\mathrm{diag}\{-0.6,0.7,0.6\},\boldsymbol{K}_2=\mathrm{diag}\{0.8,0.8,0.8\}$。通过求解 LMI 可以得到最优的 H$_\infty$性能指标 $\gamma_{\min}=5.2072$，滤波器的参数如下：

$$\boldsymbol{A}_f=\begin{bmatrix}-0.0059 & 0.0162 & 0.0235\\ -0.0121 & 0.0106 & 0.0236\\ -0.0173 & 0.0042 & 0.0219\end{bmatrix},\boldsymbol{B}_f=\begin{bmatrix}0.1185 & -0.0692 & -0.3631\\ 0.1240 & -0.0249 & -0.3500\\ 0.1202 & 0.0211 & -0.3108\end{bmatrix}$$

$$\boldsymbol{L}_f=\begin{bmatrix}-0.4598 & -0.0524 & 0.4032\end{bmatrix},\lambda_1=18.5526$$

不失一般性，系统［式(8-1)］的噪声 $\boldsymbol{w}(k)=1/(0.1+k^2)$，初始条件 $\boldsymbol{x}(0)=\begin{bmatrix}0.6 & -0.8 & -0.6\end{bmatrix}^{\mathrm{T}}$，$\hat{\boldsymbol{x}}(0)=\begin{bmatrix}0.6 & -0.6 & -0.6\end{bmatrix}^{\mathrm{T}}$。系统状态和状态估计的响应曲线如图 8-1 ～图 8-3 所示，系统估计误差的响应曲线如图 8-4 所示。以上仿真结果都说明设计的 H_{∞} 滤波器是有效的。

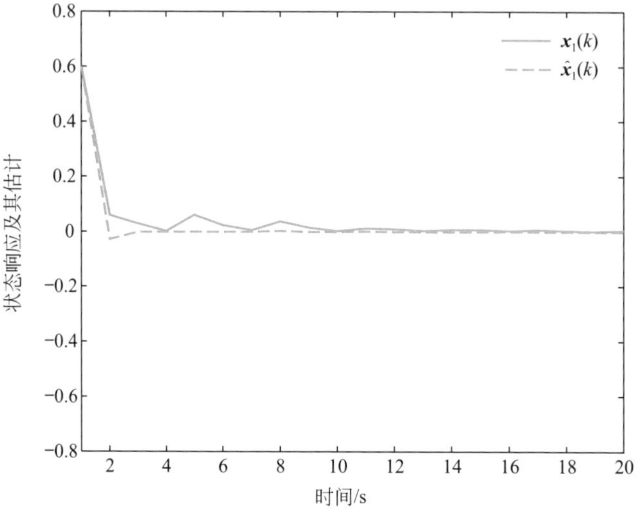

图 8-1　状态响应及其估计（1）

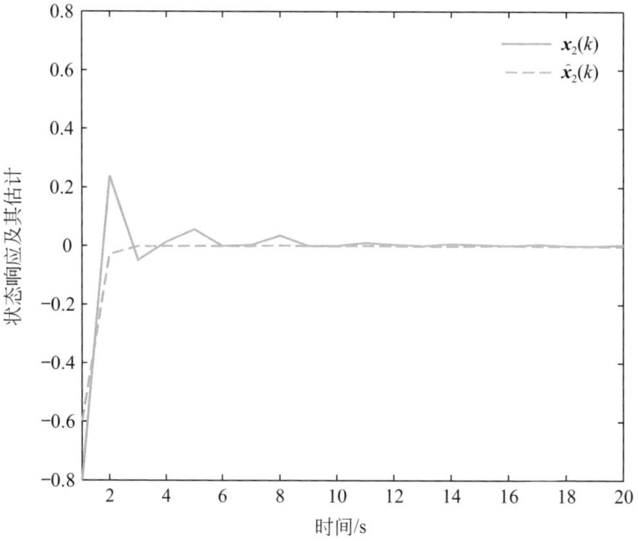

图 8-2　状态响应及其估计（2）

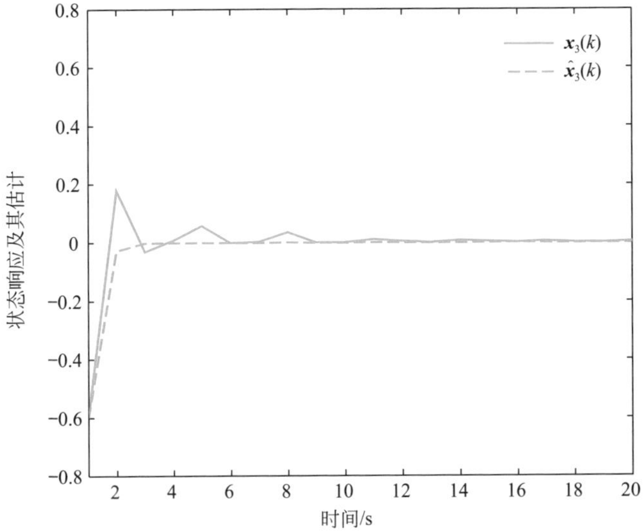

图 8-3　状态响应及其估计（3）

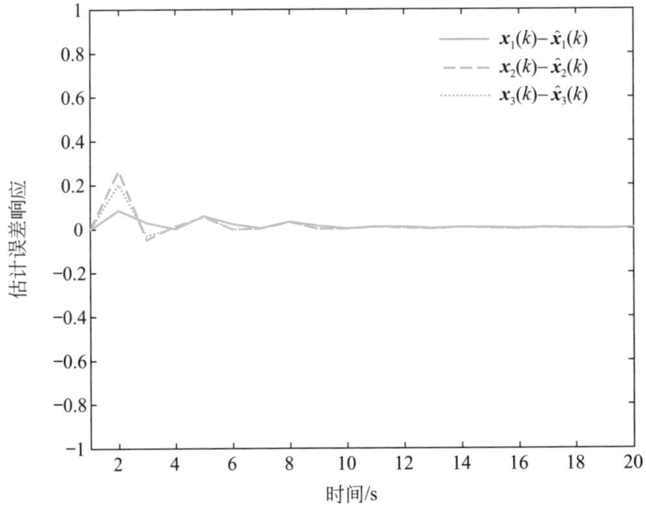

图 8-4　估计误差响应

Digital Wave
Advanced Technology of
Industrial Internet

Intelligent Control and
Filtering of Networked Systems

网络化系统智能控制与滤波

第 9 章

分布式时延非线性网络化系统 H_∞ 故障诊断

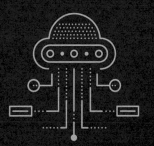

本章针对具有分布式时延、传感器饱和、乘性噪声和丢包的网络化系统设计故障诊断滤波器，并将故障诊断问题通过引入 LMI 转换成 H_∞ 滤波设计问题。本章的主要目的是在噪声存在的情况下提高 NCSs 的稳定性和鲁棒性，以及将残差信号和故障信号之间的误差控制到最小。

9.1 问题描述

可靠、稳定的 NCSs 具有许多优点，并且在许多领域有广泛的应用，例如工业生产领域、交通运输领域、智能建筑领域和远程医疗领域。然而由于网络中的频宽限制、传感器饱和、信道噪声等因素的影响，设计一个具有较好控制效果和鲁棒性的控制器尤为重要。同时为了避免一些突发问题，有必要对系统进行实时的故障诊断。NCSs 的故障诊断问题已经取得了重要的研究成果。系统的故障信号有时是一些在正常范围内可观测的扰动。通过设定故障警告阈值，当系统监测到的信号超过这一阈值时，故障信号就可在当前时段被检测出来。

系统的测量输出很有可能含有噪声，而且由于技术和安全的限制，传感器和执行器无法保证所有的信号都在网络中顺利地传输到下一个节点。在实际应用中，传感器饱和与执行器饱和现象都无法避免。另外，在工业过程中乘性噪声普遍存在。与传统的噪声不同，乘性噪声更具有代表性，因为它的统计学特性未知，它的特性是基于状态的。乘性噪声在 NCSs 的研究中并不占主要地位，所以通常与其他特性一起来考虑。

考虑以下具有分布式时延和乘性噪声的离散网络化控制系统：

$$\begin{cases} \boldsymbol{x}(k+1)=\boldsymbol{A}\boldsymbol{x}(k)+\boldsymbol{A}_v\boldsymbol{N}(k)\boldsymbol{x}(k)+\boldsymbol{B}\sum_{i=1}^{q}\beta_i(k)\boldsymbol{x}(k-\tau_i(k))+\boldsymbol{D}_1\boldsymbol{w}(k)+\boldsymbol{G}\boldsymbol{f}(k) \\ \boldsymbol{y}(k)=\boldsymbol{C}\boldsymbol{x}(k) \\ \boldsymbol{y}_\phi(k)=\boldsymbol{\phi}(\boldsymbol{y}(k))+\boldsymbol{D}_2\boldsymbol{w}(k)+\boldsymbol{H}\boldsymbol{f}(k) \\ \boldsymbol{x}(k)=\boldsymbol{\psi}(k),\forall k\in\mathbb{Z}^- \end{cases} \tag{9-1}$$

式中，$\boldsymbol{x}(k)\in\mathbb{R}^n$ 为状态变量；$\boldsymbol{y}(k)\in\mathbb{R}^p$ 为系统输出；$\boldsymbol{w}(k)\in\mathbb{R}^q$ 为干扰输入，并且属于 $L_2[0,\infty]$，$\boldsymbol{y}_\phi(k)$ 为系统经过饱和后的输出；$\boldsymbol{\phi}(\cdot)$ 为饱和函数；$\boldsymbol{A}$、$\boldsymbol{A}_v$、$\boldsymbol{B}$、$\boldsymbol{C}$、$\boldsymbol{D}_1$、$\boldsymbol{D}_2$、$\boldsymbol{G}$ 和 $\boldsymbol{H}$ 为已知的满足一定维数的正常数矩阵；$\sum_{i=1}^{q}\beta_i(k)\boldsymbol{x}(k-\tau_i(k))$ 为分布式时延，随机时变通信时延 $\tau_i(k)\,(i=1,2,\cdots,q)$ 满足 $d_\mathrm{m}\leqslant\tau_i(k)\leqslant d_\mathrm{M}$，$d_\mathrm{m}$ 和 d_M 都是非负的标量；$\boldsymbol{f}(k)\in\mathbb{R}^l$ 是待检测的故障信号；$\boldsymbol{\psi}(k)$ 为系统的初始状态。

随机变量 $\beta_i(k)\in\mathbb{R}^n\,(i=1,2\cdots,q)$ 满足下列的概率分布：

$$\begin{aligned}&Prob\{\beta_i(k)=1\}=E\{\beta_i(k)\}=\bar{\beta}_i\\&Prob\{\beta_i(k)=0\}=E\{1-\beta_i(k)\}=1-\bar{\beta}_i\end{aligned}\tag{9-2}$$

饱和函数 $\boldsymbol{\phi}(\cdot)$ 满足下列不等式：

$$[\boldsymbol{\phi}(\boldsymbol{y}(k))-\boldsymbol{K}_1\boldsymbol{y}(k)]^\mathrm{T}[\boldsymbol{\phi}(\boldsymbol{y}(k))-\boldsymbol{K}_2\boldsymbol{y}(k)]\leqslant 0,\forall\boldsymbol{y}(k)\in\mathbb{R}^q\tag{9-3}$$

根据式 (9-3)，非线性函数 $\boldsymbol{\phi}(\boldsymbol{y}(k))$ 可以分解成一个线性部分和一个非线性的部分：

$$\boldsymbol{\phi}(\boldsymbol{y}(k))=\boldsymbol{\phi}_s(\boldsymbol{y}(k))+\boldsymbol{K}_1\boldsymbol{y}(k)\tag{9-4}$$

非线性部分 $\boldsymbol{\phi}_s(\boldsymbol{y}(k))\in\boldsymbol{\Phi}_s$，其中 $\boldsymbol{\Phi}_s$ 满足下列式子：

$$\boldsymbol{\Phi}_s\overset{\Delta}{=}\{\boldsymbol{\phi}_s:\boldsymbol{\phi}_s^\mathrm{T}(\boldsymbol{y}(k))[\boldsymbol{\phi}_s(\boldsymbol{y}(k))-\bar{\boldsymbol{K}}\boldsymbol{y}(k)]\leqslant 0\},\bar{\boldsymbol{K}}=\boldsymbol{K}_2-\boldsymbol{K}_1\tag{9-5}$$

本章中，具有随机丢包的测量输出可以描述为：

$$\tilde{\boldsymbol{y}}(k)=\alpha(k)[\boldsymbol{\phi}(\boldsymbol{y}(k))+\boldsymbol{D}_2\boldsymbol{w}(k)+\boldsymbol{H}\boldsymbol{f}(k)]\tag{9-6}$$

随机变量 $\alpha(k)\in\mathbb{R}^n$ 是一个 Bernoulli 白噪声序列，并且满足以下概率分布：

$$\begin{aligned}&Prob\{\alpha(k)=1\}=E\{\alpha(k)\}=\bar{\alpha}\\&Prob\{\alpha(k)=0\}=E\{1-\alpha(k)\}=1-\bar{\alpha}\end{aligned}\tag{9-7}$$

根据式 (9-4)，可将式 (9-6) 重新改写为：

$$\tilde{\boldsymbol{y}}(k)=\alpha(k)[\boldsymbol{\phi}_s(\boldsymbol{y}(k))+\boldsymbol{K}_1\boldsymbol{C}\boldsymbol{x}(k)+\boldsymbol{D}_2\boldsymbol{w}(k)+\boldsymbol{H}\boldsymbol{f}(k)]\tag{9-8}$$

设计基于观测器的故障检测滤波器如下：

$$\mathrm{FDF}:\begin{cases}\hat{\boldsymbol{x}}(k+1)=\boldsymbol{A}_\mathrm{F}\hat{\boldsymbol{x}}(k)+\boldsymbol{B}_\mathrm{F}\tilde{\boldsymbol{y}}(k)\\\boldsymbol{r}(k)=\boldsymbol{C}_\mathrm{F}\hat{\boldsymbol{x}}(k)+\boldsymbol{D}_\mathrm{F}\tilde{\boldsymbol{y}}(k)\end{cases}\tag{9-9}$$

式中，$\boldsymbol{x}(k)\in\mathbb{R}^n$为状态估计；$\boldsymbol{r}(k)\in\mathbb{R}^l$为与故障信号相同维度的残差信号；$\boldsymbol{A}_{\mathrm{F}}$、$\boldsymbol{B}_{\mathrm{F}}$、$\boldsymbol{C}_{\mathrm{F}}$和$\boldsymbol{D}_{\mathrm{F}}$是FDF待求的参数。定义$\boldsymbol{\eta}(k)=\begin{bmatrix}\boldsymbol{x}^{\mathrm{T}}(k) & \hat{\boldsymbol{x}}^{\mathrm{T}}(k)\end{bmatrix}^{\mathrm{T}}$，$\bar{\boldsymbol{r}}(k)=\boldsymbol{r}(k)-\boldsymbol{f}(k)$。

综合式(9-1)、式(9-8)和式(9-9)，可以得到随机变量分离后的动态误差系统：

$$\begin{cases}\boldsymbol{\eta}(k+1)=\bar{\boldsymbol{A}}\boldsymbol{\eta}(k)+\tilde{\alpha}\tilde{\boldsymbol{A}}\boldsymbol{\eta}(k)+\bar{\boldsymbol{A}}_v\boldsymbol{v}(k)\boldsymbol{\eta}(k)+\sum_{i=1}^{q}\bar{\boldsymbol{A}}_{di}\boldsymbol{\eta}(k-\tau_i(k)) \\ \qquad +\sum_{i=1}^{q}\tilde{\boldsymbol{A}}_{di}\boldsymbol{\eta}(k-\tau_i(k))+\bar{\boldsymbol{B}}\boldsymbol{\phi}_s(\boldsymbol{y}(k))+\tilde{\alpha}\tilde{\boldsymbol{B}}\boldsymbol{\phi}_s(\boldsymbol{y}(k))+\bar{\boldsymbol{D}}\boldsymbol{v}(k)+\tilde{\alpha}\tilde{\boldsymbol{D}}\boldsymbol{v}(k) \\ \bar{\boldsymbol{r}}(k)=\bar{\alpha}\bar{\boldsymbol{C}}\boldsymbol{\eta}(k)+\tilde{\alpha}\tilde{\boldsymbol{C}}\boldsymbol{\eta}(k)+\bar{\alpha}\boldsymbol{D}_{\mathrm{F}}\boldsymbol{\phi}_s(\boldsymbol{y}(k))+\tilde{\alpha}\boldsymbol{D}_{\mathrm{F}}\boldsymbol{\phi}_s(\boldsymbol{y}(k)) \\ \qquad +\bar{\alpha}\bar{\boldsymbol{D}}_{\mathrm{F}}\boldsymbol{v}(k)+\tilde{\alpha}\tilde{\boldsymbol{D}}_{\mathrm{F}}\boldsymbol{v}(k)\end{cases} \tag{9-10}$$

式中：

$$\bar{\boldsymbol{A}}=\begin{bmatrix}\boldsymbol{A} & 0\\ \bar{\alpha}\boldsymbol{B}_{\mathrm{F}}\boldsymbol{K}_1\boldsymbol{C} & \boldsymbol{A}_{\mathrm{F}}\end{bmatrix},\tilde{\boldsymbol{A}}=\begin{bmatrix}0 & 0\\ \boldsymbol{B}_{\mathrm{F}}\boldsymbol{K}_1\boldsymbol{C} & 0\end{bmatrix},\bar{\boldsymbol{A}}_v=\begin{bmatrix}\boldsymbol{A}_v & 0\\ 0 & 0\end{bmatrix},\bar{\boldsymbol{A}}_{di}=\begin{bmatrix}\bar{\beta}_i\boldsymbol{B} & 0\\ 0 & 0\end{bmatrix}$$

$$\tilde{\boldsymbol{A}}_{di}=\begin{bmatrix}\tilde{\beta}_i\boldsymbol{B} & 0\\ 0 & 0\end{bmatrix},\bar{\boldsymbol{B}}=\begin{bmatrix}0\\ \bar{\alpha}\boldsymbol{B}_{\mathrm{F}}\end{bmatrix},\boldsymbol{v}(k)=\begin{bmatrix}\boldsymbol{w}(k)\\ \boldsymbol{f}(k)\end{bmatrix},\tilde{\boldsymbol{B}}=\begin{bmatrix}0\\ \boldsymbol{B}_{\mathrm{F}}\end{bmatrix}$$

$$\bar{\boldsymbol{D}}=\begin{bmatrix}\boldsymbol{D}_1 & \boldsymbol{G}\\ \bar{\alpha}\boldsymbol{B}_{\mathrm{F}}\boldsymbol{D}_2 & \bar{\alpha}\boldsymbol{B}_{\mathrm{F}}\boldsymbol{H}\end{bmatrix},\tilde{\boldsymbol{D}}=\begin{bmatrix}0 & 0\\ \boldsymbol{B}_{\mathrm{F}}\boldsymbol{D}_2 & \boldsymbol{B}_{\mathrm{F}}\boldsymbol{H}\end{bmatrix},\bar{\boldsymbol{C}}=\begin{bmatrix}\boldsymbol{D}_{\mathrm{F}}\boldsymbol{K}_1\boldsymbol{C} & \bar{\alpha}^{-1}\boldsymbol{C}_{\mathrm{F}}\end{bmatrix}$$

$$\tilde{\boldsymbol{C}}=\begin{bmatrix}\boldsymbol{D}_{\mathrm{F}}\boldsymbol{K}_1\boldsymbol{C} & 0\end{bmatrix},\bar{\boldsymbol{D}}_{\mathrm{F}}=\begin{bmatrix}\boldsymbol{D}_{\mathrm{F}}\boldsymbol{D}_2 & \boldsymbol{D}_{\mathrm{F}}\boldsymbol{H}-\bar{\alpha}^{-1}\boldsymbol{I}\end{bmatrix},\tilde{\boldsymbol{D}}_{\mathrm{F}}=\begin{bmatrix}\boldsymbol{D}_{\mathrm{F}}\boldsymbol{D}_2 & \boldsymbol{D}_{\mathrm{F}}\boldsymbol{H}\end{bmatrix}$$

$$\tilde{\alpha}=\alpha(k)-\bar{\alpha},\tilde{\beta}_i(k)=\beta_i(k)-\bar{\beta}_i(k)$$

定义 9-1

如果系统［式(9-10)］在任何初始状态下，当$\boldsymbol{v}(k)=0$时，存在常量$\rho>0$、$0<\lambda<1$，并且满足下列不等式(9-11)，则动态误差系统［式(9-10)］是均方意义下指数稳定的。

$$E\{\|\boldsymbol{\eta}(k)\|^2\}\leqslant\rho\lambda^k\sup_{i\in z^1}E\{\|\boldsymbol{\eta}(i)\|^2\} \tag{9-11}$$

本节的目的是设计一个故障检测滤波器，使得系统的残差信号与故障信号的误差尽可能地小。需要求得的滤波器参数需同时满足下面两个条件：

（1）动态系统［式(9-10)］在扰动为零时是均方渐近稳定的。

（2）在零初始条件下，对于任何 $\boldsymbol{v}(k)\neq 0$，残差估计误差 $\bar{\boldsymbol{r}}(k)$ 满足：

$$\sum_{k=0}^{+\infty} E\{\|\bar{\boldsymbol{r}}(k)\|^2\} \leqslant \gamma^2 \sum_{k=0}^{+\infty} E\{\|\boldsymbol{v}(k)\|^2\} \tag{9-12}$$

式中，$\gamma>0$ 为给定的 H_∞ 性能指标。

采用的残差估计函数和阈值函数为：

$$\bar{\boldsymbol{J}}(\tilde{r}) = \{\sum_{s=k-l}^{s=k} \tilde{\boldsymbol{r}}^{\mathrm{T}}(s)\tilde{\boldsymbol{r}}(s)\}^{1/2}, \bar{\boldsymbol{J}}_{\mathrm{th}} = \sup_{\boldsymbol{w}\in l_2, \boldsymbol{f}=0} E\{\bar{\boldsymbol{J}}(\tilde{r})\} \tag{9-13}$$

故障检测方法基于以下规则：

$$\begin{aligned} &\bar{J}(\tilde{r}) > \bar{J}_{\mathrm{th}} \Rightarrow \text{诊断到故障} \Rightarrow \text{报警} \\ &\bar{J}(\tilde{r}) \leqslant \bar{J}_{\mathrm{th}} \Rightarrow \text{无故障发生} \end{aligned} \tag{9-14}$$

9.2 稳定性及 H_∞ 性能分析

定理 9-1

对于给定的滤波器参数 $\boldsymbol{A}_{\mathrm{F}}$、$\boldsymbol{B}_{\mathrm{F}}$、$\boldsymbol{C}_{\mathrm{F}}$ 和 $\boldsymbol{D}_{\mathrm{F}}$，给定的正标量 $\bar{\alpha}$、β_i $(i=1,2,\cdots,q)$，如果存在正定矩阵 $\boldsymbol{P}>0$、$\boldsymbol{Q}_j>0(j=1,2,\cdots,q)$，使得下列的 LMI 成立，则滤波动态系统［式(9-10)］是均方意义下指数稳定的。

$$\boldsymbol{\Omega} = \begin{bmatrix} \boldsymbol{\Omega}_{11} & * & * \\ \boldsymbol{\Omega}_{21} & \boldsymbol{\Omega}_{22} & * \\ \boldsymbol{\Omega}_{31} & \boldsymbol{\Omega}_{32} & \boldsymbol{\Omega}_{33} \end{bmatrix} < 0 \tag{9-15}$$

式中：

$$\boldsymbol{\Omega}_{11} = \bar{\boldsymbol{A}}^{\mathrm{T}}\boldsymbol{P}\bar{\boldsymbol{A}} + \tilde{\alpha}^2\tilde{\boldsymbol{A}}^{\mathrm{T}}\boldsymbol{P}\tilde{\boldsymbol{A}} + \bar{\boldsymbol{A}}_v{}^{\mathrm{T}}\boldsymbol{P}\bar{\boldsymbol{A}}_v + \sum_{j=1}^{q}(d_{\mathrm{M}} - d_{\mathrm{m}} + 1)\boldsymbol{Q}_j - \boldsymbol{P}$$

$$\boldsymbol{\Omega}_{21}=\bar{\boldsymbol{B}}^{\mathrm{T}}\boldsymbol{P}\bar{\boldsymbol{A}}+\tilde{\alpha}^2\tilde{\boldsymbol{B}}^{\mathrm{T}}\boldsymbol{P}\tilde{\boldsymbol{A}}+\bar{\boldsymbol{K}}\hat{\boldsymbol{C}},\boldsymbol{\Omega}_{22}=\bar{\boldsymbol{B}}^{\mathrm{T}}\boldsymbol{P}\bar{\boldsymbol{B}}+\tilde{\alpha}^2\tilde{\boldsymbol{B}}^{\mathrm{T}}\boldsymbol{P}\tilde{\boldsymbol{B}}-2\boldsymbol{I}$$

$$\boldsymbol{\Omega}_{31}=\hat{\boldsymbol{Z}}^{\mathrm{T}}\boldsymbol{P}\bar{\boldsymbol{A}},\boldsymbol{\Omega}_{32}=\hat{\boldsymbol{Z}}^{\mathrm{T}}\boldsymbol{P}\bar{\boldsymbol{B}}$$

$$\boldsymbol{\Omega}_{33}=\mathrm{diag}\{-\boldsymbol{Q}_1+\tilde{\boldsymbol{A}}_1,-\boldsymbol{Q}_2+\tilde{\boldsymbol{A}}_2,\cdots,-\boldsymbol{Q}_q+\tilde{\boldsymbol{A}}_q\}+\hat{\boldsymbol{Z}}^{\mathrm{T}}\boldsymbol{P}\hat{\boldsymbol{Z}}$$

$$\hat{\boldsymbol{Z}}=\begin{bmatrix}\bar{\boldsymbol{A}}_{d1} & \bar{\boldsymbol{A}}_{d2} & \cdots & \bar{\boldsymbol{A}}_{dq}\end{bmatrix},\tilde{\boldsymbol{A}}_i=\bar{\beta}_i(1-\bar{\beta}_i)\hat{\boldsymbol{A}}_d{}^{\mathrm{T}}\boldsymbol{P}\hat{\boldsymbol{A}}_d$$

$$\hat{\boldsymbol{A}}_d=\begin{bmatrix}\boldsymbol{B} & 0\\ 0 & 0\end{bmatrix},\tilde{\alpha}^2=\bar{\alpha}(1-\bar{\alpha}),\hat{\boldsymbol{C}}=\begin{bmatrix}\boldsymbol{C} & 0\end{bmatrix},\bar{\boldsymbol{K}}=\boldsymbol{K}_2-\boldsymbol{K}_1$$

证明

为证明系统［式 (9-10)］在均方意义下的渐近稳定性，取如下的 Lyapunov 函数：

$$\boldsymbol{V}(k)=\sum_{i=3}^{3}\boldsymbol{V}_i(k) \tag{9-16}$$

式中：

$$\begin{aligned}
&\boldsymbol{V}_1(k)=\boldsymbol{\eta}^{\mathrm{T}}(k)\boldsymbol{P}\boldsymbol{\eta}(k)\\
&\boldsymbol{V}_2(k)=\sum_{j=1}^{q}\sum_{i=k-\tau_i(k)}^{k-1}\boldsymbol{\eta}^{\mathrm{T}}(i)\boldsymbol{Q}_j\boldsymbol{\eta}(i)\\
&\boldsymbol{V}_3(k)=\sum_{j=1}^{q}\sum_{m=-d_{\mathrm{M}}+1}^{-d_{\mathrm{m}}}\sum_{i=k+m}^{k-1}\boldsymbol{\eta}^{\mathrm{T}}(i)\boldsymbol{Q}_j\boldsymbol{\eta}(i)
\end{aligned} \tag{9-17}$$

求取 $\boldsymbol{V}(k)$ 的差分函数并且对函数求数学期望可得：

$$\begin{aligned}
E\{\Delta\boldsymbol{V}_1(k)\}&=E\{\boldsymbol{V}_1(k+1)/\boldsymbol{V}_1(k)\}-\boldsymbol{V}_1(k)\\
&=\boldsymbol{\eta}^{\mathrm{T}}(k)[\bar{\boldsymbol{A}}^{\mathrm{T}}\boldsymbol{P}\bar{\boldsymbol{A}}+\tilde{\alpha}^2\tilde{\boldsymbol{A}}^{\mathrm{T}}\boldsymbol{P}\tilde{\boldsymbol{A}}+\bar{\boldsymbol{A}}_v{}^{\mathrm{T}}\boldsymbol{P}\bar{\boldsymbol{A}}_v-\boldsymbol{P}]\boldsymbol{\eta}(k)\\
&\quad+2\boldsymbol{\eta}^{\mathrm{T}}(k)\bar{\boldsymbol{A}}^{\mathrm{T}}\boldsymbol{P}\sum_{i=1}^{q}\bar{\boldsymbol{A}}_{di}\boldsymbol{\eta}(k-\tau_i(k))+2\boldsymbol{\eta}^{\mathrm{T}}(k)[\bar{\boldsymbol{A}}^{\mathrm{T}}\boldsymbol{P}\bar{\boldsymbol{B}}+\tilde{\alpha}^2\tilde{\boldsymbol{A}}^{\mathrm{T}}\boldsymbol{P}\tilde{\boldsymbol{B}}]\\
&\quad\boldsymbol{\phi}_s(\boldsymbol{y}(k))+\sum_{i=1}^{q}\sum_{j=1}^{q}[\boldsymbol{\eta}^{\mathrm{T}}(k-\tau_i(k))\bar{\boldsymbol{A}}_{di}^{\mathrm{T}}\boldsymbol{P}\bar{\boldsymbol{A}}_{di}\boldsymbol{\eta}(k-\tau_i(k))]
\end{aligned}$$

$$
\begin{aligned}
&+2\boldsymbol{\eta}^{\mathrm{T}}(k-\tau_i(k))\,[\sum_{i=1}^{q}\bar{A}_{di}]^{\mathrm{T}}\boldsymbol{P}\bar{\boldsymbol{B}}\boldsymbol{\phi}_s(\boldsymbol{y}(k)) \\
&+\sum_{i=1}^{q}\boldsymbol{\eta}^{\mathrm{T}}(k-\tau_i(k))\tilde{\boldsymbol{A}}_{di}^{\mathrm{T}}\boldsymbol{P}\tilde{\boldsymbol{A}}_{di}\boldsymbol{\eta}^{\mathrm{T}}(k-\tau_i(k)) \\
&+\boldsymbol{\phi}_s^{\mathrm{T}}(\boldsymbol{y}(k))[\bar{\boldsymbol{B}}^{\mathrm{T}}\boldsymbol{P}\bar{\boldsymbol{B}}+\tilde{\alpha}^2\tilde{\boldsymbol{B}}^{\mathrm{T}}\boldsymbol{P}\tilde{\boldsymbol{B}}]\boldsymbol{\phi}_s(\boldsymbol{y}(k))
\end{aligned}
\tag{9-18}
$$

$$
\begin{aligned}
E\{\Delta\boldsymbol{V}_2(k)\} &= E\{\boldsymbol{V}_2(k+1)/\boldsymbol{V}_2(k)\}-\boldsymbol{V}_2(k) \\
&\leqslant \sum_{j=1}^{q}\{\boldsymbol{\eta}^{\mathrm{T}}(k)\boldsymbol{Q}_j\boldsymbol{\eta}(k)-\boldsymbol{\eta}^{\mathrm{T}}(k-\tau_j(k))\boldsymbol{Q}_j\boldsymbol{\eta}(k-\tau_j(k)) \\
&\quad+\sum_{i=k-d_{\mathrm{M}}+1}^{k-d_{\mathrm{m}}}\boldsymbol{\eta}^{\mathrm{T}}(i)\boldsymbol{Q}_j\boldsymbol{\eta}(i)\}
\end{aligned}
\tag{9-19}
$$

$$
\begin{aligned}
E\{\Delta\boldsymbol{V}_3(k)\} &= E\{\boldsymbol{V}_3(k+1)/\boldsymbol{V}_3(k)\}-\boldsymbol{V}_3(k) \\
&=\sum_{j=1}^{q}\{(d_{\mathrm{M}}-d_{\mathrm{m}})\boldsymbol{\eta}^{\mathrm{T}}(k)\boldsymbol{Q}_j\boldsymbol{\eta}(k)-\sum_{i=k-d_{\mathrm{M}}+1}^{k-d_{\mathrm{m}}}\boldsymbol{\eta}^{\mathrm{T}}(i)\boldsymbol{Q}_j\boldsymbol{\eta}(i)\}
\end{aligned}
\tag{9-20}
$$

由饱和函数［式 (9-5)］可知：

$$
-2\boldsymbol{\phi}_s^{\mathrm{T}}(\boldsymbol{y}(k))\boldsymbol{\phi}_s(\boldsymbol{y}(k))+2\boldsymbol{\phi}_s^{\mathrm{T}}(\boldsymbol{y}(k))\,\bar{\boldsymbol{K}}\boldsymbol{y}(k)>0 \tag{9-21}
$$

上式可以改写为：

$$
-2\boldsymbol{\phi}_s^{\mathrm{T}}(\boldsymbol{y}(k))\boldsymbol{\phi}_s(\boldsymbol{y}(k))+2\boldsymbol{\phi}_s^{\mathrm{T}}(\boldsymbol{y}(k))\,\bar{\boldsymbol{K}}\hat{\boldsymbol{C}}\boldsymbol{\eta}(k)>0 \tag{9-22}
$$

式中，$\hat{\boldsymbol{C}}$ 和 $\bar{\boldsymbol{K}}$ 在式 (9-15) 中定义。再结合式 (9-17) ～式 (9-22)，可以得到：

$$
\begin{aligned}
E\{\Delta\boldsymbol{V}(k)\} \leqslant\ & \boldsymbol{\eta}^{\mathrm{T}}(k)[\bar{\boldsymbol{A}}^{\mathrm{T}}\boldsymbol{P}\bar{\boldsymbol{A}}+\tilde{\alpha}^2\tilde{\boldsymbol{A}}^{\mathrm{T}}\boldsymbol{P}\tilde{\boldsymbol{A}}+\bar{\boldsymbol{A}}_v{}^{\mathrm{T}}\boldsymbol{P}\bar{\boldsymbol{A}}_v \\
&+\sum_{j=1}^{q}(d_{\mathrm{M}}-d_{\mathrm{m}}+1)\boldsymbol{Q}_j-\boldsymbol{P}]\boldsymbol{\eta}(k)+2\boldsymbol{\eta}^{\mathrm{T}}(k)\bar{\boldsymbol{A}}\boldsymbol{P}\sum_{i=1}^{q}\bar{\boldsymbol{A}}_{di}\boldsymbol{\eta}(k-\tau_i(k)) \\
&+2\boldsymbol{\eta}^{\mathrm{T}}(k)[\bar{\boldsymbol{A}}^{\mathrm{T}}\boldsymbol{P}\bar{\boldsymbol{B}}+\tilde{\alpha}^2\tilde{\boldsymbol{A}}^{\mathrm{T}}\boldsymbol{P}\bar{\boldsymbol{B}}+\hat{\boldsymbol{C}}^{\mathrm{T}}\bar{\boldsymbol{K}}^{\mathrm{T}}]\boldsymbol{\phi}_s(\boldsymbol{y}(k)) \\
&+\sum_{i=1}^{q}\sum_{j=1}^{q}[\boldsymbol{\eta}^{\mathrm{T}}(k-\tau_i(k))\bar{\boldsymbol{A}}_{di}{}^{\mathrm{T}}\boldsymbol{P}\bar{\boldsymbol{A}}_{di}\boldsymbol{\eta}(k-\tau_i(k))]
\end{aligned}
$$

$$
\begin{aligned}
&+2\boldsymbol{\eta}^{\mathrm{T}}(k-\tau_i(k))[\sum_{i=1}^{q}\bar{\boldsymbol{A}}_{di}]^{\mathrm{T}}\boldsymbol{P}\bar{\boldsymbol{B}}\boldsymbol{\phi}_s(\boldsymbol{y}(k))\\
&+\sum_{i=1}^{q}\boldsymbol{\eta}^{\mathrm{T}}(k-\tau_i(k))\tilde{\boldsymbol{A}}_{di}{}^{\mathrm{T}}\boldsymbol{P}\tilde{\boldsymbol{A}}_{di}\boldsymbol{\eta}(k-\tau_i(k))\\
&+\boldsymbol{\phi}_s^{\mathrm{T}}(\boldsymbol{y}(k))[\bar{\boldsymbol{B}}^{\mathrm{T}}\boldsymbol{P}\bar{\boldsymbol{B}}+\tilde{\alpha}^2\tilde{\boldsymbol{B}}^{\mathrm{T}}\boldsymbol{P}\tilde{\boldsymbol{B}}-2\boldsymbol{I}]\boldsymbol{\phi}_s(\boldsymbol{y}(k))\\
&-\sum_{j=1}^{q}\boldsymbol{\eta}^{\mathrm{T}}(k-\tau_j(k))\boldsymbol{Q}_j\boldsymbol{\eta}(k-\tau_j(k))
\end{aligned}
\tag{9-23}
$$

注意到：

$$
E\{\tilde{\boldsymbol{A}}_{di}^{\mathrm{T}}\boldsymbol{P}\tilde{\boldsymbol{A}}_{di}\}=\bar{\beta}_i(1-\bar{\beta}_i)\hat{\boldsymbol{A}}_d^{\mathrm{T}}\boldsymbol{P}\hat{\boldsymbol{A}}_d \tag{9-24}
$$

式中，$\hat{\boldsymbol{A}}_d$ 在式 (9-15) 中已定义。为了方便表述，定义以下矩阵变量：

$$
\boldsymbol{\xi}(k)=\left[\boldsymbol{\eta}^{\mathrm{T}}(k)\quad \boldsymbol{\phi}_s^{\mathrm{T}}(k)\quad \boldsymbol{\eta}^{\mathrm{T}}(k-\tau_1(k))\quad\cdots\quad \boldsymbol{\eta}^{\mathrm{T}}(k-\tau_q(k))\quad \boldsymbol{v}^{\mathrm{T}}(k)\right]^{\mathrm{T}}
$$

$$
\boldsymbol{\xi}_1(k)=\left[\boldsymbol{\eta}^{\mathrm{T}}(k)\quad \boldsymbol{\phi}_s^{\mathrm{T}}(\boldsymbol{y}(k))\quad \boldsymbol{\eta}^{\mathrm{T}}(k-\tau_1(k))\quad\cdots\quad \boldsymbol{\eta}^{\mathrm{T}}(k-\tau_q(k))\right]^{\mathrm{T}}
$$

故有：

$$
E\{\Delta \boldsymbol{V}(k)\}\leqslant \boldsymbol{\xi}_1^{\mathrm{T}}(k)\boldsymbol{\Omega}\boldsymbol{\xi}_1(k) \tag{9-25}
$$

因此，对于任何非零的 $\boldsymbol{\xi}(k)$，有 $\Delta \boldsymbol{V}(k)<0$，即：

$$
E\{\Delta \boldsymbol{V}(k+1)/\boldsymbol{V}(k)\}-\boldsymbol{V}(k)\leqslant -\lambda_{\min}(-\boldsymbol{\Omega}_1)\boldsymbol{\xi}_1^{\mathrm{T}}(k)\boldsymbol{\xi}_1(k)
$$

其中：

$$
0<\alpha<\min\{\lambda_{\min}(-\boldsymbol{\Omega}_1),\sigma\},\sigma:=\max\{\lambda_{\max}(\boldsymbol{P}),\lambda_{\max}(\boldsymbol{Q}_1),\cdots,\lambda_{\max}(\boldsymbol{Q}_q)\}
$$

可以得到：

$$
\Delta \boldsymbol{V}(k)<-\alpha\boldsymbol{\eta}^{\mathrm{T}}(k)\boldsymbol{\eta}(k)<-\frac{\alpha}{\sigma}\boldsymbol{V}(k):=-\psi \boldsymbol{V}(k)
$$

式中，$\psi=\dfrac{\alpha}{\sigma}$。

因此，定理 9-1 得证。证毕。

定理 9-2

对于给定的滤波器参数 $\boldsymbol{A}_{\mathrm{F}}$、$\boldsymbol{B}_{\mathrm{F}}$、$\boldsymbol{C}_{\mathrm{F}}$ 和 $\boldsymbol{D}_{\mathrm{F}}$，给定的正标量 $\bar{\alpha}$、β_i $(i=1,2,\cdots,q)$，如果存在正定的矩阵 $\boldsymbol{P}>0$、$\boldsymbol{Q}_j>0(j=1,2,\cdots,q)$，使得下列的 LMI 成立，则滤波动态系统［式 (9-10)］在扰动不为零的情况下是均方意义下指数稳定的，并且满足一定的 H_∞ 性能指标。

$$\boldsymbol{\Phi}=\begin{bmatrix}\boldsymbol{\Phi}_{11} & * & * & * \\ \boldsymbol{\Phi}_{21} & \boldsymbol{\Phi}_{22} & * & * \\ \boldsymbol{\Phi}_{31} & \boldsymbol{\Phi}_{32} & \boldsymbol{\Phi}_{33} & * \\ \boldsymbol{\Phi}_{41} & \boldsymbol{\Phi}_{42} & \boldsymbol{\Phi}_{43} & \boldsymbol{\Phi}_{44}\end{bmatrix}<0 \tag{9-26}$$

式中：

$$\boldsymbol{\Phi}_{11}=\boldsymbol{\Omega}_{11}+\bar{\alpha}^2\bar{\boldsymbol{C}}^{\mathrm{T}}\bar{\boldsymbol{C}}+\tilde{\alpha}^2\tilde{\boldsymbol{C}}^{\mathrm{T}}\tilde{\boldsymbol{C}},\boldsymbol{\Phi}_{21}=\boldsymbol{\Omega}_{21}+\bar{\alpha}^2\bar{\boldsymbol{D}}_{\mathrm{F}}^{\mathrm{T}}\bar{\boldsymbol{C}}+\tilde{\alpha}^2\boldsymbol{D}_{\mathrm{F}}^{\mathrm{T}}\tilde{\boldsymbol{C}}$$

$$\boldsymbol{\Phi}_{22}=\boldsymbol{\Omega}_{22}+\bar{\alpha}^2\boldsymbol{D}_{\mathrm{F}}^{\mathrm{T}}\boldsymbol{D}_{\mathrm{F}}+\tilde{\alpha}^2\boldsymbol{D}_{\mathrm{F}}^{\mathrm{T}}\boldsymbol{D}_{\mathrm{F}},\boldsymbol{\Phi}_{31}=\boldsymbol{\Omega}_{31},\boldsymbol{\Phi}_{32}=\boldsymbol{\Omega}_{32}$$

$$\boldsymbol{\Phi}_{33}=\boldsymbol{\Omega}_{33},\boldsymbol{\Phi}_{41}=\bar{\boldsymbol{D}}^{\mathrm{T}}\boldsymbol{P}\bar{\boldsymbol{A}}+\bar{\alpha}^2\bar{\boldsymbol{D}}_{\mathrm{F}}^{\mathrm{T}}\bar{\boldsymbol{C}}+\tilde{\alpha}^2\tilde{\boldsymbol{D}}_{\mathrm{F}}^{\mathrm{T}}\tilde{\boldsymbol{C}}+\tilde{\alpha}^2\tilde{\boldsymbol{D}}^{\mathrm{T}}\boldsymbol{P}\tilde{\boldsymbol{A}}$$

$$\boldsymbol{\Phi}_{42}=\bar{\boldsymbol{D}}^{\mathrm{T}}\boldsymbol{P}\bar{\boldsymbol{B}}+\tilde{\alpha}^2\tilde{\boldsymbol{D}}^{\mathrm{T}}\boldsymbol{P}\tilde{\boldsymbol{B}}+\bar{\alpha}^2\bar{\boldsymbol{D}}_{\mathrm{F}}^{\mathrm{T}}\boldsymbol{D}_{\mathrm{F}}+\tilde{\alpha}^2\tilde{\boldsymbol{D}}_{\mathrm{F}}^{\mathrm{T}}\boldsymbol{D}_{\mathrm{F}},\boldsymbol{\Phi}_{43}=\bar{\boldsymbol{D}}^{\mathrm{T}}\boldsymbol{P}\hat{\boldsymbol{Z}}$$

$$\boldsymbol{\Phi}_{44}=\bar{\boldsymbol{D}}^{\mathrm{T}}\boldsymbol{P}\bar{\boldsymbol{D}}+\tilde{\alpha}^2\tilde{\boldsymbol{D}}^{\mathrm{T}}\boldsymbol{P}\tilde{\boldsymbol{D}}+\bar{\alpha}^2\bar{\boldsymbol{D}}_{\mathrm{F}}^{\mathrm{T}}\bar{\boldsymbol{D}}_{\mathrm{F}}+\tilde{\alpha}^2\tilde{\boldsymbol{D}}_{\mathrm{F}}^{\mathrm{T}}\tilde{\boldsymbol{D}}_{\mathrm{F}}-\gamma^2\boldsymbol{I}$$

证明

显然，$\boldsymbol{\Phi}<0$ 意味着 $\boldsymbol{\Omega}<0$，为了证明系统［式 (9-10)］的 H_∞ 性能，在零初始状态下，引入下列式子：

$$\begin{aligned}\boldsymbol{J}_{\mathrm{N}}&=E\{\sum_{k=0}^{\infty}[\bar{\boldsymbol{r}}^{\mathrm{T}}(k)\bar{\boldsymbol{r}}(k)-\gamma^2\boldsymbol{v}^{\mathrm{T}}(k)\boldsymbol{v}(k)]\}\\&=E\{\sum_{k=0}^{\infty}[\bar{\boldsymbol{r}}^{\mathrm{T}}(k)\bar{\boldsymbol{r}}(k)-\gamma^2\boldsymbol{v}^{\mathrm{T}}(k)\boldsymbol{v}(k)+\Delta\boldsymbol{v}(k)]\}-E\{\boldsymbol{v}(k+1)\}\\&\leqslant E\{\sum_{k=0}^{\infty}\bar{\boldsymbol{r}}^{\mathrm{T}}(k)\bar{\boldsymbol{r}}(k)-\gamma^2\boldsymbol{v}^{\mathrm{T}}(k)\boldsymbol{v}(k)+\Delta\boldsymbol{v}(k)\}\\&=\boldsymbol{\xi}^{\mathrm{T}}(k)\boldsymbol{\Phi}\boldsymbol{\xi}(k)\end{aligned} \tag{9-27}$$

证毕。

基于上述的对于滤波器性能的讨论，接下来将设计一个满足给定 H_∞ 性能指标的滤波器。

9.3
H_∞故障诊断滤波器设计

定理 9-3

对于给定的正标量$\bar{\alpha}$、$\bar{\beta}_i(i=1,2,\cdots,q)$，如果存在正定矩阵$\boldsymbol{P}>0$、$\boldsymbol{Q}_j>0$ $(j=1,2,\cdots,q)$，适合维数的矩阵$\boldsymbol{X}$和$\boldsymbol{K}$使得式(9-28)成立，则系统［式(9-10)］在扰动不为零时保持均方意义下的指数稳定，并且满足一定的H_∞性能指标。

$$\boldsymbol{\Lambda}=\begin{bmatrix} \boldsymbol{\Lambda}_{11} & * & * & * & * \\ 0 & \boldsymbol{\Lambda}_{22} & * & * & * \\ 0 & 0 & \boldsymbol{\Lambda}_{33} & * & * \\ \boldsymbol{\Lambda}_{41} & \boldsymbol{\Lambda}_{42} & \boldsymbol{\Lambda}_{43} & \boldsymbol{\Lambda}_{44} & * \\ \boldsymbol{\Lambda}_{51} & 0 & \boldsymbol{\Lambda}_{53} & 0 & \boldsymbol{\Lambda}_{55} \end{bmatrix}<0 \tag{9-28}$$

式中：

$$\boldsymbol{\Lambda}_{11}=\begin{bmatrix} \sum_{i=1}^{q}(d_{\mathrm{M}}-d_{\mathrm{m}}+1)\boldsymbol{Q}_j-\boldsymbol{P} & * \\ \bar{\boldsymbol{K}}\hat{\boldsymbol{C}} & -2\boldsymbol{I} \end{bmatrix},\boldsymbol{\Lambda}_{22}=\boldsymbol{\Omega}_{33}-\hat{\boldsymbol{Z}}^{\mathrm{T}}\boldsymbol{P}\hat{\boldsymbol{Z}},\boldsymbol{\Lambda}_{33}=-\gamma^2\boldsymbol{I}$$

$$\boldsymbol{\Lambda}_{41}=\begin{bmatrix} \boldsymbol{P}\hat{\boldsymbol{A}}_0+\boldsymbol{X}\hat{\boldsymbol{R}}_1 & \boldsymbol{X}\hat{\boldsymbol{B}}_1 \\ \tilde{\alpha}\boldsymbol{X}\hat{\boldsymbol{R}}_2 & \tilde{\alpha}\boldsymbol{X}\hat{\boldsymbol{B}}_2 \\ \boldsymbol{P}\bar{\boldsymbol{A}}_v & 0 \end{bmatrix},\boldsymbol{\Lambda}_{42}=\begin{bmatrix} \boldsymbol{P}\hat{\boldsymbol{Z}} \\ 0 \\ 0 \end{bmatrix},\boldsymbol{\Lambda}_{43}=\begin{bmatrix} \boldsymbol{P}\hat{\boldsymbol{D}}_0+\boldsymbol{X}\hat{\boldsymbol{R}}_3 \\ \tilde{\alpha}\boldsymbol{X}\hat{\boldsymbol{R}}_4 \\ 0 \end{bmatrix}$$

$$\boldsymbol{\Lambda}_{44}=\mathrm{diag}\{-\boldsymbol{P},-\boldsymbol{P},-\boldsymbol{P}\},\boldsymbol{\Lambda}_{51}=\begin{bmatrix} \tilde{\alpha}\boldsymbol{K}\hat{\boldsymbol{R}}_2 & \tilde{\alpha}\boldsymbol{K}\hat{\boldsymbol{B}}_2 \\ \bar{\alpha}\boldsymbol{K}\hat{\boldsymbol{R}}_5 & \bar{\alpha}\boldsymbol{K}\hat{\boldsymbol{B}}_2 \end{bmatrix},\boldsymbol{\Lambda}_{53}=\begin{bmatrix} \tilde{\alpha}\boldsymbol{K}\hat{\boldsymbol{R}}_4 \\ \bar{\alpha}\boldsymbol{K}\hat{\boldsymbol{R}}_4-\bar{\alpha}\hat{\boldsymbol{B}}_3 \end{bmatrix}$$

$$\boldsymbol{\Lambda}_{55}=\mathrm{diag}\{-\boldsymbol{I},-\boldsymbol{I}\},\hat{\boldsymbol{A}}_0=\begin{bmatrix} \boldsymbol{A} & 0 \\ 0 & 0 \end{bmatrix},\boldsymbol{K}=\begin{bmatrix} \boldsymbol{C}_{\mathrm{F}} & \boldsymbol{D}_{\mathrm{F}} \end{bmatrix}$$

$$\hat{\boldsymbol{R}}_1=\begin{bmatrix} 0 & \boldsymbol{I} \\ \bar{\alpha}\boldsymbol{K}_1\boldsymbol{C} & 0 \end{bmatrix},\hat{\boldsymbol{R}}_2=\begin{bmatrix} 0 & 0 \\ \boldsymbol{K}_1\boldsymbol{C} & 0 \end{bmatrix},\hat{\boldsymbol{B}}_1=\begin{bmatrix} 0 \\ \bar{\alpha}\boldsymbol{I} \end{bmatrix},\hat{\boldsymbol{B}}_2=\begin{bmatrix} 0 \\ I \end{bmatrix},\hat{\boldsymbol{D}}_0=\begin{bmatrix} \boldsymbol{D}_1 & \boldsymbol{G} \\ 0 & 0 \end{bmatrix}$$

$$\hat{\boldsymbol{R}}_3=\begin{bmatrix}0 & 0\\ \bar{\alpha}\boldsymbol{D}_2 & \bar{\alpha}\boldsymbol{H}\end{bmatrix},\hat{\boldsymbol{R}}_4=\begin{bmatrix}0 & 0\\ \boldsymbol{D}_2 & \boldsymbol{H}\end{bmatrix},\hat{\boldsymbol{R}}_5=\begin{bmatrix}0 & \alpha^{-1}\boldsymbol{I}\\ \boldsymbol{K}_1\boldsymbol{C} & 0\end{bmatrix},\hat{\boldsymbol{B}}_3=\begin{bmatrix}0 & \alpha^{-1}\boldsymbol{I}\end{bmatrix}$$

故障检测滤波器的参数可以通过下式求得：

$$\begin{aligned}&\begin{bmatrix}\boldsymbol{A}_\mathrm{F} & \boldsymbol{B}_\mathrm{F}\end{bmatrix}=[\hat{\boldsymbol{E}}^\mathrm{T}\boldsymbol{P}\hat{\boldsymbol{E}}]^{-1}\hat{\boldsymbol{E}}^\mathrm{T}\boldsymbol{X}\\&\begin{bmatrix}\boldsymbol{C}_\mathrm{F} & \boldsymbol{D}_\mathrm{F}\end{bmatrix}=\boldsymbol{K}\end{aligned}\tag{9-29}$$

证明

注意到式 (9-26) 可以重写为以下形式：

$$\begin{aligned}&\begin{bmatrix}\sum_{j=1}^{q}(d_\mathrm{M}-d_\mathrm{m}+1)\boldsymbol{Q}_j-\boldsymbol{P} & * & * & *\\ \bar{\boldsymbol{K}}\hat{\boldsymbol{C}} & -2\boldsymbol{I} & * & *\\ 0 & 0 & \boldsymbol{\Omega}_{22}-\hat{\boldsymbol{Z}}^\mathrm{T}\boldsymbol{P}\hat{\boldsymbol{Z}} & *\\ 0 & 0 & 0 & -\gamma^2\boldsymbol{I}\end{bmatrix}\\
&+\begin{bmatrix}\bar{\boldsymbol{A}}^\mathrm{T}\boldsymbol{P}\\ \bar{\boldsymbol{B}}^\mathrm{T}\boldsymbol{P}\\ \hat{\boldsymbol{Z}}^\mathrm{T}\boldsymbol{P}\\ \bar{\boldsymbol{D}}^\mathrm{T}\boldsymbol{P}\end{bmatrix}\boldsymbol{P}^{-1}\begin{bmatrix}\boldsymbol{P}\bar{\boldsymbol{A}} & \boldsymbol{P}\bar{\boldsymbol{B}} & \boldsymbol{P}\hat{\boldsymbol{Z}} & \boldsymbol{P}\bar{\boldsymbol{D}}\end{bmatrix}+\begin{bmatrix}\tilde{\alpha}\tilde{\boldsymbol{A}}^\mathrm{T}\boldsymbol{P}\\ \tilde{\alpha}\tilde{\boldsymbol{B}}^\mathrm{T}\boldsymbol{P}\\ 0\\ \tilde{\alpha}\tilde{\boldsymbol{D}}^\mathrm{T}\boldsymbol{P}\end{bmatrix}\boldsymbol{P}^{-1}\begin{bmatrix}\tilde{\alpha}\boldsymbol{P}\tilde{\boldsymbol{A}} & \tilde{\alpha}\boldsymbol{P}\tilde{\boldsymbol{B}} & 0 & \tilde{\alpha}\boldsymbol{P}\tilde{\boldsymbol{D}}\end{bmatrix}\\
&+\begin{bmatrix}\bar{\boldsymbol{A}}_v^\mathrm{T}\boldsymbol{P}\\ 0\\ 0\\ 0\end{bmatrix}\boldsymbol{P}^{-1}\begin{bmatrix}\boldsymbol{P}\bar{\boldsymbol{A}}_v & 0 & 0 & 0\end{bmatrix}+\begin{bmatrix}\tilde{\alpha}\tilde{\boldsymbol{C}}^\mathrm{T}\\ \tilde{\alpha}\boldsymbol{D}_\mathrm{F}^\mathrm{T}\\ 0\\ \tilde{\alpha}\tilde{\boldsymbol{D}}_\mathrm{F}^\mathrm{T}\end{bmatrix}\boldsymbol{I}^{-1}\begin{bmatrix}\tilde{\alpha}\tilde{\boldsymbol{C}} & \tilde{\alpha}\boldsymbol{D}_\mathrm{F} & 0 & \tilde{\alpha}\tilde{\boldsymbol{D}}_\mathrm{F}\end{bmatrix}\\
&+\begin{bmatrix}\bar{\alpha}\bar{\boldsymbol{C}}^\mathrm{T}\\ \bar{\alpha}\boldsymbol{D}_\mathrm{F}^\mathrm{T}\\ 0\\ \bar{\alpha}\bar{\boldsymbol{D}}_\mathrm{F}^\mathrm{T}\end{bmatrix}\boldsymbol{I}^{-1}\begin{bmatrix}\bar{\alpha}\bar{\boldsymbol{C}} & \bar{\alpha}\boldsymbol{D}_\mathrm{F} & 0 & \bar{\alpha}\bar{\boldsymbol{D}}_\mathrm{F}\end{bmatrix}<0\end{aligned}\tag{9-30}$$

通过 Schur 补引理，式 (9-30) 可以得出：

$$
\boldsymbol{\Gamma}=\begin{bmatrix}\boldsymbol{\Gamma}_{11} & * & * & * & * \\ 0 & \boldsymbol{\Gamma}_{22} & * & * & * \\ 0 & 0 & \boldsymbol{\Gamma}_{33} & * & * \\ \boldsymbol{\Gamma}_{41} & \boldsymbol{\Gamma}_{42} & \boldsymbol{\Gamma}_{43} & \boldsymbol{\Gamma}_{44} & * \\ \boldsymbol{\Gamma}_{51} & 0 & \boldsymbol{\Gamma}_{53} & 0 & \boldsymbol{\Gamma}_{55}\end{bmatrix}<0 \tag{9-31}
$$

式中：

$$
\boldsymbol{\Gamma}_{11}=\boldsymbol{\Lambda}_{11}, \boldsymbol{\Gamma}_{22}=\boldsymbol{\Lambda}_{22}, \boldsymbol{\Gamma}_{33}=\boldsymbol{\Lambda}_{33}, \boldsymbol{\Gamma}_{42}=\boldsymbol{\Lambda}_{42}, \boldsymbol{\Gamma}_{44}=\boldsymbol{\Lambda}_{44}, \boldsymbol{\Gamma}_{55}=\boldsymbol{\Lambda}_{55}
$$

$$
\boldsymbol{\Gamma}_{41}=\begin{bmatrix}\boldsymbol{P}\bar{\boldsymbol{A}} & \boldsymbol{P}\bar{\boldsymbol{B}} \\ \tilde{\alpha}\boldsymbol{P}\tilde{\boldsymbol{A}} & \tilde{\alpha}\boldsymbol{P}\tilde{\boldsymbol{B}} \\ \boldsymbol{P}\bar{\boldsymbol{A}}_v & 0\end{bmatrix}, \boldsymbol{\Gamma}_{43}=\begin{bmatrix}\boldsymbol{P}\bar{\boldsymbol{D}} \\ \tilde{\alpha}\boldsymbol{P}\tilde{\boldsymbol{D}} \\ 0\end{bmatrix}
$$

$$
\boldsymbol{\Gamma}_{51}=\begin{bmatrix}\tilde{\alpha}\tilde{\boldsymbol{C}} & \tilde{\alpha}\boldsymbol{D}_{\mathrm{F}} \\ \bar{\alpha}\bar{\boldsymbol{C}} & \bar{\alpha}\boldsymbol{D}_{\mathrm{F}}\end{bmatrix}, \boldsymbol{\Gamma}_{53}=\begin{bmatrix}\tilde{\alpha}\tilde{\boldsymbol{D}}_{\mathrm{F}} \\ \bar{\alpha}\bar{\boldsymbol{D}}_{\mathrm{F}}\end{bmatrix}
$$

为避免分解矩阵 $\boldsymbol{P}$ 和 $\boldsymbol{Q}_j(j=1,2,\cdots,q)$，含有参数 $\boldsymbol{A}_{\mathrm{F}}$、$\boldsymbol{B}_{\mathrm{F}}$、$\boldsymbol{C}_{\mathrm{F}}$ 和 $\boldsymbol{D}_{\mathrm{F}}$ 的矩阵可以通过以下变化形式处理：

$$
\bar{\boldsymbol{A}}=\hat{\boldsymbol{A}}_0+\hat{\boldsymbol{E}}\boldsymbol{T}\hat{\boldsymbol{R}}_1, \tilde{\boldsymbol{A}}=\hat{\boldsymbol{E}}\boldsymbol{T}\hat{\boldsymbol{R}}_2, \bar{\boldsymbol{B}}=\hat{\boldsymbol{E}}\boldsymbol{T}\hat{\boldsymbol{B}}_1, \tilde{\boldsymbol{B}}=\hat{\boldsymbol{E}}\boldsymbol{T}\hat{\boldsymbol{B}}_2, \bar{\boldsymbol{D}}=\hat{\boldsymbol{D}}_0+\hat{\boldsymbol{E}}\boldsymbol{T}\hat{\boldsymbol{R}}_3
$$

$$
\tilde{\boldsymbol{D}}=\hat{\boldsymbol{E}}\boldsymbol{T}\hat{\boldsymbol{R}}_4, \bar{\boldsymbol{C}}=\boldsymbol{K}\hat{\boldsymbol{R}}_5, \tilde{\boldsymbol{C}}=\boldsymbol{K}\hat{\boldsymbol{R}}_2, \boldsymbol{D}_{\mathrm{F}}=\boldsymbol{K}\hat{\boldsymbol{B}}_2, \bar{\boldsymbol{D}}_{\mathrm{F}}=\boldsymbol{K}\hat{\boldsymbol{R}}_4-\hat{\boldsymbol{B}}_3
$$

$$
\tilde{\boldsymbol{D}}_{\mathrm{F}}=\boldsymbol{K}\hat{\boldsymbol{R}}_4, \boldsymbol{X}=\boldsymbol{P}\hat{\boldsymbol{E}}\boldsymbol{T}
$$

式中，$\hat{\boldsymbol{E}}=\begin{bmatrix}0 \\ \boldsymbol{I}\end{bmatrix}, \boldsymbol{T}=\begin{bmatrix}\boldsymbol{A}_{\mathrm{F}} & \boldsymbol{B}_{\mathrm{F}}\end{bmatrix}$。

将这些矩阵代入式 (9-31) 中，再进行一些计算，就可得到式 (9-28)。证毕。

本章针对一类具有分布式状态时延、随机丢包、传感器饱和及乘性噪声的 NCSs，设计了一种故障诊断滤波器，保证系统是均方意义下渐近稳定的且满足一定的性能指标，并且故障诊断滤波器的参数可通过可行的 LMI 来求解。

下面将通过两个仿真实例验证本章所提滤波器设计方法的有效性。

9.4 应用实例

9.4.1 仿真实例 1

本小节将验证所提方法的有效性。考虑离散时间 NCSs，其系统参数为：

$$\boldsymbol{A}=\begin{bmatrix}0.2 & 0 & 0.1\\ 0.1 & -0.3 & 0.1\\ 0.1 & 0 & -0.2\end{bmatrix},\boldsymbol{B}=\begin{bmatrix}0.2 & 0 & 0.1\\ 0.1 & -0.3 & 0.1\\ 0.1 & 0 & 0.2\end{bmatrix}$$

$$\boldsymbol{C}=\begin{bmatrix}1 & 0.8 & 0.7\\ -0.6 & 0.9 & 0.6\\ 0.2 & 0.1 & 0.1\end{bmatrix},\boldsymbol{D}_1=\begin{bmatrix}-0.2 & 0 & 0.1\\ -0.1 & 0.1 & 0.1\\ 0 & 0.2 & 0.1\end{bmatrix}$$

$$\boldsymbol{D}_2=\begin{bmatrix}0.9 & -0.6 & 0.1\\ 0.5 & 0.8 & 0.1\\ 0.2 & 0.3 & 0.1\end{bmatrix},\boldsymbol{A}_v=\mathrm{diag}\{0.2,0.1,0.2\}$$

$$\boldsymbol{G}=\begin{bmatrix}0.25\\ -0.20\\ 0.15\end{bmatrix},\boldsymbol{H}=\begin{bmatrix}0\\ 0\\ 0\end{bmatrix}$$

假设分布式时延参数 q=2，随机变量 $\bar{\alpha}=E\{\alpha(k)\}=0.8$、$\bar{\beta}_1=E\{\beta_1(k)\}=0.8$ 和 $\bar{\beta}_2=E\{\beta_2(k)\}=0.6$，时变通信时延满足 $2\leqslant\tau_i(k)\leqslant 3$ $(i=1,2)$。

输出测量由式 (9-32) 来描述：

$$\tilde{\boldsymbol{y}}(k)=\alpha(k)[\boldsymbol{\phi}(\boldsymbol{y}(k))+\boldsymbol{K}_1\boldsymbol{C}\boldsymbol{x}(k)+\boldsymbol{D}_2\boldsymbol{w}(k)+\boldsymbol{H}\boldsymbol{f}(k)] \tag{9-32}$$

传感器非线性可以用式 (9-33) 描述：

$$\boldsymbol{\phi}(\boldsymbol{y}(k))=\frac{\boldsymbol{K}_1+\boldsymbol{K}_2}{2}\boldsymbol{y}(k)+\frac{\boldsymbol{K}_2-\boldsymbol{K}_1}{2}\sin(\boldsymbol{x}(k)) \tag{9-33}$$

式中，$\boldsymbol{K}_1=\operatorname{diag}\{0.6,0.7,0.6\},\boldsymbol{K}_2=\operatorname{diag}\{0.8,0.8,0.8\}$。

初始状态 $\boldsymbol{x}(0)=[0.3,-0.4,-0.3]^{\mathrm{T}},\hat{\boldsymbol{x}}(0)=[0.3,-0.3,-0.3]^{\mathrm{T}}$ 通过利用 LMI 工具箱求解不等式 (9-28)，得到最优 H_∞ 滤波性能指标 $\gamma_{\min}=3.8061$，H_∞ 故障检测滤波器参数如下：

$$\boldsymbol{A}_{\mathrm{F}}=\begin{bmatrix}-0.0458 & -0.0120 & 0.0328\\ -0.0480 & -0.0245 & 0.0215\\ -0.0466 & -0.0351 & 0.0086\end{bmatrix},\boldsymbol{B}_{\mathrm{F}}=\begin{bmatrix}0.0358 & 0.0223 & -0.0592\\ 0.0287 & 0.0332 & -0.0328\\ 0.0195 & 0.0415 & -0.0040\end{bmatrix}$$

$$\boldsymbol{C}_{\mathrm{F}}=\begin{bmatrix}-0.3636 & -0.3761 & -0.0428\end{bmatrix},\boldsymbol{D}_{\mathrm{F}}=\begin{bmatrix}0.00663 & 0.4142 & 0.2519\end{bmatrix}$$

为验证此故障诊断滤波器的有效性，对于 $k=0,1,\cdots,150$，故障信号 $\boldsymbol{f}(k)$ 为：

$$\boldsymbol{f}(k)=\begin{cases}1, & 30\leqslant k\leqslant 60\\ 0, & \text{其他}\end{cases} \tag{9-34}$$

假设外部扰动 $\boldsymbol{w}(k)$=0，残差信号和残差信号的估计函数的响应曲线分别如图 9-1 和图 9-2 所示。从图中可以看出，故障诊断滤波器可以很有效地检测出故障信号。

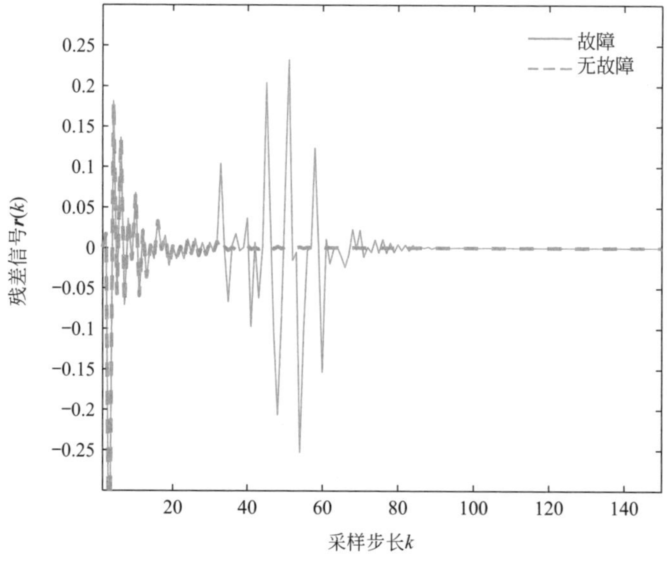

图 9-1　当 $\boldsymbol{w}(k)$=0 时残差 $\boldsymbol{r}(k)$

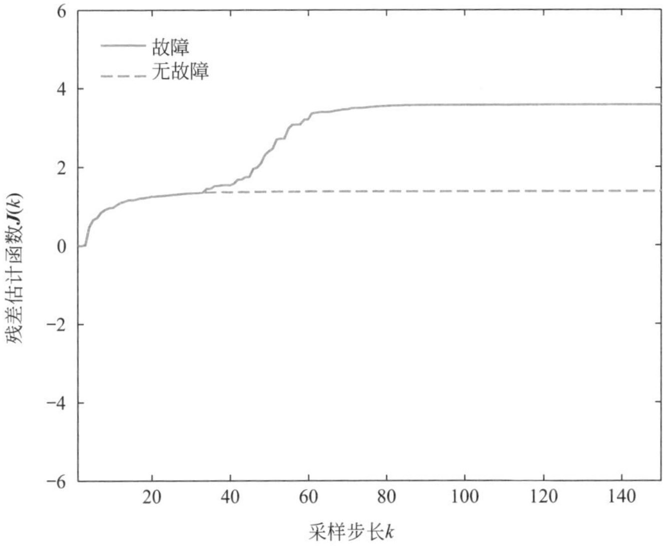

图 9-2　当 $\boldsymbol{w}(k)=0$ 时残差估计 $\boldsymbol{J}(k)$

外部扰动 $\boldsymbol{w}(k)$ 为：

$$\boldsymbol{w}(k)=\begin{cases}[0.1rand[0,1] \quad 0.12rand[0,1] \quad 0.1rand[0,1]], & 0\leqslant k\leqslant 100\\ 0, & \text{其他}\end{cases} \tag{9-35}$$

残差信号 $\boldsymbol{r}(k)$ 和残差信号的估计 $\boldsymbol{J}(k)$ 的响应曲线如图 9-3 和图 9-4 所示。经过100次的仿真后，得到平均阈值为 $\bar{\boldsymbol{J}}_{\text{th}}=1.1430$，即 $E\{\sum_{k=1}^{41}\boldsymbol{r}^{\text{T}}(k)\boldsymbol{r}(k)\}^{1/2}=1.2170$。此仿真说明故障信号 $\boldsymbol{f}(k)$ 在发生后的第 11 个时刻能被检测出。

9.4.2 仿真实例 2

机械弹簧质量系统的物理模型如图 9-5 和图 9-6 所示。

图 9-6 中，$\boldsymbol{x}_1$ 和 $\boldsymbol{x}_2$ 分别是质量体 m_1 和 m_2 的位移，k_1 和 k_2 分别是弹簧 1 和 2 的弹性系数，$\boldsymbol{w}_1$ 和 $\boldsymbol{w}_2$ 分别是弹簧 1 和 2 的位移测量噪声。设 c 是质量体和水平面之间的阻尼系数。机械弹簧质量系统的物理模型：

$$\begin{cases}m_1\ddot{\boldsymbol{x}}_1=-(k_1+k_2)\boldsymbol{x}_1+k_2\boldsymbol{x}_2-c\dot{\boldsymbol{x}}_1+\boldsymbol{w}_1\\ m_2\ddot{\boldsymbol{x}}_2=k_2\boldsymbol{x}_1-k_2\boldsymbol{x}_2-c\dot{\boldsymbol{x}}_2+\boldsymbol{w}_2\end{cases}$$

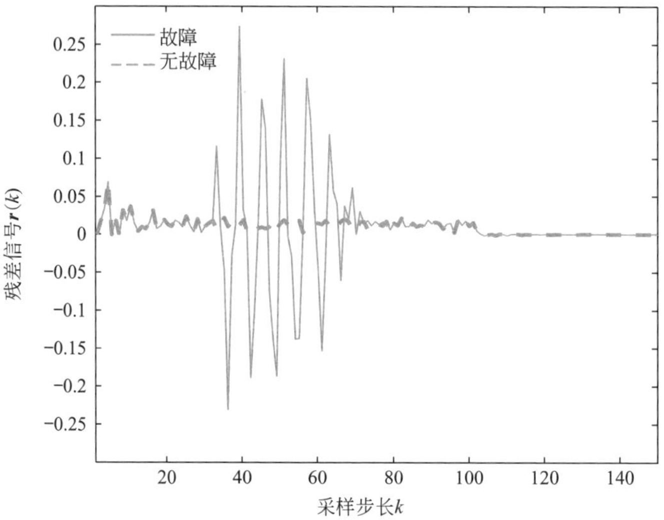

图 9-3　当 $\boldsymbol{w}(k) \neq 0$ 时残差 $\boldsymbol{r}(k)$

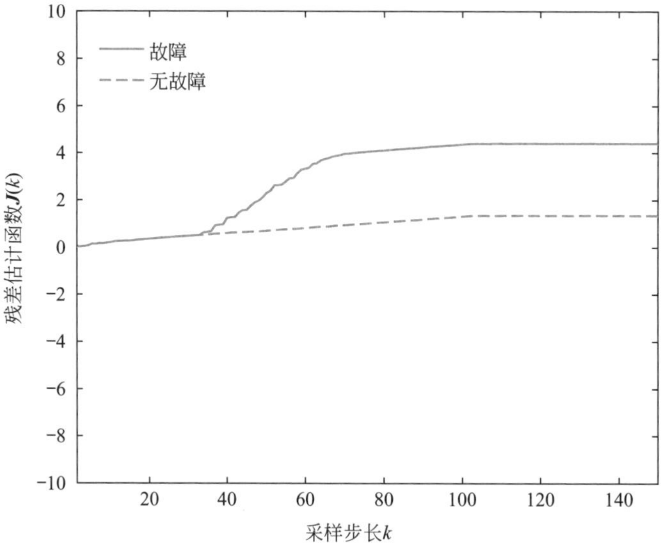

图 9-4　当 $\boldsymbol{w}(k) \neq 0$ 时残差估计 $\boldsymbol{J}(k)$

图 9-5　机械弹簧质量系统的物理模型

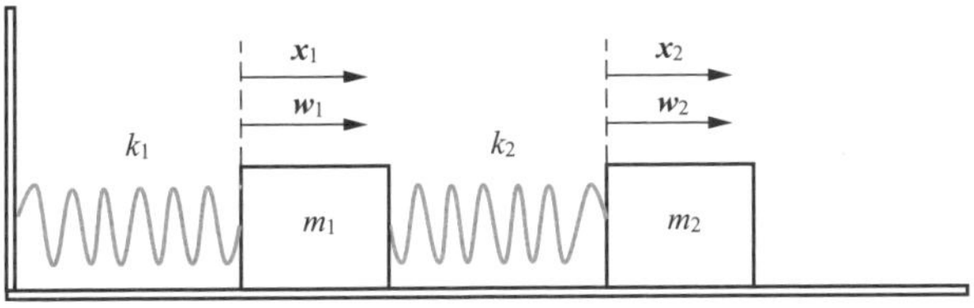

图 9-6　弹簧质量系统

定义 $\boldsymbol{x}(t)=\begin{bmatrix}\boldsymbol{x}_1^{\mathrm{T}}(t) & \boldsymbol{x}_2^{\mathrm{T}}(t) & \dot{\boldsymbol{x}}_1^{\mathrm{T}}(t) & \dot{\boldsymbol{x}}_2^{\mathrm{T}}(t)\end{bmatrix}^{\mathrm{T}}$ 和 $\boldsymbol{w}(t)=\begin{bmatrix}\boldsymbol{w}_1^{\mathrm{T}}(t) & \boldsymbol{w}_2^{\mathrm{T}}(t)\end{bmatrix}^{\mathrm{T}}$，可以得到连续时间弹簧质量系统的数学模型如下：

$$
\begin{cases}
\dot{\boldsymbol{x}}(t)=\begin{bmatrix} 0 & 0 & 1 & 0 \\ 0 & 0 & 0 & 1 \\ -\dfrac{k_1+k_2}{m_1} & \dfrac{k_2}{m_1} & -\dfrac{c}{m_1} & 0 \\ \dfrac{k_2}{m_2} & -\dfrac{k_2}{m_2} & 0 & -\dfrac{c}{m_2} \end{bmatrix}\boldsymbol{x}(t)+\begin{bmatrix} 0 & 0 \\ 0 & 0 \\ \dfrac{1}{m_1} & 0 \\ \dfrac{1}{m_2} & 0 \end{bmatrix}\boldsymbol{w}(t) \\
\boldsymbol{y}(t)=\begin{bmatrix} 1 & 0 & 0 & 0 \\ 0 & 1 & 0 & 0 \end{bmatrix}\boldsymbol{x}(t)
\end{cases}
$$

注意到，该系统是一个连续时间的弹簧质量系统，为了进一步的研究，需要将系统进行离散化。众所周知，采样的值是根据采样时刻保持连续的，运用时域分析的方法，引入零阶保持器来得到离散化的弹簧质量系统模型。

假设 $\boldsymbol{x}_1$ 和 $\boldsymbol{x}_2$ 是经过设备测量后经过噪声干扰的状态，m_1=1，m_2=0.5，

$k_1=k_2=1$，$c=0.5$，采样的时间周期 $T=0.8\text{s}$，经过计算，可以得到离散时间系统参数如下：

$$\boldsymbol{A}=\begin{bmatrix} 0.5172 & 0.2290 & 0.5316 & 0.0562 \\ 0.4017 & 0.5734 & 0.1123 & 0.4452 \\ -0.9509 & 0.4193 & 0.2514 & 0.1728 \\ 0.6658 & -0.7781 & 0.3456 & 0.1281 \end{bmatrix}, \boldsymbol{B}=\begin{bmatrix} 0.1 & 0 & 0.1 & 0.1 \\ 0.01 & -0.03 & 0.01 & 0.02 \\ 0.1 & 0 & 0.002 & 0.014 \\ 0.03 & -0.2 & 0.1 & -0.2 \end{bmatrix}$$

$$\boldsymbol{C}=\begin{bmatrix} 1 & 0 & 0 & 0 \\ 0 & 1 & 0 & 0 \end{bmatrix}, \boldsymbol{D}_1=\begin{bmatrix} 0.2263 & 0 \\ 0.2507 & 0 \\ 0.5878 & 0 \\ 0.5575 & 0 \end{bmatrix}, \boldsymbol{D}_2=\begin{bmatrix} 0 & 0 & 0 & 0 \\ 0.1 & 0.1 & 0.1 & 0.1 \end{bmatrix}^{\mathrm{T}}$$

$$\boldsymbol{A}_v=\operatorname{diag}\{0.2,0.1,0.2,0.1\}, \boldsymbol{G}=\begin{bmatrix} 0.15 & -0.1 & 0.15 & 0.1 \end{bmatrix}, \boldsymbol{H}=\begin{bmatrix} 0 & 0 & 0 & 0 \end{bmatrix}^{\mathrm{T}}$$

其余参数、故障函数和扰动与实例 1 中一致。经过求解 LMI 得到滤波器的最优性能指标为 1.5799。求得的滤波器参数为：

$$\boldsymbol{A}=\begin{bmatrix} 0.0739 & 0.0645 & -0.0042 & -0.691 \\ 0.0179 & -0.0551 & -0.0774 & -0.0286 \\ -0.0768 & -0.0489 & 0.0239 & 0.0747 \\ 0.0082 & 0.0668 & 0.0639 & 0.0023 \end{bmatrix}$$

$$\boldsymbol{B}=\begin{bmatrix} -0.0952 & -0.0090 & 0.2119 & 0.2555 \\ 0.0349 & 0.0987 & 0.1331 & -0.1262 \\ 0.0837 & -0.0164 & -0.2408 & -0.2170 \\ -0.0590 & -0.0862 & -0.0453 & 0.1870 \end{bmatrix}$$

$$\boldsymbol{C}_{\mathrm{F}}=\begin{bmatrix} 0.0775 & 0.0278 & -0.0474 & -0.0791 \end{bmatrix}$$

$$\boldsymbol{D}_{\mathrm{F}}=\begin{bmatrix} -0.0566 & 0.0377 & 0.2706 & 0.1634 \end{bmatrix}$$

假设外部扰动 $\boldsymbol{w}(k)=0$，残差信号和残差信号的估值函数的响应曲线分别如图 9-7 和图 9-8 所示，从图中可以看出，故障诊断滤波器可以很有效地检测出故障信号。

系统状态和状态估计的响应曲线如图 9-9 ～图 9-12 所示。残差信号 $\boldsymbol{r}(k)$ 和残差信号的估计 $\boldsymbol{J}(k)$ 的响应曲线如图 9-13 和图 9-14 所示。

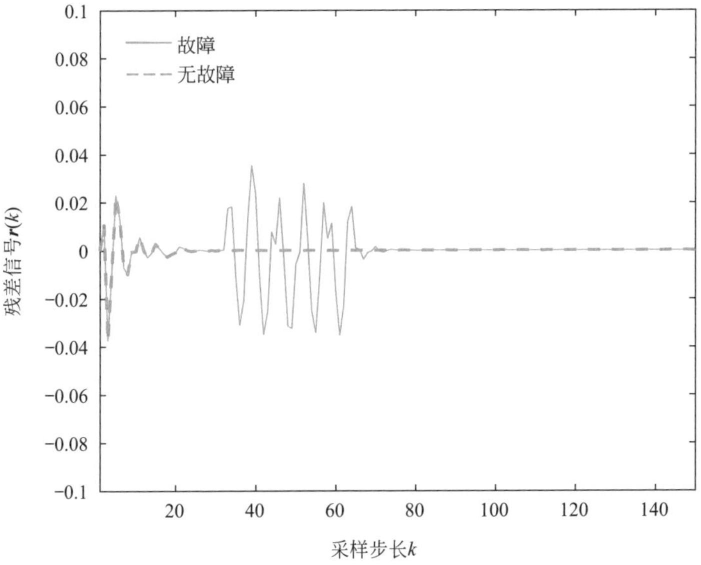

图 9-7　当 $w(k)$=0 时残差 $r(k)$

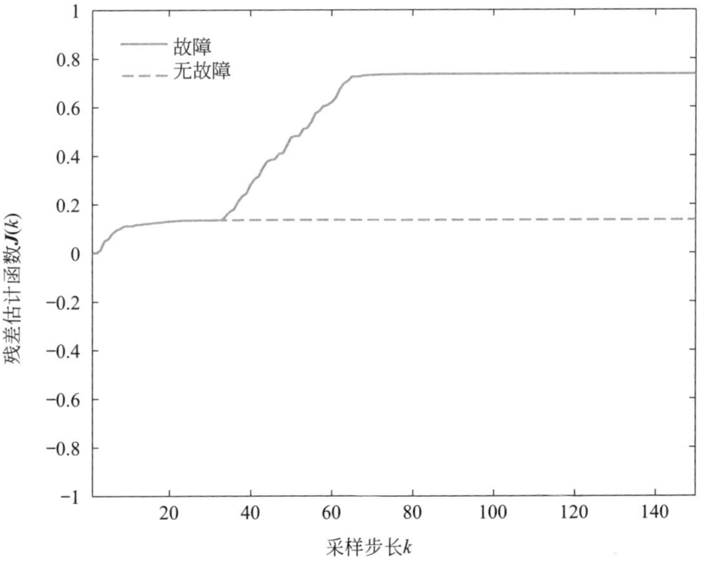

图 9-8　当 $w(k)$=0 时残差估计 $J(k)$

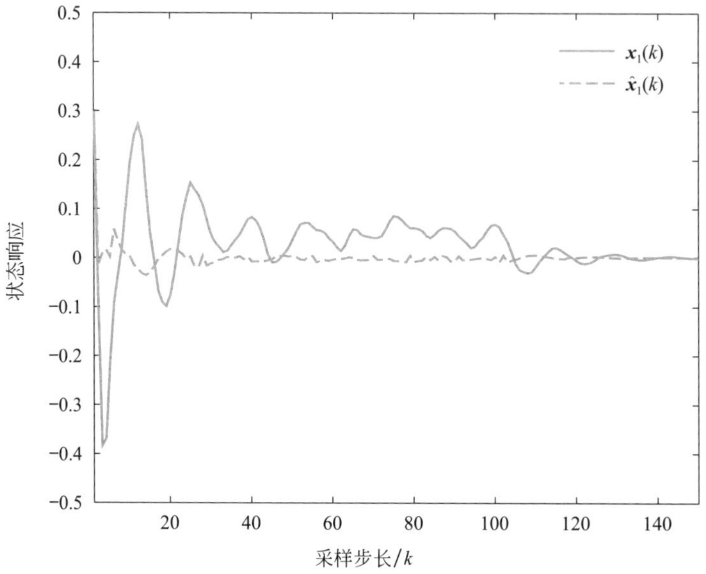

图 9-9　状态变量 $x_1(k)$ 和 $\hat{x}_1(k)$

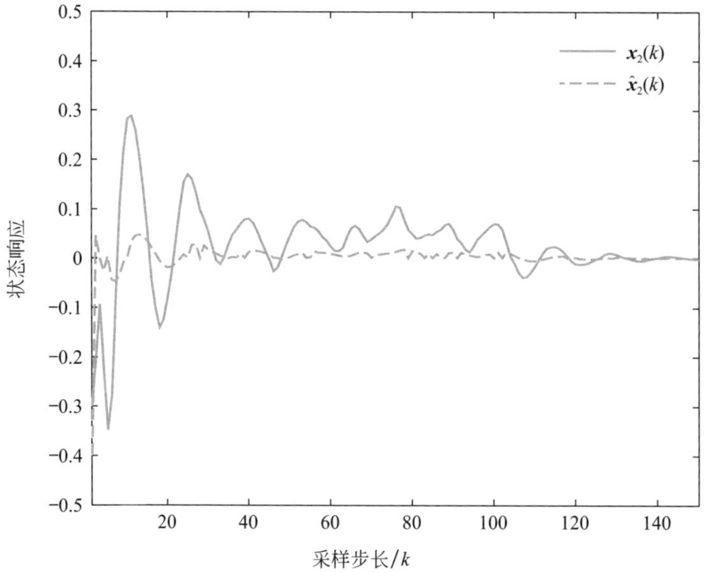

图 9-10　状态变量 $x_2(k)$ 和 $\hat{x}_2(k)$

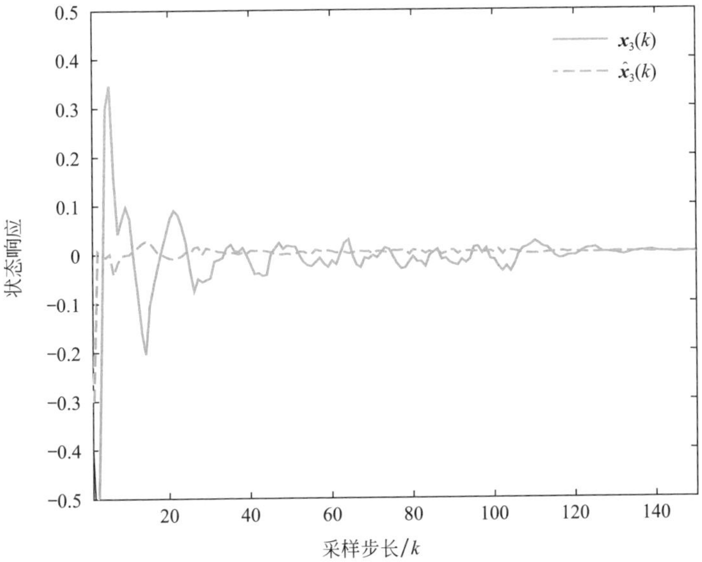

图 9-11　状态变量 $x_3(k)$ 和 $\hat{x}_3(k)$

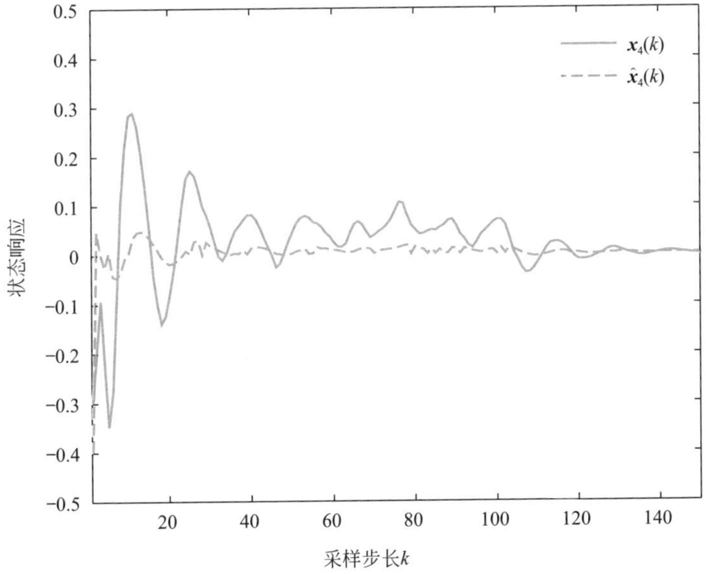

图 9-12　状态变量 $x_4(k)$ 和 $\hat{x}_4(k)$

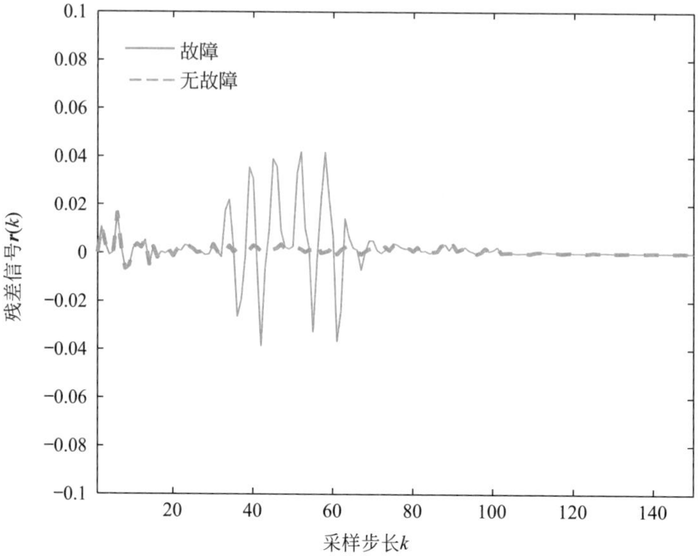

图 9-13　当 $\boldsymbol{w}(k) \neq 0$ 时残差 $\boldsymbol{r}(k)$

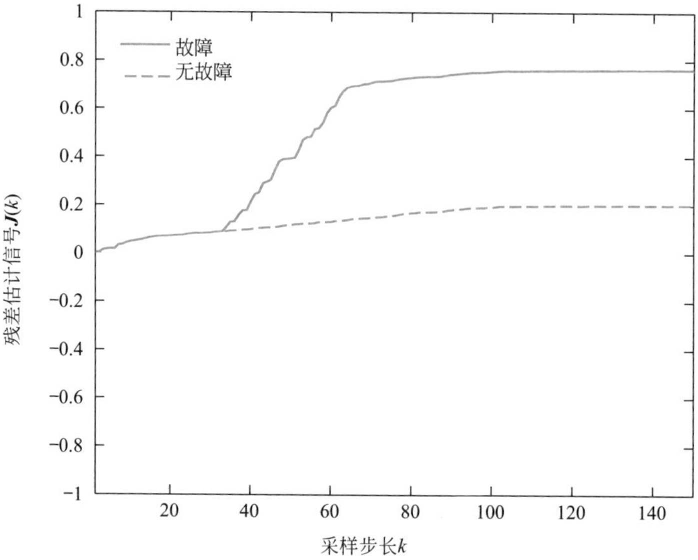

图 9-14　当 $\boldsymbol{w}(k) \neq 0$ 时残差估计 $\boldsymbol{J}(k)$

在经过100次的仿真后，根据式(9-13)得到平均阈值为$\bar{J}_{\mathrm{th}}=0.2269$。由式(9-34)可知，此仿真实例的故障信号在第30个时刻作用于系统。$E\{\sum_{k=1}^{40}\boldsymbol{r}^{\mathrm{T}}(k)\boldsymbol{r}(k)\}^{1/2}=0.2334$，此仿真说明故障信号$\boldsymbol{f}(k)$在发生后的第10个时刻能被检测出。由此说明设计的故障检测滤波器是有效的。

参考文献

[1] GRIFFITHS F, OOI M. The fourth industrial revolution-Industry 4.0 and IoT [Trends in Future I&M] [J]. IEEE Instrumentation & Measurement Magazine, 2018, 21(6): 29-43.

[2] 中央人民政府 . 中华人民共和国国民经济和社会发展第十四个五年规划和 2035 年远景目标纲要（草案）[EB]. 北京：中华人民共和国中央人民政府，2021.

[3] ACETO G, PERSICO V, PESCAPE A. A survey on information and communication technologies for Industry 4.0: state-of-the-art, taxonomies, perspectives, and challenges[J]. IEEE Communications Surveys & Tutorials, 2019, 21(4): 3467-3501.

[4] HESPANHA J, NAGHSHTABRIZI P, XU Y. A survey of recent results in networked control systems [J]. Proceedings of the IEEE, 2007, 95(1): 138-162.

[5] KOTTENSTETTE N, HALL J. F, KOUTSOUKOS X, et al. Design of networked control systems using passivity[J]. IEEE Transactions on Control Systems Technology, 2013, 21(3): 649-665.

[6] HENRIKSSON E, QUEVEDO D E, PETERS E G W, et al. Multiple-loop self-triggered model predictive control for network scheduling and control[J]. IEEE Transactions on Control Systems Technology, 2015, 23(6): 2167-2181.

[7] 佟世文，钱殿伟，于庆林，等 . 基于简化模型预测的网络化控制系统设计 [J]. 控制工程，2021, 28(2): 367-374.

[8] BAHRAINI M, ZANON M, COLOMBO A, et al. Optimal control design for perturbed constrained networked control systems[J]. IEEE Control Systems Letters, 2021, 5(2): 553-558.

[9] WALSH G C, YE H, BUSHNELL L. Stability analysis of networked control systems[J]. IEEE Transactions on Control Systems Technology, 2002, 10(3): 438-446.

[10] 傅磊，戴冠中 . 网络控制系统研究综述 [J]. 计算机工程与应用 . 2005,41(25): 221-225.

[11] 顾红军 . 网络控制系统建模及系统分析方法的研究 [D]. 北京：清华大学，2001.

[12] ZHANG L, GAO H, KAYNAK O. Network-induced constraints in networked control systems-A survey[J]. IEEE Transactions on Industrial Informatics, 2013, 9(1): 403-416.

[13] PRATL G, DIETRICH D, HANCKE G, et al. A new model for autonomous, networked control systems[J]. IEEE Transactions on Industrial Informatics, 2007, 3(1): 21-32.

[14] ZHANG D, HAN Q, JIA X. Network-based output tracking control for a class of T-S fuzzy systems that cannot be stabilized by non-delayed output feedback controllers[J]. IEEE Transactions on Cybernetics, 2015, 45(8): 1511-1524.

[15] GUPTA R A, CHOW M Y. Networked control system: overview and research trends[J]. IEEE Transactions on Industrial Electronics, 2010, 57(7): 2527-2535.

[16] WANG C G, BI Z M, XU L D. IoT and cloud computing in automation of assembly modeling systems[J]. IEEE Transactions on Industrial Informatics, 2014, 10(2): 1426-1434.

[17] HEIJMANS S H J, BORGERS D P, HEEMELS W P M H. Stability and performance analysis of spatially invariant systems with networked communication[J]. IEEE Transactions on Automatic Control, 2017, 62(10): 4994-5009.

[18] 夏元清 . 云控制系统及其面临的挑战 [J]. 自动化学报，2016, 42(1): 1-12.

[19] HUANG J, DUAN Q, GUO S, et al. Converged network-cloud service composition with end-to-end performance guarantee[J]. IEEE Transactions on Cloud Computing, 2018, 6(2): 545-557.

[20] ZHANG W, BRANKICKY M S, et al. Stability of networked control systems[J]. IEEE Control Systems Magazine, 2001, 21(1): 84-99.

[21] 于之训，陈辉堂，王月娟 . 具有传输时延的网络控制系统中状态观测器的设计 [J]. 信息与控制，2000, 15(3): 125-130.

[22] 姜培刚，姜偕富，李富文 . 基于 LMI 方法的网络化控制系统的 H_∞ 鲁棒控制 [J]. 控制与决策，2004, 19(1): 17-31.

[23] 胡晓娅，朱德森，汪秉文 . 网络控制系统的时延补偿策略研究 [J]. 系统工程与电子技术，2005, 27(11)：1932-1934.

[24] FRIDMAN E, SHAKED U. Delay dependent stability and H_∞ control: constant and time-varying delays[J]. International Journal of Control, 2003, 76: 48-60.

[25] PARK P. A delay-dependent stability criterion for systems with uncertain time-invariant delays[J]. IEEE Transaction on Automatic Control, 1999, 44: 876-877.

[26] MOON Y S, PARK P, KWON W H, et al. Delay-dependent robust stabilization of uncertain state-delayed systems[J]. International Journal of Control, 2001, 74: 1447-1455.

[27] WU M, HE Y, SHE J H, et al. Delay-dependent criteria for robust stability of time-varying delay systems[J]. Automatica, 2004, 40(8): 1435-1439.

[28] HE Y, WANG Q G, LIN C, et al. Delay-range-dependent stability for systems with time-varying delay[J]. Automatica, 2007, 43(2): 371-376.

[29] GAO H J, CHEN T W. New results on stability of discrete-time systems with time-varying state delay[J]. IEEE Transaction on Automatic Control, 2007, 52(2):328-334.

[30] ZHANG B Y, XU S Y, ZHOU Y. Improved stability criterion and its applications in delayed controller design for discrete-time systems[J]. Automatica, 2008, 44(11): 2963-2967.

[31] SHAO H Y, HAN Q L. New stability criteria for linear discrete-time systems with interval-like time-varying delays[J]. IEEE Transaction on Automatic Control, 2011, 56(3): 619-625.

[32] ZHANG L Q, SHI Y, CHEN T W, et al. A new method for stabilization of networked control systems with random delays[J]. IEEE Transaction on Automatic Control, 2005, 50(8):1177-1181.

[33] HUANG D, NGUANG S K. State feedback control of uncertain networked control systems with random time delays[J]. IEEE Transaction on Automatic Control, 2008, 53(3): 829-835.

[34] YANG F W, WANG Z D, HUANG Y S, et al. H_∞ control for networked systems with random communication delays[J]. IEEE Transaction on Automatic Control, 2006, 51(3):

555-518.

[35] 王武，林琼斌，杨富文 . 具有随机通讯时延的离散网络化系统的 H_∞滤波器设计 [J]. 控制理论与应用，2007, 24(3): 366-371.

[36] LIN C, WANG Z D, YANG F W. Observer-based networked control for continuous-time systems with random delays[J]. Automatica, 2009, 45(2): 578-584.

[37] GAO H J, MENG X Y, CHEN T W. A parameter-dependent approach to robust H_∞ filtering for time-delay systems[J]. IEEE Transaction on Automatic Control, 2008, 53(10): 2420-2425.

[38] ZHOU S S, FENG G. H_∞ filtering for discrete-time systems with randomly varying sensor delays[J]. Automatica, 2008, 44(7): 1918-1922.

[39] ZHENG F, PAUL M, et al. Robust control of uncertain distributed delay systems with application to the stabilization of combustion in rocket motor chambers[J]. Automatica, 2002, 38(3): 487-497.

[40] XU S Y, LAM J, CHEN T W, et al. A delay-dependent approach to robust H_∞ filtering for uncertain distributed delay systems[J]. IEEE Transactions on Signal Processing, 2005, 53(10): 3764-3772.

[41] WANG Z D, LIU Y R, WEI G L, et al. A note on control of a class of discrete-time stochastic systems with distributed delays and nonlinear disturbances[J]. Automatica, 2010, 46(3): 543-548.

[42] XIONG J, LAM J. Stabilization of networked control systems with a logic ZOH[J]. IEEE Transactions on Automatic Control, 2009, 54(2): 358-363.

[43] CLOOSTERMAN M, HETEL L, VAN DE WOUW N, et al. Controller synthesis for networked control systems[J]. Automatica, 2010, 46(10): 1584-1594.

[44] WANG D, WANG J L, WANG W. H_∞ controller design of networked control systems with Markov packet dropouts[J]. IEEE Transactions on Systems, Man, and Cybernetics: Systems, 2013, 43(3): 689-697.

[45] WU J, CHEN T W. Design of networked control systems with packet dropouts[J]. IEEE Transactions on Automatic Control, 2007, 52(7): 1314-1319.

[46] QIU L, SHI Y, YAO F Q, et al. Network-based robust H_2/H_∞ control for linear systems with two-channel random packet dropouts and time delays[J]. IEEE Transactions on Cybernetics, 2015, 45(8): 1450-1462.

[47] WU W. Fault-tolerant control of uncertain non-linear networked control systems with time-varying delay, packet dropout and packet disordering[J]. IET Control Theory and Applications, 2017, 11(7): 973-984.

[48] QIU L, YAO F Q, XU G, et al. Output feedback guaranteed cost control for networked control systems with random packet dropouts and time delays in forward and feedback communication links[J]. IEEE Transactions on Automation Science and Engineering, 2016, 13(1): 284-295.

[49] SONG H R, CHEN S C, YAM Y. Sliding mode control for discrete-time systems with Markovian packet dropouts[J]. IEEE Transactions on Cybernetics, 2017, 47(11): 3669-3679.
[50] TAN C, ZHANG H S. Necessary and sufficient stabilizing conditions for networked control systems with simultaneous transmission delay and packet dropout[J]. IEEE Transactions on Automatic Control, 2017, 62(8): 4011-4016.
[51] XUE B Q, LI S Y, ZHU Q M. Moving horizon state estimation for networked control systems with multiple packet dropouts[J]. IEEE Transactions on Automatic Control, 2012, 57(9): 2360-2366.
[52] WU D, SUN X M, TAN Y, et al. On designing event-triggered schemes for networked control systems subject to one-step packet dropout[J]. IEEE Transactions on Industrial Informatics, 2016, 12(3): 902-910.
[53] WANG L C, WANG Z D, HAN Q L, et al. Synchronization control for a class of discrete-time dynamical networks with packet dropouts: a coding-decoding-based approach[J]. IEEE Transactions on Cybernetics, 2018, 48(8): 2437-2448.
[54] JIANG Y, FAN J L, CHAI T Y, et al. Tracking control for linear discrete-time networked control systems with unknown dynamics and dropout[J]. IEEE Transactions on Neural Networks and Learning Systems, 2018, 29(10): 4607-4620.
[55] TSUMURA K, ISHII H, HOSHINA H. Tradeoffs between quantization and packet loss in networked control of linear systems[J]. Automatica, 2009, 45: 2963-2970.
[56] WANG Y Y, SHEN H, DUAN D P. On stabilization of quantized sampled-data neural-network-based control systems[J]. IEEE Transactions on Cybernetics, 2017, 47(10): 3124-3135.
[57] HAN Q L, LIU Y R, YANG F W. Optimal communication network-based H_∞ quantized control with packet dropouts for a class of discrete-time neural networks with distributed time delay[J]. IEEE Transactions on Neural Networks and Learning Systems, 2016, 27(2): 426-434.
[58] LI F W, SHI P, WANG X C, et al. Fault detection for networked control systems with quantization and Markovian packet dropouts[J]. Signal Processing, 2015, 111: 106-112.
[59] LIU A D, YU L, ZHANG W A, et al. Moving horizon estimation for networked systems with quantized measurements and packet dropouts[J]. IEEE Transactions on Circuits and Systems I: Regular Papers, 2013, 60(7): 1823-1834.
[60] ZHANG D, XU Z H, KARIMI H R, et al. Distributed filtering for switched linear systems with sensor networks in presence of packet dropouts and quantization[J]. IEEE Transactions on Circuits and Systems I: Regular Papers, 2017, 64(10): 2783-2796.
[61] DUAN K, CAI Y Z, HE X, et al. On finite-level dynamic quantization of event-triggered networked systems with actuator fault[J]. IET Control Theory and Application, 2017, 11(16): 2927-2937.
[62] ISHIDO Y, TAKABA K, QUEVEDO D E. Stability analysis of networked control systems subject to packet-dropouts and finite-level quantization[J]. Systems and Control Letters,

2011, 60: 325-332.
[63] BROCKETT R W, LIBERZON D. Quantized feedback stabilization of linear systems[J]. IEEE Transactions on Automatic Control, 2000, 45(7): 1279-1289.
[64] PAN W, WANG Z W, GUO G. State feedback stabilization of model-based networked control systems with uniform quantization[C]//Proceedings of the 2007 IEEE International Conference on Integration Technology. New York: IEEE, 2007: 760-763.
[65] WU Z G, XU Y, PAN Y J, et al. Event-triggered pinning control for consensus of multiagent systems with quantized Information[J]. IEEE Transactions on Systems, Man, and Cybernetics: Systems, 2018, 48(11): 1929-1938.
[66] ZOU L, WANG Z D, HAN Q L, et al. Ultimate boundedness control for networked systems with try-once-discard protocol and uniform quantization effects[J]. IEEE Transactions on Automatic Control, 2017, 62(12): 6582-6588.
[67] JIANG X W, ZHANG X H, GUAN Z H, et al. Performance limitations of networked control systems with quantization and packet dropouts[J]. ISA Transactions, 2017, 67: 98-106.
[68] FU M Y, XIE L H. The sector bound approach to quantized feedback control[J]. IEEE Transactions on Automatic Control, 2005, 50(11): 1698-1711.
[69] 邢兰涛 . 量化和事件触发控制若干问题研究 [D]. 杭州：浙江大学，2018.
[70] ZHANG X M, HAN Q L, ZHANG B L. An overview and deep investigation on sampled-data-based event-triggered control and filtering for networked systems[J]. IEEE Transactions on Industrial Informatics, 2017, 13(1): 4-16.
[71] LIU D, YANG G H. Event-triggered control for linear systems with actuator saturation and disturbances[J]. IET Control Theory and Applications, 2017, 11(9): 1351-1359.
[72] ZHANG X M, HAN Q L. Event-triggered dynamic output feedback control for networked control systems[J]. IET Control Theory and Applications, 2014, 8(4): 226-234.
[73] LI L W, ZOU W L, FEI S M. Event-based dynamic output-feedback controller design for networked control systems with sensor and actuator saturations[J]. Journal of the Franklin Institute, 2017, 354: 4331-4352.
[74] ZHANG D W, HAN Q L, JIA X C. Network-based output tracking control for T-S fuzzy systems using an event-triggered communication scheme[J]. Fuzzy Sets and Systems, 2015, 273: 26-48.
[75] PENG C, SONG Y, XIE X P, et al. Event-triggered output tracking control for wireless networked control systems with communication delays and data dropouts[J]. IET Control Theory and Applications, 2016, 10(17): 2195-2203.
[76] DING D R, WANG Z D, SHEN B, et al. Event-triggered distributed H_∞ state estimation with packet dropouts through sensor networks[J]. IET Control Theory and Applications, 2015, 9(13): 1948-1955.
[77] SHENG L, WANG Z D, ZOU L, et al. Event-based H_∞ state estimation for time-varying

stochastic dynamical networks with state- and disturbance- dependent noises[J]. IEEE Transactions on Neural Networks and Learning Systems, 2017, 28(10): 2382-2394.

[78] WANG X L, YANG G H. Distributed event-triggered H_∞ filtering for discrete-time T-S fuzzy systems over sensor networks[J]. IEEE Transactions on Systems, Man, and Cybernetics: Systems, 2020, 50(9): 3269-3280.

[79] ZHANG H, ZHENG X Y, YAN H C, et al. Codesign of event-triggered and distributed H_∞ filtering for active semi-vehicle suspension systems[J]. IEEE/ASME Transactions on Mechatronics, 2017, 22(2): 1047-1058.

[80] FANG H, LIN Z, HU T. Analysis of linear systems in the presence of actuator saturation and L_2 disturbances[J]. Automatica. 2004, 40(7):1229-1238.

[81] WEN D, YANG G. Dynamic output feedback H_∞ for networked control systems with quantisation and random communication delays[J]. Internation Journal of Systems Science. 2011, 42(10):1723-1734.

[82] HU T, LIN Z, CHEN B. Analysis and design for discrete-time linear systems subject to actuator saturation[J]. Systems & Control Letters. 2002, 45(2):97-112.

[83] LV L, LIN Z. Analysis and design of singular linear systems under actuator saturation and L_∞ disturbances[J]. Systems & Control Letters. 2008, 57(11):904-912.

[84] ALCORTA M, BASIN M, GPE Y. Risk-sensitve approach to optimal filtering and control for linear stochastic systems[J]. International Journal of Innovative Computing. 2009, 5(6):1599-1614.

[85] FRIDMAN E, DAMBRINE M. Control under quantization, saturation and delay: an LMI approach[J]. Automatica. 2009, 45(10):2258-2264.

[86] GUO X, YANG G. Reliable filter design for discrete-time systems with sector-bounded nonlinearities: an LMI optimization approach[J]. Acta Automatica, 2009, 35(10):1347-1352.

[87] JIANG C, ZHANG Q, ZOU D. Delay-dependent robust filtering for networked control systems with polytopic uncertainties[J]. International Journal of Innovatitive Computing, Information and Control, 2010, 6(11):4857-4868.

[88] ZUO Z, WANG Y. An improved set invariance analysis and gain-scheduled control of LPV systems subject to actuator saturation[J]. Circuits, Systems, and Signal Processing, 2007, 26(5):635-649.

[89] KREISSELMEIER G. Stabilization of linear systems in the presence of output measurement saturation[J]. Systems & Control Letters, 1996, 29(1): 27-30.

[90] CAO Y, LIN Z. An output feedback H_∞ controller design for linear systems subject to sensor nonlinearities[J]. IEEE Transactions on Circuits and Systems, 2003, 50(7): 914-921.

[91] XIAO Y, CAO Y, LIN Z. Robust filtering for discrete-time systems with saturation and its application to transmultiplexers[J]. IEEE Transactions on Signal Processing, 2004, 52(5):1266-1277.

[92] YANG F, LI Y. Set-membership filtering for systems with sensor saturation[J]. Automatica, 2009, 45(8):1896-1902.

[93] WANG Z, SHEN B, LIU X. H_∞ filtering with randomly occurring sensor saturations and missing measurements[J]. Automatica, 2012, 48(3): 556-562.

[94] YANG W, LIU M, SHI P. H_∞ filtering for nonlinear stochastic systems with sensor saturation, quantization and random packet losses[J]. Signal Processing, 2012, 92(6):1387-1396.

[95] DING D, WANG Z, SHEN B, et al. H_∞ state estimation for discrete-time complex networks with randomly occurring sensor saturations and randomly varying sensor delays[J]. Information Science, 2013, 121(2):1012-1022.

[96] TIAN D. A delay system method for designing event-triggered controllers of networked control systems[J]. IEEE Transactions on Automatic Control, 2013, 58(2): 475-481.

[97] WANG Y, LIM C, SHI P. Adaptively adjusted event-triggering mechanism on fault detection for networked control systems[J]. IEEE Transactions on Cybernetics, 2017, 47(8): 2299-2311.

[98] PENG C, WU M, XIE X, et al. Event-triggered predictive control for networked nonlinear systems with imperfect premise matching[J]. IEEE Transactions on Fuzzy Systems , DOI: 10.1109/TFUZZ.2018.2799187, 2018.

[99] MA Q, ZHOU C, ZHU X, et al. Event-trigger-based hybrid scheduling and feedback control for networked control systems[J]. IMA Journal of Mathematical Control and Information, 2017, 34(2): 683-696.

[100] PAN Y, YANG G. Event-triggered fuzzy control for nonlinear networked control systems[J]. Fuzzy Sets and Systems, 2017, 329: 91-107.

[101] HETEL L, DAAFOUZ J, LUNG C. Analysis and control of LTI and switched systems in digital loops via an event-based modelling[J]. International Journal of Control, 2008, 81(7): 1125-1138.

[102] KRUSZEWSKI A, JIANG W, FRIDMAN E, et al. A switched system approach to exponential stabilization through communication network[J]. IEEE Transactions on Control Systems Technology, 2012, 20(4): 887-900.

[103] ZHANG W, YU L. Modelling and control of networked control systems with both network-induced delay and packet-dropout[J]. Automatica, 2008, 44(12): 3206-3210.

[104] SUN X, LIU G, WANG W, et al. Stability analysis for networked control systems based on average dwell time method[J]. International Journal of Robust and Nonlinear Control, 2010, 20(15): 1774-1784.

[105] YANG F, WANG Z, HUNG Y, et al. H_∞ control for networked systems with random communication delays[J]. IEEE Transactions on Automatic Control, 2006, 51(3): 511-518.

[106] DONKERS M, HEEMELS W, BERNARDINI D, et al. Stability analysis of stochastic

networked control systems[J]. Automatica, 2012, 48(5): 917-925.

[107] TABBARA M. Input-output stability of networked control systems with stochastic protocols and channels[J]. IEEE Transactions on Automatic Control, 2008, 53(5): 1160-1175.

[108] DONG H, WANG Z, LAM J, et al. Fuzzy-model-based robust fault detection with stochastic mixed time delays and successive packet dropouts[J]. IEEE Transactions on Systems, Man, and Cybernetics, 2012,42(2): 365-376.

[109] WAN X, FANG H, FU S. Observer-based fault detection for networked discrete-time infinite-distributed delay systems with packet dropouts. Applied Mathematical Modeling, 2012,36(1): 270-278.

[110] ZHANG Y, LIU Z, FANG H, et al. H_∞ fault detection for nonlinear networked systems with multiple channels data transmission pattern. Information Sciences, 2013, 221(1): 534-543.

[111] WANG X, LEMMON M. Self-triggered feedback control systems with finite-gain stability[J]. IEEE Transactions on Automatic Control, 2009, 45(3): 452-467.

[112] ARZEN K E. A simple event-based PID controller [J]. IFAC Proceedings Volumes, 1999, 32(2): 8687-8692.

[113] DAI X, GAO Z, BREIKIN T B, et al. Zero assignment for robust H_2/H_∞ fault detection filter design[J]. IEEE Transactions on Signal Processing, 2009, 57(4): 1363-1372.

[114] YUE D, HAN Q L, LAM J. Network-based robust H_∞ control of systems with uncertainty[J]. Automatica, 2005, 41(6): 999-1007.

[115] YUE D, HAN Q L. Network-based robust H_∞ filtering for uncertain linear systems[J]. IEEE Transactions on Signal Processing, 2006, 54(11): 4293-4301.

[116] 张喜民，李建东，陈实．具有时延和数据包丢失的网络控制系统稳定性 [J]. 控制理论与应用，2007, 24(3): 494-498.

[117] 张冬梅，俞立，周明华．具有快变时延和丢包的网络控制系统镇定 [J]. 控制理论与应用，2008, 25(3): 480-484.

[118] WANG Z D, YANG F W, et al. Robust H_∞ filtering for stochastic time-delay systems with missing measurements[J]. IEEE Transaction on Signal Processing, 2006, 54(7): 2579-2587.

[119] HE X, WANG Z D, ZHOU D H. Networked fault detection with random communication delays and packet losses[J]. Automatica, 2008, 39(11):1045-1054.

[120] SUN S L, XIE L H, XIAO W D. Optimal full-order filtering for discrete-time systems with random measurement delays and multiple packet dropouts[J]. Journal Control Theory and Application, 2010, 8(1): 105-110.

[121] WANG Z D, YANG F W, et al. Robust H_∞ control for networked systems with packet losses[J]. IEEE Transactions on Systems, Man, and Cybernetics-Part B: Cybernetics, 2007, 37(4):916-924.

[122] WANG Z D, DANIEN W C, LIU Y R, et al. Robust H_∞ control for a class of nonlinear discrete time-delay stochastic systems with missing measurements[J]. Automatica, 2009, 45(3): 684-691.
[123] DONG H L, WANG Z D, GAO H J. Robust H_∞ filtering for a class of nonlinear networked systems with multiple stochastic communication delays and packet dropouts[J]. IEEE Transactions on Signal Processing, 2010, 58(4): 1957-1966.
[124] WEN D L, YANG G H. Dynamic output feedback H_∞ control for networked control systems with quantisation and random communication delays[J]. International Journal of Systems Science, 2011, 42(10): 1723-1734.
[125] NIU Y G, JIA T G, WANG X Y, et al. Output-feedback control design for NCSs subject to quantization and dropout. Information Sciences, 2009, 179: 3804-3813.
[126] ZHANG C Z, FENG G, GAO H J, et al. H_∞ filtering for nonlinear discrete-time systems subject to quantization and packet dropouts[J]. IEEE Transactions on Signal Processing, 2011, 19(2): 353-365.
[127] ZHANG H, YAN H C, YANG F W, et al. Quantized control design for impulsive fuzzy networked systems[J]. IEEE Transactions on Fuzzy Systems, 2011, 19(6): 1153-1162.
[128] ZHANG B Y, ZHENG W X. H_∞ filter design for nonlinear networked control systems with uncertain packet-loss probability[J]. Automatica, 2012, 92(6): 1499-1507.
[129] YAN H C, QIAN F F, ZHANG H, et al. H_∞ fault detection for networked mechanical spring-mass systems with incomplete information[J]. IEEE Transactions on Industrial Electronics, 2016, 63(9): 5622-5631.
[130] YAN H C, YANG Q, ZHANG H, et al. Distributed H_∞ state estimation for a class of filtering networks with time-varying switching topologies and packet losses[J]. IEEE Transactions on System, Man, and Cybernetics: Systems, 2018, 48(12): 2047-2057.
[131] YAN H C, HU C Y, ZHANG H, et al. H_∞ output tracking control for networked systems with adaptively adjusted event-triggered scheme[J]. IEEE Transactions on System, Man, and Cybernetics: Systems, 2019, 49(10), 2050-2058.
[132] YAN H C, WANG J N, ZHANG H, et al. Event-based security control for stochastic networked systems subject to attacks[J]. IEEE Transactions on System, Man, and Cybernetics: Systems, 2020, 50(11), 4643-4654.
[133] CHEN M S, YAN H C, ZHANG H, et al. Dynamic event-triggered asynchronous control for nonlinear multi-agent systems based on T-S fuzzy models[J]. IEEE Transactions on Fuzzy Systems, 2021, 29(9): 2580-2592.